Huanjing yu Renlei Xinli

Shoujie Zhongguo Huanjing yu

Shengtai Xinlixue Dahui Lunwenji

环境与人类心理

首届中国环境与
生态心理学大会论文集

吴建平 訾非 李明 /主编

全国百佳出版社
中央编译出版社
Central Compilation & Translation Press

《环境与心理——首届中国环境与生态心理学大会论文集》编委会成员

目 录
Contents

环境保护与生态问题研究

环境心理学的跨学科研究

序 言

2010年10月16日参加了北京林业大学举办的首届环境与生态心理学大会，看到来自全国各地的与会专家学者交流互动，很有感触。会后组委会希望能把参会论文精选结集出版，嘱我为之作序，于是就借此机会和读者分享一些经历和思考。在我的知识背景上，生态心理学这一名称用得有限，就多说说环境心理学。

中国的环境心理学似乎是从建筑学领域起步的。1984年清华大学的李道增老师就开设了“环境行为概论”课程。1993年7月在常怀生、朱敬业、杨公侠、杨永生等人的倡导下，相关学者在吉林召开了“全国建筑与环境心理学学术研讨会”。在此基础上，中国环境行为学会于1996年成立。在心理学界，华东师大的杨治良教授培养出多位环境心理学硕士、博士，他和俞国良教授也于1999年出版了《环境心理学》一书。我从1993年开始在开设一年的应用心理学课程中讲授一个月的环境心理学专题，到1995年环境心理学正式独立出来成为一门选修课。2001年我和李佳编著出版了《环境心理学》，该书一直作为自学考试课程的教材。2004年10月在天津召开的中国环境行为学会第三届环境行为研究国际研讨会上，我受邀介绍了当年国际心理学大会上提交的与环境心理学有关的研究成果。2009年林业大学的朱建军教授和吴建平教授等翻译了一本很好的环境心理学教材——《环境心理学》（〔美〕保罗·贝尔等著）。过去的二十年里，我们主要是介绍国外学者的工作，使用英文的教科书和参考文献。因此，作为集中展示我国学者自己研究成果的尝试，这本文集无论多么稚嫩，都是值得庆贺的！

随着社会的发展和进步，对环境的关注从来没有像今天这样广泛。这为普及和发展有关环境的学科提供了一个广阔的社会背景。环境心理学作为心理学的一个分支学科，研究人与环境的相互作用和相互关系，探讨非常广泛的问题，譬如：大气环境包括温度、湿度、风甚至空气中的离子浓度如何影响我们？家居和办公环境的建筑特征怎样影响行为？是否可以合理设计建筑，使其更有效地促进亲社会行为？如何阻止环境灾难和技术灾难的发生并减少其对人类行为的影响？如何促使人们采取一些回收行为来保护环境？等等。独特的历史、地理、社会变化和政治因素已经影响了环境行为研究的方向。起源于北美的环境心理学在不同的国家和地区发展的时候，带有许多国家和民族的特点，也反映了这门学科问题指向的特点。不同国家的环境心理学家使用同样的研究方法和技术，但他们的兴趣和研究问题的特点是不同的。比如日本的自然灾害频繁发生，于是对自然灾害如地震、洪水、海啸的知觉及其对个体行为的实际影响特别能引起环境心理学家的兴趣；而人少、气候寒冷的瑞典，环境心理学家更关心能源保护、风景研究；在德国，战后重建的需要使该国的环境心理学对建筑和社区设计非常关注。随着社会的发展，全球化进程的推进，不同国家、不同地区可能会越来越多地面临共同的问题，比如地球臭氧层的破坏、全球变暖、自然资源的减少，以及先进的电子通讯技术渗透到人们生活的各个方面，那么将来不同国家和地区的环境心理学除了会继续发展特定的主题以外，还应共同攻关，寻找适用广泛的解决方案。

这本书是首届环境与生态心理学学术会议文集，所收论文研究的内容和主题也比较广泛。但若要加快环境心理学这一学科的建设和发展，在接下来的教学、研究和学术交流中，我还是觉得应该将学科的内容进行梳理和取舍。当然，作为一门交叉学科，学科的名称也是亟待论证和界定的。就我的直观感受，很多建筑学背景的学者所说的环境心理学更关注规划和建筑设计，似乎更微观一些；而林业大学的研究者们许是囿于学校性质，更关注宏观环境生态。无论是包容融合还是强调个性，借鉴国内外已有文献的术语背景，一定会为我们的学科构建和成果交流提供清晰的框架和平台。总之，这一交叉学科的发展，机遇和挑战共存，责任和使命并重，我们任重而道远。与大家共勉！

苏彦捷

2011 年 3 月 30 日

生态心理学的理论前沿

生态自我的理论建构

吴建平①

1　生态自我的提出

1.1　自我的生态学观点

把物理环境纳入自我的规范中，是自我的生态学观点的主要特色。如赫米斯（Hormuth，S. E.）在其著作《自我的生态》（The Ecology of the Self）中，从生态学的角度看待自我，把自我描述为一个生态系统的一部分，这个生态系统是他人、环境与客体的联合。“自我”既塑造了这个生态系统，又是它的一个反映。在自我的生态学理论中，他人对于自我的第一个功能是对个体的言语的或非言语的行为的反映和反应。客体对于自我具有三方面的功能：一是对于许多社会经验来说，须借助于某些客体才能获得；二是客体还具有对过去经验的表征功能；三是客体可以作为自我的象征。环境为个体的

① 吴建平，北京林业大学人文学院心理学系，e-mail：wujianping05@yahoo.com.cn。以下文章中出现同一作者名“吴建平”，不再作注。

行为或经验提供场所，并能为个体提供稳固的行为准则。[1] 在这个理论中，环境对自我承担的若干种功能为个体的行为或经验提供场所或工具，就像大海之于水手。自我与这一生态系统是相互依存、相互影响的。只要自我的生态稳定，自我概念也就稳定。换句话说，生态系统的扰乱会导致自我概念的变化，例如在物理环境中的重新定位。

1.2 场所认同的理论

Proshansky[2] 与 Korpela[3] 提出“场所认同”（place-identity）的概念，用来描述这样一个系统的特定环境方面，“场所认同代表着对物理环境的知觉，用来定义、维持和保护一个人的自我认同，并且包含着对特定场所的强烈感情依恋”。[4] “场所认同”接近于人类地理学研究领域提到的“地方归属感”（place-belongingness）、“场所感”（sense-of-place）的概念。凯温·林奇认为“我在这儿支持了我的存在”。个体的住宅反应了个体是如何看待自己的，也与环境心理学的“场所依恋”（place attachment）有着密切的联系。场所依恋是人与具体环境发生的一种积极的情感联系，人们想要与这一环境保持长久且亲密的关系。

场所认同概念的提出，整合了对个人与物理环境的研究，这种整合的形式得到自我理论家和环境心理学的支持。场所认同的概念产生了这样的共识——人与环境的关系并不仅仅表现为行为的背景，也不仅仅使某些行为的形式变得更容易，而是开始成为“人的一部分”，开始被整合进个人的自我概念中。场所认同是与环境相关的自我认同的一部分，通过与场所的互动，人们认为自己属于这一环境，而环境也成为自我的一部分。

Krupat 认为，一些物理环境具有情感暗示的作用，这些物理环境被理解

---

① 盖乃诚、陈本泉：《自我概念与自我生态系统》，载《山东师大学报》（社会科学版）1995 年第 2 期，第 61—64 页。

② Proshansky, H. M., “The City and Self-identity”, *Environmental and Behavior*, 1978 (10), pp. 147 – 169.

③ Korpela, K. M., “Place-identity as a Product of Environmental Self-regulation”, *Journal of Environmental Psychology*, 1989 (9), pp. 241 – 256.

④ Proshansky, H. M., Fabian, A. K. & Kaminoff, R., “Place Identity: Physical World Socialization of the Self”, *Journal of Environmental Psychology*, 1983 (3), pp. 57 – 83.

为自我认同的一部分。当我们把被迫重新选择场所理解为一种对“自我”的侵犯而不是对“所有物”的侵犯时，对于“丢失家园的悲痛”就更加强烈而明显。[①] 场所认同概念的提出，使自我的社会化进一步扩展到物理环境领域。

场所认同对亲环境行为（proenvironmental behavior）也起到了积极的作用。研究发现，场所认同水平越高，人们对环境的态度就越积极。人们与环境建立起积极的情感联结和认同，会促使人们与环境建立起更加积极的态度和行为关系。如能源的合理利用和回收行为等自评亲环境行为与场所认同测量呈高相关。

社会建构论的关系自我、叙事自我，场所认同的理论，不论是他们对于个体与物理环境之间的相互依赖的感知，还是用来理解场所认同的重要性，这些理论与研究计划都在走向一个被称为“生态自我”的深层生态学概念。然而，大多数围绕着这些构思的研究与讨论都是以建筑环境为中心的，尤其是家、学校和工作场所。社会建构论并没有把自然纳入自我的考察范围，这些研究大都聚焦于环境对自我认同的影响上，而环境是变化的，相比较而言，几乎没有人注意到不同的自我概念对环境的不同影响。

1.3 生态自我的提出

“生态自我”（ecological self）这一术语最早由阿伦·奈斯（Arne Naess）[②] 提出，并被应用于深层生态学这一环境哲学研究领域。这一概念的出现成为一些正在迅速发展的学术流派的核心主旨。如一些持生态世界观的学者，以及正在兴起的生态心理学的研究。[③] 奈斯认为，我们要改变与环境相关的行为，就得去体验更大范围的、更多联系的自我。[④]

---

① Krupat, E., “A Place for Place Identity”, *Journal of Environmental Psychology*, 1983 (3), pp. 343 – 344.

② Naess, A., “Identification as a Source of Deep Ecological Attitudes”, In M. Tobais (Ed.), Deep Ecology, San Diego: Avant Books, 1985, pp. 256 – 270.

③ Roszak, T., *The Voice of the Earth*: *An Exploration of Ecopsychology* (2nd ed.), New York: Simon & Schuster, 1992, p. 14.

④ Naess, A., “Self Realization: An Ecological Approach to Being in the Word”, In Alan Drengson & Bill Devall, “*Ecology of Wisdom*”, Berkeley, CA: Counterpoint, 2008, pp. 81 – 96.

奈斯认为，自我的成熟需要经过三个阶段，从本我（ego）到社会自我（socialself）（与本我比较），从社会自我到形而上学的自我（metaphysical self）（与社会自我比较）。奈斯用生态自我（ecological self）来表示这种形而上学的自我。奈斯认为，一个人的生态自我就是个体的认同（identification）。

2 生态自我的三个心理要素

生态自我是一个广泛的、扩展的、类场意义（field-like）的自我，它涵盖了所有的生命形式、生态系统和地球本身。① 生态自我使人们注意到一个他们可能没有完全意识到的自我的面貌，即自然作为自我的延伸部分。生态自我是一个延展的自我概念，是自我感知的扩展，是自我边界的重建。自我从一个小的、个人意义上的自我发展到一个广阔的、生态意义上的自我，这就需要改变自我建构的边界。

生态自我具有多个维度，从心理要素去分析，生态自我至少有三个心理要素：

1. 认知的：一种对生命相似性、关联性，以及对其他生命形式认同的认知。

2. 情绪的：一种对其他生命形式的情感共鸣，即对其他人、其他物种、生态系统的同情、关怀、共情和归属的感觉。

3. 行为的：一种像对待自身的小我一样去关注其他人、其他物种、生态系统健康的自发行为。

3 生态自我的三重结构

生态认同、生态体验、生态实践构成生态自我的三重结构。

生态认同（ecological identity）是在认知层面对生态自我的建构。生态认

① Bragg, E. A., "Towards Ecological Self: Deep Ecology Meets Constructionist Self-theory", *Journal of Environmental Psychology*, 1996 (16), pp. 93－108.

同是人对其他生态形式存在的认同。奈斯通过有关跳蚤示例所描述的生态自我的关键方面是“看到或体验到某种与自己的相似性或同一性”。在概念的意义上，自我与他者之间的边界正在溶解。这就是一种生态认同的体验。这种认知的或感知的认同可深入地体验到，甚至能够通过其他的感官形式，超越“视线”或感知。

生态体验（ecological practice）是在情感层面对生态自我的建构。生态体验是人与其他生命形式的情感共鸣。深层生态学家倡导生态体验，通过生态体验达到与其他人、其他物种、生物圈的共情、归属的感觉。自发的情感反应积极地创造了一个延展的自我概念。在情感上，自我与他者的边界溶解了。

生态实践（ecological practice）是在行为层面对生态自我的建构。生态实践是人“自发的”生态保护行为。保护、养育地球的行为成为人的自然反应，对待其他生命就像是对待我们自己那样。奈斯认为通过更深入的拓展我们的身份认同，我们将获得一种更为生态化的行为反应方式。

4　生态自我的主客一体性

从历史的、实践的方面来说，客体的主体化和主体的客体化是主体与客体之间统一关系的最概括的科学表述。人类的一切活动，尤其是实践活动，本质上就是主体和客体之间的一种能动而现实的互为转化，即双向对象化过程。生态自我意味着把自然作为自我的延伸部分，正如马克思所说，人类是自然的一部分，自然是人类的“无机体”。生态自我是自然的、生态的以及社会的，是主客一体的。从主体与客体的角度探讨生态自我，生态自我超越了现代西方哲学主客二分的观点，体现了主体客体化与客体主体化的思想，体现了人与自然的辩证统一关系。

4.1　主体的客体化

主体的客体化，是从实践主体的视角来看，主体通过能动而现实的实践和观念的方式，对实践客体的积极的作用、影响和改造，以及将主体自身的各种本质力量和主体性结构能动地对象出去，并渗入、融合到客体之中，使客体成为一种属人的存在，成为主体结构的有机组成部分，成为主体的“化身”和“投影”，成为确证和体现人的主体性的“作品”的过程。这样，在客体身上就显现着主体的本质力量、人的主体性结构，而主体则可以在客体对象上反观自身，认识自身和实现自身。①

正如马克思所言：“人以一种全面的方式，就是说，作为一个总体的人，占有自己的全面的本质。人对世界的任何一种人的关系——视觉、听觉、嗅觉、味觉、触觉、思维、直观、情感、愿望、活动、爱，——总之，他的个体的一切器官，正像在形式上直接是社会的器官的那些器官一样，是通过自己的对象性关系，即通过自己同对象的关系而对对象的占有，对人的现实的占有；这些器官同对象的关系，是人的现实的实现（因此，正像人的本质规定和活动是多种多样的一样，人的现实也是多种多样的），是人的能动和人的受动，因为按人的方式来理解的受动，是人的一种自我享受。”② 主体的客体化就是主体对客体的规定和作用，是主体的主体性结构对象化为一种客体性的存在，主体将自己的本质力量现实地外化到客体结构之中，从而使客体被赋予主体的本性和结构、表现主体的本质力量，具有主体的自我意识，客体逐渐人化的过程。

4.2　客体的主体化

客体的主体化是指作为同实践主体相对应的、并发生着现实相互作用的实践客体，通过各种途径和形式对实践主体所产生的一种反向性的作用和影响，并且使客体性的东西转化为主体性的东西的过程。客体的主体化就是客体对主体的规定、制约和作用，就是客体性的存在转化为主体性的存在，就是客体在主体身上映现自身、确证自身和实现自身。就是主体被客体所改造，就是主体的完善和发展。③ 客体的主体化就是客体成为主体的一部分。

人和自然界的辩证统一性，马克思在《1844年经济学哲学手稿》中用“两个身体”的论断做了形象而深刻的论证，体现了主客一体化的观点。“人（和动物一样）靠无机自然界生活，而人和动物相比越有普遍性，人赖以生

---

① 王永昌：《论主体的客体化》，载《求索》1991年第6期，第42—47。

② 马克思：《1844年经济学哲学手稿》，《马克思恩格斯全集》第3卷，人民出版社2002年版，第303页。

③ 王永昌：《论客体的主体化》，载《江汉论坛》1991年第5期，第6—11页。

活的无机界的范围就越广阔。从理论领域来说，植物、动物、石头、空气、光等等，一方面作为自然科学的对象，一方面作为艺术的对象，都是人的意识的一部分，是人的精神的无机界，是人必须事先进行加工以便享用和消化的精神食粮；同样，从实践方面来说，这些东西也是人的生活和人的活动的一部分。人在肉体上只有依靠这些自然产品才能生活，不管这些产品是以食物、燃料、衣着的形式还是以住房等等的形式表现出来。在实践上，人的普遍性正是表现为这样的普遍性，它把整个自然界——首先作为人的直接的生活资料，其次作为人的生命活动、对象（材料）和工具——变成人的无机的身体。自然界，就它自身不是人的身体而言，是人的无机的身体。人靠自然界生活。这就是说，自然界是人为了不致死亡而必须与之处于持续不断的交互作用过程的、人的身体。所谓人的肉体生活和精神生活同自然界相联系，不外是说自然界同自身相联系，因为人是自然界的一部分。"①

在论述人与自然的关系时，马克思说，一方面，自然界是人的无机身体。马克思把人与自然界的密切关系，即"人的肉体生活和精神生活同自然界的联系"，直接形象地概括为"自然界是人的无机身体"。马克思认为，人依赖无机界表现为两个领域：理论领域和实践领域。在理论领域，人的意识的抽象普遍性正是表现在把整个自然界作为自己的精神的无机界；人的实践的直接现实性同样表现在把自然界变成人的无机的身体。另一方面，人是自然界的有机身体。"人的肉体生活和精神生活同自然界相联系，这就等于说，自然界同自己本身不可分离，因为人是自然界的一部分。"自然界同人的密切关系，是自然界同自身的联系，因为人是自然界的有机身体。

自然界正是凭借着人这个有机的身体及其大脑，才达到了如下两点：一是使自然界达到了自我意识，二是使自然界的丰富内涵得到了展现。自然界和人这"两个身体"之间的依赖关系，表现出彼此渗透并融合为一的形式。②由于人的有机体是自然界中特殊部分，人的生存方式不同于其他动物的重要特征，就在于人能够通过自己的活动从自然界获取自己的生活资料，这就决

① 马克思：《1844年经济学哲学手稿》，《马克思恩格斯全集》第3卷，人民出版社2002年版，第272页。

② 李继武：《重构主客关系的理论基础、哲学方式和发展模式》，载《齐鲁学刊》2000年第4期，第4—8页。

定了自然界成为人认识和活动的必需对象，成为人类生存和发展的重要基础。而人在改造自然并从自然界获得人的生活必需品时，创造出无数具体的物质形态。这些无数的物质形态原本是内涵于自然界内部的种种可能性，而通过人这个中介变成了现实性。这样做的结果，也就展开了自然界的丰富内涵。而人创造这些具体物质形态时，又是以认识自然界的本质和规律为前提的，这又使自然界通过人达到了自我意识，使人成为自然界的重要部分。人是自然界的一部分，自然界是人类得以生存发展的时空平台和基础，自然界是客体的自然和主体的自然的统一体。人与自然的关系是主体与客体辩证互动的螺旋上升式的和谐统一的关系，是主体的客体化与客体的主体化合二为一的体现。

生态自我是自我向自然的延伸，自然成为自我的一部分，意味着客体的主体化过程。生态自我的生态体验形式，体验自然的感情，自然成为人化的自然，是主体的客体化过程。生态自我超越了现代西方哲学主客二分的观点，超越了人与自然的对立关系，人不是世间唯一的主体，自然也是主体，自然是自我扩展了的边界。生态自我是人与自然融为一体、合二为一的自我状态。

生态心理学元理论探讨

——一种新的世界观的确立和展开

吴继霞[1]

当代环境问题的全球化，迫使人们对治理环境问题作出各方面的努力，生态心理学作为一门学科也须作出应对。西方20世纪90年代以来诞生的生态心理学，承认目前人类正面临严重的外部生存环境的危机，同时主张，由于人们与自然的长期分离，人类的内心世界也正面临着精神危机。解决环境问题，必须把环境视为哲学范畴，在“世界观”层次上研究环境诸问题，此亦为生态心理学的元理论问题。研究生态心理学的元理论既是其自身发展的需要，也是对心理学未来发展的一种探索。虽然生态心理学研究呈现多样化的趋势，但都离不开其元理论这块基石，而此方面的研究常被学者们忽视。[2]应当说我们已经身陷“环境问题”的泥坑里，而在世界观层面上阐释和解决环境问题，不仅是一个学术问题，也是人类拯救自己、拯救自然的一种方式。如何解决环境问题？它需要我们从认识论范式上来一场世界观的变革，并且需要确立新的世界观，同时它也是生态心理学的元理论问题。

---

① 吴继霞，苏州大学教育学院心理学系，e-mail：sdwjx@163.com。

② 秦晓利：《生态心理学》，上海教育出版社2006年版，第12页。

1 在世界观层面上反思当代环境问题

中外学者一般都认为，环境的大多数变化主要是人为因素引起的。环境问题是随着人类的进化和发展不断演变和发展起来的。自从人类开始有意识地定居生活以来，以人类居住地为中心的环境退化即告开始。因技术进步所带来的社会经济发展同自然和环境破坏之间的矛盾与问题，则从人类进入工业化时期就已经开始发生了。20 世纪以来，环境问题出现了两次高潮。第一次是在五六十年代，在工业发达国家，环境污染达到了严重的程度，直接威胁到人们的生命和安全，成为重大的社会问题；第二次高潮是从 80 年代初出现的，这是伴随环境污染和大范围生态破坏出现的一次高潮。主要是一些影响范围大和危害严重的环境问题，像酸雨、臭氧层破坏和“温室效应”。这些全球性环境问题严重威胁着人类的生存和发展。特别是自 60 年代 R. 卡逊出版《寂静的春天》、70 年代罗马俱乐部发表《增长的极限》以来，环境问题并没有得到很好的解决和改善。

环境问题随着人类对环境的不适当的改造和利用而逐渐严重。从哲学角度看，环境与人类，两者是相互依存、相互影响和相互制约的统一体。一方面，环境直接影响着人类的生存；另一方面，人类的活动也在直接或间接地影响着环境。环境为人类提供了生存和发展的条件，人类对环境既有积极的影响又有消极的影响，环境对人的作用是不断以自身的变化（即所谓自然规律）来“对抗”人类。人对这种自然规律的客观性的认识，不是与生俱来的，而是经历了长期的实践过程，也付出了不少的代价。正如恩格斯在《自然辩证法》中所指出的：“我们不要过分陶醉于我们人类对自然界的胜利。对于每一次这样的胜利，自然界都对我们进行报复。每一次胜利，起初确实取得了我们预期的结果，但是往后和再往后却发生完全不同的、出乎预料的影响，常常把最初的结果又消除了。”① 而今天，我们依然在为这种“胜利”交学费。全球的厄尔尼诺现象，2003 年肆虐全球的 SARS 病毒，中国的沙尘

---

① 《马克思恩格斯选集》第 4 卷，人民出版社 1995 年版，第 383 页。

暴、地震、泥石流……这些还只是自然的一个报复，一个警告。人类因为不适当地处理人与自然的关系而给自己带来巨大的痛苦，其实已经是个“历史故事”，当下中国的“泥石流”只是这个“历史故事”的“新编”。这些大量的事实也使人们认识到，人类与环境是一个相互依存、相互影响、相互制约的统一体。一个国家或地区不适当的开发活动，都有可能影响更大范围的环境，甚至影响到整个生物圈的平衡。同时也体现了当代环境问题的特征，这就是：环境问题的全球化、综合化、社会化、政治化和解决环境问题的高智能化。因此，我们在解决当今人类面临的环境问题时，不能无视当代环境问题的这些特征。

实际上，自从人类形成社会以来，就一直以自己的社会经济活动作用于自然环境，以求得自身的生存和发展。在这个过程中，自然环境发生了变化，人类的生存方式（生产方式、生活方式和组织方式）以至决定人类社会行为取舍的思想、观念、感情也在发生着变化。人类、人类社会就是在人与自然环境这种相互作用、协同变化的过程中演进的。应该说，在人类社会演进的过程中，人类从来没有停止过对自己行为的管理，特别是没有停止过对自己作用于自然环境行为的“管理”，只不过是自觉程度，或者说是理性程度的高低不同而已。①

在漫长的历史年代中，人与自然环境的矛盾虽然始终存在，但从来没有在全世界范围内紧张到使人感受到“生存危机”。只是到20世纪中叶以后，人们才惊诧地发现，环境危机已“突如其来”地降临到自己的头上。人们以为凭借自己的、已被历史证实为“战无不胜、攻无不克”的技术，一定可以制止环境的恶化。然而曾几何时，人类不得不从单纯迷恋治理技术的局限中跳出来，转而向其他方面寻求出路，本质上就是改善自身的生存方式以及相应的基本观念。

环境问题的实质，亦即人与自然的关系问题。随着环境保护运动的深入，环境保护已由自然科学扩展到社会科学，进而迈入哲学领域。不同学科的学者，从各自的学科角度，对环境问题的本质进行着研究和探讨。迄今为止，这方面的研究主要是从人口、资源和环境的视角，在政治，或经济—技术层

---

① 吴继霞：《当代环境管理理念建构》，人民大学出版社2003年版，第11页。

面进行的。为此提出的理论有：人口理论、富裕理论、技术理论、资本主义理论、增长理论。撇开这些理论优缺点不谈，它们主要是从宏观的社会经济生产层面来理解环境问题，并作出对策。这也是国际社会近年来提出的可持续发展的思想的出发点。但是，人类面临不可持续发展的局面，有其深层的思想根源，在世界观的层面开展研究，有利于揭示人类当今所面临的难题的实质。

黑格尔在谈及哲学理论时认为，“作为一个体系，需要有一个原理被提出并且贯穿在特殊的东西里面”，“要这样来理解那个理念，使得多种多样的现实，能被引导到这个作为共相的理念上面，并且通过它而被规定，在这个统一性里面被认识”。[①] 触类旁通，借鉴黑格尔这一思想，可以说，世界观作为生态心理学元理论的“一个原理被提出”，是其逻辑起点；它贯彻于生态心理学研究的每一个思想观点和实践活动之中，并据以“在这个统一性里面被认识”、被规定。同时，犹如任何学科的基本理念一样，它以胚芽的形式规定了生态心理学理论的架构和演进图景。

2　从认识论范式上进行世界观的变革

辩证唯物主义认为，世界观就是人们对世界总体的看法，包括人对自身在世界整体中的地位和作用的看法。世界观亦称宇宙观，它是自然观、社会历史观、伦理观、审美观、科学观的总和。哲学是它的理论表现形式。在当今的学术话语中，世界观的概念已经可以用来指称某个领域，是个被泛化地使用的概念。需要强调的是，本文所提出的新的世界观的概念，就是广义上理解的世界观概念。更何况，严峻的环境问题在本质上是一个宇宙观的问题，亦即世界观的问题。

当人与自然的冲突成为人类生存的最重要的危机时，对环境的焦虑在整个地球弥散开来，带着这种焦虑，人们不能不在世界观的层面上来思考环境问题，并试图以正在确立和展开的新的世界观来缓解人与自然的冲突，从而

---

① ［德］黑格尔：《哲学史讲演录》第2卷，贺麟、王太庆译，商务印书馆1983年版，第384—385页。

展现人在自然中的新的生命景象。生态心理学家将自我的治疗与地球的治疗联系起来力图恢复人与自然的联系，寻找生命本身的意义。[①] Winter 的《生态心理学：愈合自然与自我的裂缝》[②] 也提出了合理的方案和思路。笔者认为，对世界观理解的差异，将会形成研究生态环境问题尤其是生态心理学的不同学术路径和价值取向；我们尊重差异，并且认为如果将世界观的理解格式化、固定化，就会消除差异，从而失去从新的范畴出发解释世界的可能。解释世界的途径不是唯一的。

一般认为，机械论世界观是现代科学和现代工业的指导思想，尤其是以牛顿物理学和笛卡儿哲学为基础形成的机械论自然观。这种哲学的性质是机械论、二元论和还原论的，它是强调主客二分的哲学。它在强调人的主体地位，发扬人的主体性的同时，发展了人类中心主义（特别是工业社会的个人主义）价值观。在这种价值观的指导下，人在向自然进攻、改造自然的同时，发展了经济主义——消费主义——享乐主义，实行一种实际上“反自然”的社会——经济——消费生活；同时，在这种价值观指导下，人类发展了科学主义的思想，从而发展了损害自然环境的科学技术和生产工艺。尽管在这种哲学思想指导下，人类实践取得了伟大的成就，建设了现代化的生活，但是，它以生命和自然不可持续发展为代价实现人的持续发展、以他人不可持续发展为代价实现自己持续发展，从而导致整个“人——自然”系统的不可持续发展，使人类陷入困境之中。人类才因此提出可持续发展的问题。这是人类的“实践转向”。但它更需要“哲学转向”的理论支持。[③]

我们深受“牛顿——笛卡儿”主客二分的世界观的影响。现实当中，无论是在自然界还是在社会生活领域中，我们随处可见这种思考模式的反映。培根提出的“知识就是力量”的口号，使人们以此来驾驭自然万物。笛卡儿则提供了方法，他认为万物都有一个量化的问题，可以归结为数学，在数学世界里万物失去了生机，却获得了严密的秩序，并且人类完全能够把握这个

① 吴建平：《生态心理学探讨》，载《北京林业大学学报》（社会科学版）2009 年第 8 卷第 3 期，第 37—41 页。

② Winter D. D. , *Ecological Psychology*: *Healing the Split between Planet and Self*, New York: Harper Collins, 1996.

③ 佘谋昌：《生态哲学》，陕西人民教育出版社 2001 年版，前言，第 2—3 页。

秩序。牛顿则最终完成了用数学解释世界的大业。很长一段时期里，人们对于自己的认识能力是十分自信的，甚至带有某些狂妄。人们曾经认为，人类就其能力来讲，可以达到对于某些领域的终极认识。我们误以为，某类事物的规律我们可以完全把握。而事实上，自然、各种客观事物都处在一个不断运动变化之中。人与环境关系的恶化从反面进一步教育了人类，科学发展所带来的负面效应迫使一些哲学家将关注的目光转向了自然。克服主客二分的思维方式，是时代和现实向人类提出的要求。

海德格尔在《哲学的终结和思的任务》一文中，实现了对人的强调向对自然强调的转变，提出了人与世界、人与自然和谐相处的“天人合一”的生态思想。他认为人的作用不是为“自然立法”，不是充当自然的主人，而应倾听自然的呼声，顺从自然规律，与自然和谐相处。任平教授在他的专著《广义认识论原理》[①] 和《交往实践与主体际》中，分析了“主——客”框架的缺陷，并且提出了他的“主——客——主”的认识论模式和他的交往实践的唯物主义世界观：生态文明与可持续发展的新理性的重要思想。交往实践观认为，全部问题的症结在于：人们将环境——生态保护的实践结构理解为一个单一“主体——客体”，这必然存在着重大的缺陷。其一，单一主体性。人的单一主体性导出了双重分裂：人与自然的分裂以及人与人关系的分离和冲突。其二，褊狭的实践领域。忽视了主体际关系而不能科学地说明人与环境、人与人的总体关系。其三，片面的评价域。摈弃了主体际互评。最后，传统环境——生态理论还必然是狭隘的环境保护理论。作为超越传统实践观的新理念，它包括以下几个方面的新内容：其一，交往实践是多极主体性的。“他”与“我”构成不同的交往共同体。其二，交往实践是双重关系的统一体：“主——客——主”结构。一方面，主体与客体的关系，人面对自然界或在自然界之中；另一方面，主体际关系，自然在人类的怀抱中或是主体际的中介。[②] 本论文也认同他的“主——客——主”认识论框架，只是在对当前环境问题的解决的途径作世界观的变革的理解上有所差别，下文将继续论述。因此，实现主客相融、主体与客体的有机统一，即“主体——客体——主体”的认识论模式将是目前我们解决所面临困境的一个努力方向。

---

① 任平：《广义认识论原理》，江苏人民出版社 1992 年版，第 4—10 页。

② 任平：《交往实践与主体际》，苏州大学出版社 1999 年版，第 296—298。

3 对新世界观的阐述

辩证唯物主义的世界观，对于指导我们现今研究新情况和解决问题上仍有它的重要地位和作用，但我们也应该看到，马恩在自然观的具体理解上有历史的局限性，这是时代的印记。环境问题的严重性，使人类与自然界的矛盾得到全面深刻的暴露，同时也促使我们要更加准确地把握和理解人与自然的关系。恩格斯说："随着自然科学领域中每一个划时代的发现，唯物主义也必须要改变自己的形式。"① 因此，我们可以认识到马克思主义的世界观在今天需要以新的历史形态出现。但是，我们需要什么样的世界观？

卡普拉认为："一种新的生态世界观正在形成，其科学形式是由系统理论赋予的。"今日正在兴起的三大转变进一步促进了这种世界观的出现。第一种转变是父权制向父权制后的社会转变；第二种转变是化石燃料的衰落；第三种是范式变化。"这种新的范式将不仅仅是一种科学范式。它被包容在更广泛的生态意识之中。"② 他特别强调价值观的转变。这种转变即会形成生态世界观。

3.1 生态世界观是新的世界观的重要内容

现代生态学把世界看做是"人——社会——自然"复合生态系统。它是各种生态因素，包括人工生态系统和自然生态系统的各种因素，普遍联系相互作用构成的有机整体。生态系统的整体性，是生态系统最重要的客观性质，而反映这种性质的生态系统整体性观点，则是生态学的基本观点。生态世界观之所以说是新的世界观的重要内容，是因为：

第一，生态世界观运用生态系统整体性观点认识现实事物，揭示各种事物和现象相互联系和发展变化的规律性，从而认识和解决现实世界的种种问题。这是一种新的思维方式。因此，生态世界观是一种新的方法论。

---

① 《马克思恩格斯选集》第 4 卷，人民出版社 1995 年版，第 228 页。

② ［波］维克多·奥辛廷斯基：《未来启示录》，上海译文出版社 1988 年版，第 245—247 页。

第二，生态世界观认为不仅人具有价值，生命和自然界也具有价值，包括它的外在价值和内在价值。① 因此，它是一种新的价值观。

第三，生态世界观既反对‘反自然’的观点，又反对自然主义的观点，赞同‘人与自然和谐发展’的观点。因此，它是一种新的自然观。

除此之外，生态世界观是在对传统哲学批判的基础上，成为一种反主流文化的，它在后现代主义思潮中占有一席之地。在这里，笔者对“建设性后现代主义”持积极的态度。尽管我国仍处于“前现代”与“现代”的冲突中，但后现代的因素已经出现，我们既面临工业革命带来的问题，也遭遇后工业社会的困难。“建设性后现代主义”在某些方面提供了解释这些问题的方法和理论。格里芬说：建设性的后现代主义，“它试图战胜现代世界观，但不是通过消除这种世界观本身存在的可能性，而是通过对现代前提和传统概念的修正来建构一种后现代世界观”。② 它以后现代方式认识人与人、人类与自然界及整个宇宙之间的关系。因此，对生态世界观是新的世界观的重要内容，应从“建设性后现代主义”角度去理解它。

3.2 新的世界观是一个世界观范式的转变

新的世界观不是一个具体的环保问题，而是一个世界观范式的转变：由“主——客”范式转变为“主——客——主”的范式。这一转换，是唯物主义世界观的新的表现形式，是对后现代环境实践问题的回应。新的世界观具有未完成性。

新的世界观依据“人——社会——自然”复合生态系统整体性观点，在观察世界、解释世界和改造世界时，既不是单纯以人为尺度，也不是单纯以自然为尺度，而是以人与自然关系为尺度。即既从人考察自然界，又从自然界考察人。比如关于人的理解。新的世界观是，从人与人的社会关系和人与自然的生态关系的统一中进行研究。当从人与自然关系研究人时，是用生态学方法研究生物圈中的人、人在自然界的地位、人对自然的作用，以及人类的未来。这里的人是具有生物本性、服从生物学规律的作为感性实体的，是

---

① 吴继霞：《环境伦理价值评价》，载《苏州大学学报》2004 年第 5 期。

② ［美］大卫·格里芬：《后现代科学——科学魅力的再现》，中央编译出版社 1998 年版，英文序言，第 21 页。

自然界的一部分；而作为感性主体的人，是有意识的能动的存在物，在对自然的作用中表现为社会存在物，服从社会规律。同样，我们用生态学方法研究自然界，是从人与自然的关系来看待，自然界是人的“无机的身体”，人依赖于自然界，它是人类存在的基础。由此关于自然的研究离不开人。我们可以进一步推论，新的世界观意味着人是参与者（产物、干预）。而唯物主义一元论的世界观认为，世界是物质的，物质是一切事物、现象的共同本质和统一基础，它意味着人是旁观者等等。

尽管对这种新的世界观的阐释，笔者还不能立即冠以“某某世界观”的名称，它还是笔者试图确立的一种新的世界观，但它又是一个未完成的、开放的，需要在实践中加以确立和展开的。为此，生态心理学与此新的世界观相生相伴，将会诞生许多不一样的研究成果。

人类世界感的二元对立及其对心理咨询与治疗的启示①

訾　非②

1 引　言

人与世界的关系，一直是哲学家最为关注的主题之一。古希腊哲学、中世纪神学与东方哲学大多假定人的灵魂不灭，人在此世被视作短暂的居留，而更为永久的存在则是在彼岸。然而近现代科学把彼岸的可能性一一排除之后，人与此世的冲突变得更加尖锐了。或者说，人不得不以更加严肃的态度对待自己与其生存的现实环境的关系，这在一定程度上加剧了人的存在焦虑。存在主义哲学就是这种焦虑的集中体现。海德格尔在哲学的语境里提出了“世界”的概念。③ 在他的阐释中，世界是介于客观自然（大地）和人的主观意识之间的一种集体性的存在。“世界问题”（Weltfragen）是海德格尔的存在主义哲学最关注的话题之一。

在心理学的领域里，探索“世界”这个概念以及人与世界的关系，仍然

① 本研究受“中央高校基本科研业务费专项资金”资助。
② 訾非，北京林业大学人文学院心理学系，e-mail：fei_ z@ sohu. com。
③ ［德］马丁·海德格尔：《存在与时间》，三联书店 2006 年版，第 61－128 页。

是零星的、不成体系的。客体关系学派的心理学家Winnicott指出[①]，受到弗洛伊德精神分析的影响，心理学家往往把关注的重点放在人与客体的关系上，或放在人的内在生活上，可是，对于我们生活的“处所”（place），却没有给予足够的关注。他认为，除了我们的内心世界和客观实在，在这两者之间，存在一个因人而异的“潜在空间”（potential space），这是我们生存于其中的处所，这也是文化所依托的那个空间。Winnicott的这个观点给我们的启示是，我们既然生活在这样一个处所之中，我们内心对于这个处所的感受必然是重要的、值得探究的。

人类生存的处所，概言之，包括自然的、人际的（interpersonal或dyad relationship）和社会的三类。这三类处所构成了个体生存的世界。笔者认为，新精神分析学家霍尼在文化的层面上探讨焦虑症的发生机制，开启了一种心理学的环境转型。存在主义和人本主义心理咨询、后现代心理治疗等新发展把人的现实处境纳入到临床实践的核心，使这种转型成为一种潮流。个体与世界的关系，首先是一种内化了的关系。在心理学的框架内探究这种关系，首先应该落脚在人对世界产生的主观感受——世界感。

2 人类世界感的二元对立

人格心理学研究的新进展指出，人与周围的环境的关系是二元对立的。例如，Gray等人的研究表明，人类的行为受到两类相对独立的动机系统的驱使——行为趋近系统（Behavioral Approach System，BAS）与行为抑制系统（Behavioral Inhibition System，BIS）。[②③] 在BAS系统的驱使下，个体趋近目标，旨在获得来自目标的积极奖赏。在BIS系统的驱使下，个体远离目标，以躲避惩罚或避开令其产生焦虑和厌恶的对象。世界上的诸多事物都同时能

① Winnicott，DW，*Play and Reality*，NY：Routledge，1994，pp. 104－104.

② Gray，J. A.，“The Psychophysiological Basis of Introversion-extraversion：A Modification of Eysenck’s Theory”，in V. D. Nebylitsyn & J. A. Gray（Eds.），*Biological Bases of Individual Behavior*，New York：Academic，1972，pp. 182－205.

③ Gray，J. A.，“Brain Systems That Mediate Both Emotion and Cognition”，*Cognition & Emotion*，1990，4（3），pp. 269－288.

够唤起个体的BAS系统和BIS系统，也就给个体带来了动机的二元对立冲突。

世界，作为个体生存环境的总体抽象，给个体带来的感受也必然是二元对立的。个体与世界的关系，包含了积极的和消极的两种相互对立的感受。积极的感受促使个体趋近环境，消极的感受促使个体回避或者改变（摧毁或者改造）环境。在积极感受驱使下的行为，又可以分成三种模式：归属、联结和占有。与此相对应的内在感受，是归属感、联结感和占有感（当归属、联结和占有未能实现时，则产生被抛弃感、破裂感和失去感）。当人与世界的关系是积极的，归属感，意味着个体把自己看成世界的组成部分；联结感，是个体把自己看成与世界对等的存在时产生的感受；占有感，则是个体把世界看成是自己的一部分时产生的感受。与之对应，在消极感受驱使下的行为，也包含三种模式——厌弃、拒斥和逃避，而驱使这些行为的感受是厌弃感、拒斥感和逃避感。由此我们可以把人与世界的关系看成图1所示的面貌：

	自然环境			人际环境			社会环境		
积极	占有	联结	归属	占有	联结	归属	占有	联结	归属
消极	厌弃	拒斥	逃避	厌弃	拒斥	逃避	厌弃	拒斥	逃避

图1 人类世界感的模式与类型

人与三类环境的关系，具有不同的感受性质，因而形成了三类世界感。从我们对三类关系语言的描述中能够体现出它们的质的差异。例如，我们会用这样一些词语描述我们对自然环境的积极感受："整洁"、"明亮"、"光滑"、"安静"、"温暖"、"和煦"；会用"凌乱"、"凛冽"、"阴暗"、"嘈杂"等词语描述我们对自然环境的消极感受。对于人际环境，人们会用"和蔼"、"冷酷"、"心痛"、"敬畏"、"爱慕"等感受性的词语。对于社会环境，人们用"公平"、"正义"等词汇描述他们的主观感受。这些感受上的差异意味着我们面对三类环境被启动的大脑功能区域是有区别的。

人与三种环境的关系各有其自己的特点，但是，这三组关系却因为思维的隐喻机制和移情机制而发生互渗。我们用"大地母亲"来表述我们对自然环境的归属感即是一例。个体对于母亲的感受，属于人际感受的一种，在此处则被移用于个体对于自然的感情。人与自然的这种拟人化的情感联系是隐喻思维的产物，它属于由想象和回忆构成的审美空间，而不是人与自然关系的真实面貌。把人与社会的关系物化，则是另一种常见的隐喻思维的产物。独裁者试图“拥有”一个国家，仿佛它是一种物质财产。对于社会的动荡，人类把它比喻为“洪水猛兽”，甚至用应对自然灾害的方式去应对它。反之，人类也会把自己与社会环境的情感联系（例如，道德情感）转移到与自然环境的关系中去。在传说和寓言中，自然有时成为人类德行的仲裁者、惩罚者和奖掖者，仿佛它具有某种权威意识和道德感。人际关系对社会关系的渗透，则表现在私人情感、裙带关系等对社会公平、程序正义的损害。

人类的世界感波动于积极和消极之间，而且就个体与世界的关系而言，人类也波动于自我的夸大与自我的贬低之间。人类对于不同世界的认识相互影响和隐喻，以至于混淆。这就构成了人与世界关系的复杂性和多变性。在生态心理学（不论是注重生态危机的生态心理学还是纳入了生态学视角的心理学）的研究中，我们应该正视人类世界感的这种特点。

3　世界感对于心理咨询与治疗的启示

人的自我（I）与客观实在的关系，是一种互动的、感受性的关系。自我（I)所理解的世界的性质，或者说世界感，对于个体的心理健康，是十分重要的。人立足于不断变动的世界中，也必须不停地调整自己与世界的关系。精神分析学把探究的目光投向个体早年的心理动力模式和关系模式，目的也是为了调整个体与世界的现实关系。但是，调整这个关系，追根溯源绝不是唯一的途径。在心理咨询与治疗中，如果把关注点放在当下，帮助来访者洞悉他与世界关系的性质，鼓励来访者尝试与世界发生新的互动，这个过程便能够给来访者带来新的、积极的体验和经验。

人与世界的三种互动（人与自然的、人际的、人与社会的）都能够产生心理治疗效果。传统的心理治疗注重人际的互动，例如，客体关系学派的Kernberg、自体心理学的创始人 Kohut 等人发展了以移情为导向的心理治疗，把咨询室中治疗师与来访者之间的人际互动作为主要疗愈因素。[①②③] 家庭系统治疗、人际交互心理治疗等强调人所生存的社会环境的治疗作用。[④⑤] 而园艺疗法、荒野疗法等方法把自然环境的复愈作用引入到了心理治疗中来。[⑥⑦] 但是，这些尝试面临着一些有待解决的问题。首先，这些治疗方法各自自成一统，对心理问题和心理疾病的解释往往从人与世界的一种类型的关系出发，缺少一种整合人与世界的三种关系的解释体系。

其次，人与世界的三类关系（人与自然、人与他人、人与社会）之间的互渗问题尚未在心理咨询与治疗理论体系中受到足够的重视。笔者举案例来说明此问题。一位来访者在工作中与上司、同事的关系多有冲突龃龉。精神分析治疗师可能发现，来访者把在原生家庭中的关系模式转移到了目前的工作关系中。精神分析师会认为，调整此人与他内化了的与父母的关系，可以改变他与现实工作环境中的他人的关系。这个判断不无道理，但是，这种治疗目标忽略了另一个事实：来访者在工作中面临的是一种新的社会关系，它的性质与原则，与他在原初家庭中的大为不同。这种新关系，是个体从童年

---

① Levy, K., Clarkin, J., Yeomans, F., Scott, L., Wasserman, R. and Kernberg, O., "The Mechanisms of Change in the Treatment of Borderline Personality Disorder with Transference Focused Psychotherapy", *Journal of Clinical Psychology*, 1962 (4), pp. 481 - 501.

② Kohut, H., *The Restoration of the Self*, New York: International Universities Press, INC. 1977.

③ Bateman, W. and Fonagy, P., "The Development of an Attachement-based Treatment Program for Borderline Personality disorder", *Bulletin of the Menninger Clinic*, 1967 (3), pp. 187 - 211.

④ Broderick, C. B. & Schrader, S. S., "The History of Professional Marriage and Family Therapy, in A. S. Gurman & D. P. Kniskern (Eds.), *Handbook of Family Therapy*, *Vol.* 2., NY: Brunner/Mazel, 1991.

⑤ Gillies, L. A., "Interpersonal Psychotherapy with BPD. Symposium: New Developments in Interpersonal Psychotherapy", *American Psychiatric Association Annual Convention*, Washingtong, DC, 1999.

⑥ Söderback, I., Söderströmm, M. & Schälander, E., "Horticultural Therapy: The 'Healing garden' and Gardening in Rehabilitation Measures at Danderyd Hospital Rehabilitation Clinic", *Sweden Pediatric Rehabilitation*, 2004, 7 (4), pp. 245 - 260.

⑦ Hill, N. R., "Wilderness Therapy as a Treatment Modality for At-risk Youth: A Primer for Mental Health Counselors", *Journal of Mental Health Counseling*, 2007 (29), 4, pp. 338 - 349.

至成年在家庭之外的社会生活中逐步建立的，而来访者把家庭生活中他与父母的关系模式迁移到社会中来，意味着发展上的停滞，或者说，来访者把家庭这个“微型情感社会”的关系模式，挪用到了他与社会的关系中来。来访者对两种关系模式的不同性质，应该逐步产生明确的认识，方能最终适应他的社会生存。

社会关系向家庭关系的反向互渗，也是不可忽略的现象。例如，中国文化中养儿防老、望子成龙的观念，是社会生活关系向亲子关系的渗透。当亲情中附加了社会文化加诸的不属于人类亲子天性情感的工具性和经济性内容，亲情的品质也就受到了损害，这造成了亲子的冲突和双方的创伤体验。另外，在一些心理治疗中，把自然和自然现象神化，盲目相信未经证实的超自然力量，以获得疗愈效果，此类实践在取得一定的治疗效果和心灵抚慰的同时，也强化了人—自然关系与人—人关系的混同，使人的心智停留于万物有灵的魔法式思维阶段。在以科学知识谱系建构的现代社会里，此类治疗在产生安慰效果的同时，却可能给来访者带来诸多的文化适应困难。

世界感包含了三种不同类型，但是超越于三种类型之上的抽象的、整体的世界感也值得心理咨询与治疗理论的探究。人对于世界的感受在整体上是积极的、消极的还是整合的，这赋予了人格一种基本的色调。不论人与自然、人际还是人与社会的关系都会被涂上这基本的色彩。人的幸福感和心理健康与这种抽象的、整体的世界感可能存在密切的关联。

4　讨论与总结

自然、他人和社会，构成了人类个体生存于其中的三种世界，人类对这三种世界分别采用不同的应对模式，体验着不同的世界感受。这些感受又在整体上构成了更为抽象的世界感，而且这种感受是以二元对立的形式存在的。理解人与世界的关系，应该从这种二元对立的角度去着眼。正如海德格尔所言，人类是被抛入这个世界的。[①] 那么如何在大地上生存，实际上是要解决

① ［德］马丁·海德格尔：《存在与时间》，三联书店2006年版，第203－209页。

人与世界的关系问题。心理学能够在解决人与世界的关系方面有所作为。

人类与三种世界的关系，分别是自然科学、心理科学和人文社会科学的研究对象。由于这三种关系在人的心理过程中具有互渗的倾向，应警惕隐喻式思维给学科带来的消极影响。例如，把心理学变成一种以心理物理学为主的学科，或者把社会问题都归诸为心理问题，都是此类思维的表现。但这并不意味着，心理学只应在人际的领域内探讨情感。事实上，人与自然，人与社会之间，即使排除了人际情感对这两种关系的渗透，也仍然存在着丰富的情感联系。而且，以文学艺术的形式表达的三种世界感的互渗与相互象征，一直都激发着人类的创造性思维。

现代海洋意识中的人海关系观念研究

赵宗金①

海洋意识是人们对人海关系的自觉意识，是人在社会活动中涉海行为的自我反映。当前现代海洋意识的淡漠或缺乏一方面表现为公众对人海关系的错误理解和自我中心定位，另一方面也突出表现为对现代海洋意识的理论建构极度匮乏。

1 人海关系的几个层次

人海关系是从人地关系中引申出来的概念，是人地关系的区域性体现。人海关系系统是人地关系地域系统中最重要的类型。人海关系也是海岸带可持续发展的核心。从更为一般的人类活动方式进行分析，人海关系即人类与海洋之间的关系，即人类活动与海洋相互作用、相互影响的关系，以及以海洋为背景的人与人之间的关系。

从人类活动的构成方式进行的人海关系分析，还可以区分为几个层次；从宏观到微观或者说从构成的规模角度，可以区分为以下几个方面：

第一，人的活动与海洋的关系。主要涉及人类活动与海洋、海岸带之间

① 赵金宗，山东省青岛市中国海洋大学法政学院，e-mail：zongjin@ live. com。

的相互影响，以及这种影响的后果。人类活动对海洋、海岸带的影响主要包括海洋资源开发利用、海洋污染和环境破坏、海洋与海岸带管理等问题，也包括沙滩休闲、沿海旅游、海洋保护等各种涉海行为。这个层面主要是从人类行为的角度进行人海关系分析。目前人海关系主要突出了人类活动对海洋的影响，与此同时表达出海洋对人类经济政治文化等行为的影响。

第二，人类心理与海洋的关系。这个层面一方面也涉及海洋对人类认知、情感、个性及意识状况的影响，一方面涉及人类对海洋的认识、体验以及对海洋观念的主动建构，同时也包括关于海洋的自然科学和人文社会科学的研究。民族性的海洋文化塑造、海洋对个体心理健康的影响、涉海人员的生存质量及主观幸福感（SWB，即 subjective well-being）研究等都构成了这个层面的具体问题。

第三，人类社会与海洋的关系。这个层面包括两个方面：一方面是社会对海洋的影响，主要涉及社会形态、结构、制度、文化以及经济活动等对人与海关系的影响；另一方面是海洋对社会的影响，主要涉及人海关系对社会形态、结构、制度、文化乃至社会心理的影响。关于上述两个方面的分析，目前在国内外已经形成了一个较为公认的学术研究领域，即海洋社会学（maritime sociology）[①] 研究。其核心问题通常认为是围绕“海洋社会”概念而展开的。而“海洋社会”的核心就是人类社会与海洋的关系。

2 人海关系是海洋意识的核心

通过对人海关系的系统分析可以看出，人海关系的协调发展和人海关系的有效调控对人类的可持续发展具有重要的意义。然而，自工业革命以来，大工业生产扩展了人类开发自然、利用自然的能力，作为人类活动聚集度最高的海岸带首当其冲，环境污染、资源破坏、生态退化、灾害频发等问题触

① 关于“海洋社会学”的翻译问题。国内学界对“海洋社会学”的翻译有以下几种方式：ocean sociology，marine sociology。英语世界中与“海洋社会学”对应的概念是“maritime sociology”。国外以“海洋社会学”为题名的研究文献非常少，经过 Elsevier，OCLC，JSTOR，Kluwer，UMI 等数据库检索，只有两篇文献，均使用“maritime sociology”。

目惊心，人海关系向着不协调、恶化的方向急速演变。这种不协调、恶化的人海关系，一方面反映了人们对人海关系为基础的海洋意识的淡漠或误区，另一方面也促使人们对人类与海洋的关系日益重视。

前者的突出表现是“人海关系”概念界限不清，从现有的学科分类中难以对其进行准确的界定。从地理区域上讲，人海关系可以直接构成人地关系的下属概念，于是人海关系也就成为人文地理研究的对象。从历史的角度看，人海关系反映了从古代“渔盐之利、舟楫之便”的单向人海关系到现代海洋贸易、海洋生态、海洋开发的现代人海关系的过度或变迁，于是“人海关系”构成了海洋历史文化研究的对象。这种分析还包括海洋政治、海洋经济、海洋社会学分析等多种角度，所有这些角度都从某些侧面对人海关系作了描述、分析和解释，这就构成了对“人海关系”的多学科、多视角的解构，也就成为“人海关系”概念难以把握的一个重要原因。当然，这种多学科的视角也为我们将来把握人海关系，建构现代海洋意识创造了积极的条件，做了充分的智性准备。

海洋意识的误区主要表现在人们的海洋意识观念停留在开发利用、破坏后保护阶段，缺乏现代性的海洋意识建构。工业革命以来，征服海洋和海洋开发成为人海关系的主流观念，对海洋环境的破坏、对海洋资源的肆意开采、对海洋生物多样性的毁灭甚至达到了无以复加的程度。即使在当今时代，伴随着以开发海洋资源、保护海洋权益为标志的“蓝色革命”的兴起，对海洋资源和环境破坏的工业文明后遗症仍然频发不止。最近的案例就是2010年5月份以来的美国墨西哥湾原油泄漏事件。

可见，人海关系调控已迫在眉睫，人们的海洋意识需要进行时代变迁，需要解决人海关系界定不清、海洋意识淡漠甚或步入误区等问题，以适应人类社会可持续发展及和谐社会建设的要求。近些年来，随着人类与自然关系认识上的改变，人类与海洋的关系日益得到重视。越来越多的濒海国家把开发海洋作为重要国策。从1992年里约热内卢联合国环境与发展会议到2009年联合国大会确定“世界海洋日”，从美国Halpern等人对人类影响海洋生态系统的世界地图的绘制，到中国社会学学会确定成立海洋社会学专业委员会，都体现出人海关系问题日益成为人类社会实践和理论思考的重要领域。

当然，要将“人海关系”理论研究体系化、系统化，并在此基础上构建现代海洋意识，并非几人几日之功可毕，这是一项很宏大的工程。但这一领域的研究前景很好，这是毋庸置疑的。正如刘桂春博士所认为的：以“人海关系”为主线将海洋人文科学研究穿引组织起来，是一项很吸引人的工作，并且终有一日会有专门针对海洋设计的“人海关系”理论——像今天的人地关系理论指导陆域开发、社会经济发展一样——能够指导海洋事业的发展。[①]这种理想的“人海关系”理论也可以说就是现代海洋意识的理论阐释。

人海关系是海洋意识的核心，人们现代海洋意识的淡漠甚或缺乏，导致了在人海关系认识上的错位，并使得工业文明以来恶劣的人海关系得以延续。只有加强人海关系的相关研究，并在此基础上构建现代海洋意识，才能有效促进人与海洋的协调发展，实现人类社会的可持续发展。

3 人海关系问题的社会科学研究

目前关于人海关系的社会科学研究主要分布在以下几个领域：

人海关系的社会历史研究。冯尔康教授讨论了中国海洋史研究的范畴和内容。[②] 他认为，海洋史研究笼统地包括政治、经济、文化和外交史。具体地说，或者说研究重点包括：贸易史及贸易双方的影响；沿海地区发展史及其特点（包括港口、内河通海的城市，如扬州、苏州之历史变迁）；航运和航海技术史（含海难事件、海盗），文化交流史（信仰、生活方式与习俗、文化遗存和历史记忆），移民史（外国人移入、中国人移出和国内区域间通过海洋的移徙，如山东人渡海至辽东、闽粤人至台湾）和海外华人史；海洋与人类生存环境是不可忽视的大课题，等等。上述这些研究重点，在广义上都可视为人海关系的范畴。

海洋文化研究的文献对于人海关系研究这一主题最为切近，它主要涉及人类对海洋的认识，因海洋而成的思想观念、意识形态，具有海洋特性的思想道德、民族精神，以及在此基础上生成的体现蓝色文明的海洋型生活方式、

---

① 刘桂春：《人海关系与人海关系地域系统理论研究》，辽宁师范大学博士论文，第2页，2007年。

② 冯尔康：《大力开展海洋史研究正当其时》，载《中国社会科学报》，2010年6月8日。

衣食住行、习俗、社会经济、法规制度、教育科技和文化艺术等形态的相关研究。根据曲金良等学者的分析，该领域的研究主要分布在海洋文化的基本理论研究、海洋文化历史研究、海洋文化与社会发展实践研究等几个方面。[①]这对人海关系历史的分析、人海关系个体心理与群体心理分析、海洋与社会关系的考察都具有重要的参考价值和启示意义。

海洋经济研究的文献涉及人类经济活动与海洋的关系，海洋经济指开发、利用和保护海洋资源所进行的生产和服务活动及其相关活动的总和。主要包括：直接从海洋中获取产品的生产和服务，直接从海洋中获取的产品的一次加工生产和服务，直接应用于海洋以及海洋开发活动的产品生产和服务，利用海水或海洋空间作为生产过程的基本要素所进行的生产和服务以及海洋科学研究、教育、管理和服务；这些即海洋产业。目前海洋经济活动最活跃的地域是有陆地承载的海岸带和海岛，所以，海洋经济研究中的人海关系也主要涉及的是这些地域内人类涉海的经济活动及其影响。韩增林等学者曾对这一领域的成果作过细致的分析，[②] 将其分为海洋产业总体发展与布局、海洋资源可持续开发利用、海洋交通运输、滨海旅游、沿海城市及其经济研究等五个方面。

关于海洋社会学研究。如果对人类社会与海洋的关系进行展开，从广义社会现象的角度界定海洋社会学，即海洋社会学是研究海洋社会现象的科学，那么，海洋社会学的内涵就大体等同于海洋社会科学。目前关于海洋社会学的界定存在几种代表观点：第一，“海洋社会学是以人类一个特定历史时期特殊的地域社会——海洋世纪与海洋社会为研究对象，具体研究海洋与人类社会的互动关系，分析海洋开发对现代社会的影响，分析海洋开发所引发的人类社会一系列复杂的变化”。[③] 第二，“海洋社会学作为一项应用社会学研究，它是运用社会学的基本理论、概念、方法对人类海洋实践活动所形成的特定社会领域——海洋社会进行描述和分析的一门应用社会学，海洋社会学

---

① 曲金良：《中国海洋文化观的重建》，文化艺术出版社 2009 年版，第 141 – 161 页。

② 韩增林等：《海洋经济地理学研究进展与展望》，载《地理学报》2004 年第 59 卷第 7 期，第 183—190 页。

③ 杨国桢：《论海洋人文社会科学的概念磨合》，载《厦门大学学报》（哲学社会科学版）2000 年第 1 期，第 95—100 页。

既要对海洋社会的特征、结构、变迁等作出描述与分析，更要对现实的、具体的与人类海洋实践活动有关的社会生活、社会现象、社会问题、社会政策等作出描述、分析、评价和提出对策或解决办法。”① 前者以社会与海洋的关系作为研究对象，以海洋对人类社会的影响为基本目的；后者将研究对象设定为“海洋社会”，对人海关系共存的区域、活动、结构与变化等因素进行了具体的辨析。两者都对人海关系系统的主要内容进行了阐述，表达了现代海洋意识的观念。

海洋政治研究的文献涉及人类政治活动与海洋的关系，这主要是围绕海域权益和海洋资源展开的。随着沿海国家海域管辖的冲突、国家海洋权益的维护、国家海洋资源的开发权限等一系列问题不断出现，伴随着人类对海洋战略意义的逐渐深刻的认识，如不妥善处理，这类冲突会有升级的趋势。在这样的背景下，根据新时代的特征和海洋事件的要求，在已有的地缘政治学研究的基础上发展起来海洋地缘政治与海洋地缘经济研究。张耀光曾对这个领域的研究文献进行过详细梳理②，主要包括以下主题：海洋权益问题，我国海洋地缘政治格局、我国的海权观与海洋权益问题的立场，海域划界和海洋权益问题，我国与海洋邻国的地缘经济等几个方面。

海洋与海岸带综合管理研究的文献涉及在目前人类技术范围人海互动的主要领域及社会活动与管理。研究主要包括海洋管理学学科理论体系、海洋与海岸带综合管理模式、海洋和海岸带综合管理能力建设等几个方面。此外，海洋立法和海洋权益问题有时也被视为隶属于海洋管理研究的范围，在这个问题上也形成了较多的重要文献，在国内也出现了一些重要的研究机构，包括中国海洋大学的环境与资源法学研究中心与武汉大学的环境法研究中心，他们在海洋立法、海洋权益及海洋管理等领域都形成了一批重要的学术成果。

目前来看，这些研究领域在价值取向上，一方面仍旧反映了以人类中心主义的人海关系哲学观，反映了世界各国或地区在海洋权益问题上以自我为中心进行的利益争夺斗争。在这种关系中，海洋是被宰割的对象。按照此种

---

① 崔凤：《海洋社会学：社会学应用研究的一项新探索》，载《自然辩证法研究》2006年第8期，第1—3页。

② 张耀光：《中国海洋政治地理学：海洋地缘政治与海疆地理格局的时空演变》，科学出版社2003年版，第1－7页。

逻辑，人类技术的进步意味着海洋权益争夺和海洋环境破坏的进一步加剧。另一方面，也反映出协调发展、可持续发展观念的影响日益扩大，新生态文明的海洋意识观念也初显端倪，其中以海洋社会学的研究最为代表。

4 人海关系发展与海洋意识的演变

通过梳理有关人海关系的社会科学研究文献，对人海关系进行系统分析和界定，可以把人海关系发展历史大体划分为四个阶段：

4.1 自在的海洋与人类的起源：海洋无意识[①]

生命的起源一直是科学家们研究的课题，从现在的研究成果看，普遍认为生命起源于海洋。水是生命活动的重要成分，海水的庇护能有效防止紫外线对生命的杀伤。大约在45亿年前，地球就形成了。大约在38亿年前，当地球的陆地上还是一片荒芜时，在咆哮的海洋中就开始孕育了生命——最原始的细胞。到了大约在300万年前，才出现了具有发达的端脑的人类。现代意识研究表明，正是人类端脑的出现，才使得人类的意识成为可能。在人类出现后到有文字记录的人类历史，人与海洋的关系是存在的，但是我们无从确定这种海洋意识是否存在。另外，人类历史的研究通常类比于个体心理发展的历史。从个体心理发展的角度看，人类个体成长的初期不具有意识能力，固然也就无从谈起海洋意识。

4.2 高于人的海洋与人类社会的出现：海洋敬畏意识

国内学者朱建君曾经从海神信仰的角度分析中国古代的海洋观念，并把中国古代的海洋观念分为“四海”水体观念、海洋价值观念和海洋本体观念

① 无意识可以译为“unconsciousness”或“disconsciousness”，指未进入领域的心理内容。按照S. 弗洛伊德的分析，无意识包括先天的本能和后天被压抑的欲望和冲动。在这里，主要指对人海关系的不自觉。

三个成分。[①] 古代的“四海”水体观念既反应了统治者的王权象征观念，也反映了民众的中央之国的观念。古代的海洋价值观念说明海洋的渔业经济价值在我国古代得到了很大程度上的认识和利用。古代的海洋本体观念一方面表明人们在这种力量面前感觉到人类自身力量的渺小，另一方面也表明人们又不甘于受海洋摆布。总的来讲，“敬畏和崇拜”构成了这段时期人类对海洋的基本意识。即使是对海洋的开发和利用也是在膜拜的仪式和敬畏的情绪下进行的。这也反映了古代人类与自然的关系。

4.3　被改造的海洋与工业文明的推进：海洋开发意识

工业文明把文艺复兴以来的人与自然关系的观念推向极致，那就是“认识和改造自然”。向自然索取构成了工业文明进步的每一个台阶。征服和改造是工业文明最时髦和最贴切的标语，而这种征服和改造的力量来自于科技的每次进步。随着科学技术的进步，海洋贸易、海洋开发、海洋资源利用、沿海经济发展等成为社会文明进步的代名词。伴随这种“文明”而来的是环境污染、资源短缺、生态破坏、物种消亡、全球灾害等问题的频发和加剧恶劣化。这个时期的海洋意识一方面反映了人类利用和改造自然能力的空前强大，另一方面反映了人类对人海关系的片面理解。工业时代以来，这种海洋开发意识经历了不同的发展阶段。从一开始的单向无节制的索取和利用，到先破坏后保护的亡羊补牢式海洋资源开发利用，到有意识进行海洋损害评估和初步的海洋保护意识出现。

4.4　现代人海关系与生态文明的进步：人海共存意识

Halpern 等人在 2008 年《科学》杂志上发表了人类影响海洋生态系统的世界地图，指出超过 40% 的世界海洋生态系统都已被人类活动严重影响。[②] 在解释为何绘制该地图时，Halpern 等指出，迄今为止，人们对于发生在世界各海洋的广大区域的事件，不管是令人赞叹的还是令人担忧的，仍然视而不

---

① 朱建君：《从海神信仰看中国古代的海洋观念》，载《齐鲁学刊》2007 年第 3 期，第 43—49 页。

② Halpern, B. S., et al, “A Global Map of Human Impact on Marine Ecosystems”, *Science*, 2008, 319 (5865), *pp.* 948 - 952.

见。同时，海洋又是人类地球上最后一个主要的科学探险的前沿领域。尽管当代科技发展已经允许人们去接近、探索和影响近乎一半的海洋区域，我们对于海洋生物多样性及其在人类影响下的改变知之甚少。该研究的目的，就是评估和视觉化人类已经对海洋生态系统造成的影响。当然，此类研究目前也仅限于海洋损害评估，关于海洋保护的理念尽管已出现并得到重视，但是从人海关系观念上进行根本改变，仍然需要新的文明形态的出现。

上述四个阶段的划分大体描述了海洋意识领域的人海关系观念变迁的历史，也体现了历史上人类与自然的关系。

5　人海关系的基本理念与现代海洋意识的确立

现代人与自然的关系讨论则集中体现在现代西方人地关系观念上，这些观念在理论上都涉及人海关系，并且为人海关系的讨论奠定了更为一般化的理论前提。这些观念主要包括人类中心论（Anthropocentrism）、生态论（Human Ecology）、文化景观论（Culture Landscape Theory）、协调论（又称调整论，Adjustment）、环境感知论（Environmental Perfectionism）、文化决定论（Cultural Determinism）、可持续发展论（Sustainable Development）等。这些人地关系观念反映了20世纪50年代以来人地关系观念的演变和更迭。它们在理论上都涉及人海关系，并且为人海关系的讨论奠定了更为一般化的理论前提，因而在人海关系讨论中都占有一席之地，而且在事实上也构成了现代海洋意识所针锋相对的观念形态甚或直接构成了其基本观念。其中对人海关系讨论比较重要的有以下几个观念：

（1）人类中心论。人类中心论思想的核心是一切都以人为尺度。在人海关系问题上，人类中心论一度起到了革命性的激励作用，它推动了人类对海洋不断地作斗争并取得了伟大的胜利。尤其是工业文明以来，人类以自身为中心开发海洋资源并肆意破坏海洋生态到了无以复加的程度。人类中心论是必须被否定的价值观念，应该为新的人与海洋协调发展的观念所取代。

（2）协调论。协调论认为人、自然与技术的大系统内部应该处于动态平衡状态。工业文明时代，人类对资源采取耗竭式的占有和使用方式，不断使人与自然这个大系统产生强大震动。人与自然不能协调发展，技术的进步并不能保证人类社会的持续发展，甚至不断出现生态危机和能源危机，进一步危及人类的生存。人海关系问题上坚持协调论，就是要避免工业文明的恶劣后果，坚持人类、海洋与技术的动态平衡，实现人类与海洋的协调发展。

（3）可持续发展论。关于可持续发展论存在很多界定。1987 年，世界环境与发展委员会出版《我们共同的未来》报告，将可持续发展定义为：可持续发展是既满足当代人的需求，又不对后代人满足其需求的能力构成危害的发展称为可持续发展。它们是一个密不可分的系统，既要达到发展经济的目的，又要保护好人类赖以生存的大气、淡水、海洋、土地和森林等自然资源和环境，使子孙后代能够永续发展和安居乐业。1989 年“联合国环境发展会议”（UNEP）专门为“可持续发展”的定义和战略通过了《关于可持续发展的声明》，认为可持续发展的定义和战略主要包括四个方面的含义：走向国家和国际平等；要有一种支援性的国际经济环境；维护、合理使用并提高自然资源基础；在发展计划和政策中纳入对环境的关注和考虑。后一个界定视野更为开阔。在人海关系问题上坚持可持续发展论，也就是既要注重资源的开发利用，也要保证资源的可持续利用；既要满足当代需要，也要保护后代需要；既要关注国家持续发展，也要关注国际协调持续发展。

不管是人地关系还是人海关系，归根结底是人与自然的关系。为了处理好人与自然的关系，生态伦理学在“生命同根”的基础上建立起来，人类与自然或者说人类与非人类的存在建立了道德共同体，共同体的目的是保障所有成员的利益。为此，需要在人与人、人与社会、人与自然之间建立一种互利共生、协同进化的关系。这种观念就是新生态伦理学的基本观念。刘福森教授在此基础上更进一步提出以生态文明取代工业文明的问题。[①]

工业文明以人与自然的对立为基本判断，以人的利益满足为基本目的，以无限制的科技发展与利用为基本手段，结果必然是人类对自然的大肆开发与利用，以致资源枯竭、生态破坏，进而导致自然对人类社会的报复和严惩。而生态文明以人与自然的共生为基本判断，以协同进化为基本目的，以科技促进生态协调发展为基本手段。其结果是：生态文明下的发展，不仅是经济与产业的发展，也是生态环境的发展；生态文明下的进步，不仅是人类社会

① 刘福森：《新生态哲学论纲》，载《江海学刊》2009 年第 6 期，第 12—18 页。

的进步，也是人所处的整个生态系统的协同进步。所以，生态文明不仅仅是一种理论体系，它更是一种社会发展到一定阶段的文明形态，相对于工业文明，生态文明更满足人类生存的需要。

从人海关系角度看，工业文明也可以说是大陆文明，它所表征的人与自然的关系也就是人与大陆的关系。随着海洋世纪的到来，这种大陆文明需要被新的更高级的文明形态所取代。在新生态伦理学指导下的人海关系的观念构成了这种新文明形态的基本价值观。所以，海洋文明也就构成了人海关系存在的理想文明形态，关于这种人海关系的意识也就构成了现代海洋意识的“终极”形态。所以，海洋文明意识就是在海洋成为人类最后的发展区域的时候，当海洋文明取代大陆文明后，在人与海洋协同发展的基础上，在海洋文明成为未来的人类文明形态基础上形成的人海关系理念。

生态环境心理学中的社会性别问题[①]

方　刚[②]

在中国共产党的“十七大”上，胡锦涛总书记提出，把建设生态文明作为实现全面建设小康社会奋斗目标的新要求。[③] 在生态文明建设中，生态环境心理学的意义应有重视。生态环境影响人的心理，而人的心理也会影响到生态环境，在这一互动过程中，社会性别的影响因素同样不容忽视。

生态环境心理学的研究对象是人或有机体与环境相互作用的关系。具体包括环境对人的影响，人的环境态度，如何改变人的心理以促进其环境保护行为，等等。生态环境心理学从20世纪初开始起步，如今已经浸透到认知心理学、社会心理学、儿童心理学、社区心理学、心理治疗学等各个领域，被认为是“科学心理学的第三势力”[④]。

生态环境问题与社会性别间的紧密关系，已经被女性主义生态学所论证，

---

① 本文为北京林业大学青年科技启动基金项目“女性/社会性别研究促进中国生态建设作用的研究”（编号：BLX2W8031）成果之一。

② 方刚，北京林业大学人文社会科学学院心理学系，e-mail：fanggang@vip. sohu. com。

③ 胡锦涛：《高举中国特色社会主义伟大旗帜，为夺取全国建设小康社会新胜利而奋斗》，人民出版社年2007年版，第10页。

④ 秦晓利：《生态心理学》，上海教育出版社2006年版，第12页。

也普遍为学界所接受。[①] 但对于生态环境心理同社会性别之间重要关系的论述，还少有所闻。在笔者看来，将社会性别的分析视角纳入生态环境心理学的研究中，有助于更深入地理解生态环境变化对人类的影响，促进生态环境建设，也有助于找到改变人们的生态态度，促进生态环保行为的新立足点。

1 生态环境心理的性别差异受社会性别影响决定

生态环境心理学的研究成果中，一直不缺乏对性别差异的关注。但是，从女性主义社会性别研究的视角来看，以往研究中的这些关注多停留在生理性别差异上，而缺少社会性别的深入分析。正如女性主义学者指出的，以往的学科通常“只讲了半边的故事”，加入社会性别视角后世界的面貌将大不一样。[②]

我们以环境心理学中的环境应激研究为例。环境应激理论把环境中的许多因素都看做是应激源，比如噪音、拥挤等。应激源被认为是威胁人类健康状况的不利环境，包括工作应激、婚姻不和谐、自然灾害等。应激被定义为对这些环境的反应，包括情绪、行为和生理成分。以往的研究已经揭示同样的情境对于男性和女性的意义可能不同，对男性不构成应激源的，对女性可能就是应激源。但这背后的差异，需要从社会性别视角进行解释。

比如，有研究表明，男人的领地性比女性强，他们的领地更大。[③] 高空间密度在男性身上产生的消极影响要比女性更强一些，男性在高密度下要比其在低密度下所表现出的消极情绪更加强烈，会更加具有攻击性，而女性的情况没有那么明显。[④] 从社会性别视角分析，被父权文化所推崇的支配/刚性

---

① 方刚、罗蔚主编：《社会性别与生态研究》，中央编译出版社 2009 年版，第 1—2 页。

② 鲍晓兰主编：《西方女性主义研究评价》，三联书店 1995 年版，第 5 页。

③ [美] 保罗·贝尔等：《环境心理学》，朱建军、吴建平等译，中国人民大学出版社 2009 年版，第 266—267 页。

④ 同上书，第 291 页。

趋势的男性气质，以及从属/柔性趋势的女性气质是造成这一现象的根本原因。① 男性被鼓励“独立”、“刚强”、“竞争”，女性被鼓励“依附”、“温柔”、“合作”，因此男性更容易把其他人的靠近看做威胁，而女性更容易将其视作亲密关系的建立。

但是，在长期的高密度环境下，女性的反应就不如男性了，如对拥挤的大学生宿舍的研究就表明：女生的拥挤感或其他消极反应更强。这可能是因为在这种情况下男生往往选择离开宿舍，而女生则更有可能选择继续同室友在一起，在宿舍待的时间越长，高密度所带来的压力就会越大。② 从社会性别视角分析，男性选择离开、女性选择留下，同样是社会性别角色对性别气质塑造的结果。男性可以在社会文化所鼓励的支配/刚性趋势男性气质指引下离开拥挤的空间，选择“做自己”；而女性则因为合作、温柔、体贴等女性气质的指引而选择留下来，和同伴保持“亲密”的关系。

在一些特殊的高密度情景中，女性比男性更容易产生应激反应，比如拥挤的地铁车厢中，特别是在晚上。从社会性别的视角分析，这是因为女性在父权社会中缺乏安全感，普遍存在着被性骚扰的恐惧与压力。正因为如此一些国家设立了女性专用车厢。女性面对黑暗的空间时，比男性的应激反应更强，也可以用同样的原因进行解释。

除了环境应激研究之外，从更宏观的角度，我们同样可以看到生态环境的恶化对于人类心理造成的不利影响，存在着性别差异。

由于传统的社会性别分工，女性更多地承担家务劳动，化学洗涤用品、食品污染、水污染等更直接地伤害她们，这在她们购买和使用这些物品时造成潜在的心理焦虑。即使同样在工作场所，由于工种的不同，男性和女性受到的影响也是不同的。比如在一些鞋厂、皮革厂等，一线女工占 90% 以上，大部分企业的女工不同程度地接触到尘毒、噪声、高温等危害，这些都使得未生育的女性会更多担心环境污染对她们的影响转嫁到未来的孩子身上，使

① 方刚：《男性气概实践的多样性分析》，载《暨南学报》（哲学社会科学版）2007 年第 6 期。

② Aiello. J. R., Thompson, D. E., & Baum, A., “The Symbiotic Relationship Between Social Psychology and Environmental Psychology: Implications from Crowding, Personal Space, and Intimacy Regulation Ersearch [A]”, in J. H. Harvey (ED.), *Cognition and Social Behavior, and the Environment* [C] (pp. 423 – 438). Hillsdale, NJ: Erlbaum. 1981.

她们在接触污染源时心理受到影响。

一项研究表明，女性比男性更多产生由噪声带来的心理焦虑。① 除了其他影响因素，性别的影响至少可以提供部分的解释：女性的社会性别角色分工往往使她们较男性更多接触噪音，除了职场和男性接触同样的噪音之外，女性更多承担做饭的家庭劳动，她们受厨房噪音的影响比男性更多。对于居家生活的女性来说，通过住宅小区附近的轻轨线路或城市快速路，对她们的影响比男性更大。

从生态环境态度与行为的角度看，也因为社会性别分工存在着性别差异。如果女性具有良好的生态意识，她们在购买家庭日用品时有意识地购买天然环保的绿色食品，使用环保购物袋，做饭洗衣时节约用水，对日常生活中产生的垃圾进行分类，选用环保清洁剂和无磷洗衣粉，使用节能灯具、无氟冰箱等等，都会直接促进生态环境的改变。而男性在公领域和私领域具有更大的决定权，像大额物品的采买通常男性说了算。比如买什么排量的车通常是由男性决定的，而这也会对环境产出直接的影响。生态环境态度积极的男性更容易采取购买低排量的汽车、用水桶盛水洗车、注意减少电器的能耗和污染等等这些生态行为，从而也会积少成多，对生态环境产生影响。

再比如，自然风景可以帮助人类恢复体力和健康，心理学中也有森林疗法、自然疗法等生态疗法的心理治疗法。但是，如果一个家庭为了在假日到自然中放松，女性需要做很多准备工作，以至于使之成为女性的工作，而只是男性的休闲，那就达不到目的了。

2 生态环境建设中要考虑进社会性别心理差异

同样的生态环境问题，因为社会文化及社会性别的影响，对于男女的心理影响是不同的，因此，在进行生态环境建设的过程中，必须考虑进社会性别造成的心理差异。

以目前中国城市建设中受到重视的街景园林设计为例，街景、园林设计

① Gulian, E., & Thomas, J. R., "The Effects of Noise, Cognitive Set, and Gender on Mental Arithmetic Performance", [J] *British Journal of Psychology*, 1986. 77, 503 - 511.

中神秘感的运用，可以增加人们对环境的喜好。神秘感典型的例子是那些弯曲的小路或被遮挡起来的空间，运用适当可以增加冒险带来的乐趣。① 但是，女性在社会中的弱势地位使她们更容易因为这样的环境而产生恐惧感，所以这样的设计至少不应该出现在人们必须经过的区域，比如前往某个车站、超市或公园门口的必经或便捷地带。

此外，公园里的围墙，因为视线无法穿透，会使女性感到潜在威胁。所以，我们主张建设开放式公园，至少围墙不是封闭的一堵砖墙，而是可以透视的；公园里的小路也要足够宽，路边没有紧贴的灌木丛；造园景观如假山、树叶等不可遮蔽道路，也不应阻碍视线，等等。

路边人行道的照明，应该足够明亮，应该采用白色照明而非黄色照明，对损坏的灯应该及时维修，以避免使夜行的女性产生恐惧心理。

同样的考虑也应该应用于校园内的规划。学校环境中，应该充分考虑到女学生对于性侵犯的担心。学校的环境特征，如茂密的树林或者植被，提供了有助于身心的生态空间，但是也为攻击者提供了有利的藏身处和逃走的潜在可能性。如何使女性同样有勇气享受这些空间，是设计中需要认真规划的。再比如，由教学区通往女生宿舍的路径中，如果照明条件恶劣将对晚上回宿舍的女生的心理造成明显负面影响。

女性公厕因为只有蹲坑，而且女性如厕时间长于男性，所以女厕所门前排长队的现象，已被性别研究界一再呼吁改变。此外，厕所建在偏远、拐角之处，楼梯下面，或楼道半层处，不在公共视野之内，也会对如厕女性造成不良心理影响，特别是在晚上。公厕建设中，如果改善其采光、空间、位置，使之不再是一个“见不得人”的地方，女性会少许多恐惧。厕所内部应该有置物空间，而不只是小挂钩，这样女性携带的昂贵皮具与大宗物品方便置放。

许多国家还在公厕附近增加了哺乳室的设计，为哺乳女性提供独处、隐秘的空间，从而营造了对女性友善的环境。

办公环境也是一样，私密性提高有助于提升员工工作效率，但是，不应该使女性的安全感受损。

家庭环境的设计中，仍以洗手间这个貌似不登大雅之堂的“小地方”为

---

① Paul A. Bell, Thomas D. Greene, Jefrey D. Fishen, Andrew Baum, *Environmental Psychology*［M］(5th edition), Singapore: Thomson Learning, 2001.

例。许多忙碌于家务的女性习惯于把坐在马桶上看书当做难得的放松、减压、休闲的享受。认识到洗手间的减压功能，其空间设计就不能太小，环境布置就要尽可能温馨，可以有艺术作品、鱼缸等等。但一个家庭中洗手间太多，就会使清洁工作增加，从而增加女性的压力。

厨房这一传统上更多是女性主宰的空间，环境设计中的性别考量同样不容忽视。

总之，在环境设计上，女性心理上的安全感应该受到特别的关注。这种对安全感的关注还应体现在：城市的建设中，天桥应该优先于地下通道；地铁、地下停车场等的通道尽可能短、宽；监视性差的角落及转角处，可加装镜子以改善；社区荒废处应用公共设施填补起来，等等。

3 生态环境心理学重视社会性别分析的意义

生态环境心理学研究中，重视社会性别的分析视角，充分考虑社会性别的影响因素，建构“有社会性别的生态心理学”，具有重要的意义。

3.1 有助于促进生态环境心理学作为一门学科的发展完善

自从上世纪六七十年代以来，社会性别研究已经逐步浸透到人类知识的几乎所有方面，无论人文社会科学还是自然科学各领域，没有社会性别分析视角会被看做是不完整的，是“只讲了半边的故事”。社会性别研究为研究者提供了一种认识文化现实的分析工具，看到了知识生产中的社会性别权力关系，看到了社会性别作为人类社会一个基本的组织原则被以往学界研究所忽略，也看到了这种忽略导致人们作为常识接受的许多理论的偏颇和谬误，从而在研究中颠覆既有知识，建构新的知识体系。[①] 此外，社会性别分析本身具有非常鲜明的质疑与批判的精神，具有批判、反思、变革、行动的特点，[②] 而这些必将带给生态环境心理学这一新学科的发展以活力。

① 郭爱妹：《女性主义心理学》，上海教育出版社2006年版，第6页。

② 同上书，第10—13页；沈奕斐：《被建构的女性》，上海人民出版社2005年版，第10页。

3.2 有助于生态环境心理学为生态文明建设作出更大的贡献

社会分工的性别差异决定了在对资源环境的依存度和破坏度上存在着显著的性别差异，因而也决定了保护环境和实现可持续发展需要不同的性别战略。[①] 生态文明建设中，必须充分考虑进这种性别差异，才是与和谐社会建设相一致的生态文明建设。生态环境心理学对不同性别的生态环境心理差异的研究，可以为生态文明政策的制定与实施，提供基于社会性别差异的心理学支持。比如，基于对生态环境态度与行为关系存在性别差异的认识，在进行生态环境态度的教育中，就可以针对不同性别有的放矢。

3.3 有助于推进性别平等基本国策的实现

性别平等基本国策这一目标的实现，需要政府、学界、社会的共同努力，需要从整个社会生活的各个方位合力进行推动；需要的是“社会性别主流化”，即将社会性别的影响因素纳入国家所有政策的制定与实施中。生态环境心理学研究，也不应该独立于这一基本国策实现的努力之外。社会性别视角的分析，将使生态心理学的成果具有“性别政治正确”的特点，从而避免进一步塑造社会性别刻板印象，或巩固既有的性别偏见。从我们在本文第一节所呈现的研究成果可以看到，传统父权文化推崇的男性气质与女性气质，是造成环境心理上男女差异的重要原因。促进心理健康，需要从颠覆传统的性别气质做起。而对传统性别气质的颠覆，同样是实现性别平等的重要途径。由此可见，生态环境心理健康的促进与性别平等基本国策的实现将是殊途同归。

综上所述，生态环境心理的性别差异是受社会性别因素影响决定的，我们在生态文明建设中，应该充分考虑到这一影响因素。生态环境心理学要为生态文明建设作出更大贡献，也应该充分纳入社会性别的分析视角，才能事半功倍。

---

① 方刚、罗蔚主编：《社会性别与生态研究》，中央编译出版社 2009 年版，第 55 页。

西方社区心理学的生态学取向

王广新[1]

社区心理学的诞生是以1965年斯维姆斯哥特会议为标志的。在斯维姆斯哥特会议上，产生了创建一个新的研究领域的呼声。这个研究领域被命名为社区心理学。社区心理学关注“在复杂的交互作用过程中，连接个体行为和社会系统的心理学过程”[2]。社区心理学现在已经发展成为一个国际性的研究领域。社区心理学关注的是个体与社区的多样性关系，是从广义上对社区进行阐述的。个体生活在许多社会结构形成的社区中，如朋友圈、家人和亲戚、工作地点、学校、志愿者协会、宗教集会、教会社区、邻里或更大意义上的社会或文化。为了理解个体、社区和社会的联系，社区心理学进行了生态学水平分析。

1 巴克（Barker）：生态心理学和行为情景

1947年，巴克及其同事开始着手研究美国俄克拉荷马州米德韦斯特城的

---

① 王广新，北京林业大学人文学院心理学系，e-mail：wgx8868@163.com。

② Bennett，C.，Anderson，L.，Cooper，S.，HAssol，L.，Klein，D.，& Rosenblum，G.，*Community Psychology*：*A Report of Boston Conference on the Education of Psychologists for Community Mental Health*，Boston：Boston University，1966.

小镇孩子们的生活状况。巴克及其同事力图理解这个小镇的孩子们的生活情况。[①] 他们认识到不能在实验室或者采用问卷法甚至访谈法研究孩子们的日常生活，因为所有这些都依赖于研究者选择问什么样的问题。巴克一家也搬到小镇来住，并与同事们安排了用于研究的办公室。得到小镇居民的信任和合作之后，他就和同事们开始仔细、系统、自然地观察孩子们的日常生活。巴克称这种研究是“行为流”研究，而不是将孩子们的行为分成零碎的部分，仅仅选择几点脱离整体加以理解，他们很快发现不能脱离临近的小镇而仅仅研究这个小镇环境中的孩子们的生活。研究者关心的不是个人的存在，关心的是代表某一行为情景特征的固定行为模式，而不管这种行为情景中的个体是哪一个人。巴克提出了行为情景概念，以此作为进行有关研究的最主要的概念。行为情景是用行为时间、空间维度以及固定的行为模式界定的。经典的行为情景理论规定，情景中的个人在很大程度上是可互换的，相同模式的行为是忽视具体个体的。巴克进一步假定，行为情景中有一系列使固定行为模式得以保持的隐性的或者显性的规则。[②] 生态心理学的目的就是确认行为情景，理解维持行为情景的物理环境特征和社会机制。生态心理学是社区心理学的一个重要组成部分。生态心理学对社区心理学环境问题的两大主要的贡献是行为情景概念。生态心理学仍然为社区心理学提供了一个重要的研究视角。通过关注情景和行为，生态心理学已经形成了一个理论概念和实际研究持续的融合，也影响了其他生态心理学视角的发展。

2　凯利（Kelly）：四条生态学规则

凯利及其同事借鉴了生态学的生物学领域的概念后，提出了作为社区心理学框架的四条生态学规则：相互依存、资源的循环、适应和延续。[③] 在理解生态学方面，这些概念是很有影响力的。我们应该将它们作为环境的特征

---

① Barker, R., *Ecological Psychology*, Stanford, CA: Stanford University Press, 1968.

② 同上。

③ Kelly, J. G., “Ecological Constrains on Mental Health Services”, *American Psychologist*, 1966 (21), pp. 535 - 539.

而非个人的特征加以认识。例如，不同的工作场合，工人之间的相互依存的程度不同，参与循环运作的资源不同，个人需要的适应环境的技能也不同。当然，这些环境因素在很大程度上影响着个人、学校、家庭和工作场合以及其他环境条件下的生活。

2.1 相互依存

生态系统最基本规则就是系统有多个相互联系的部分，一个部分的变化将影响到其他部分。① 因此，生态系统的组成部分是相互依存的。对于一所学校来说，相互依存的组成部分包括学生、教师、行政人员和其他人员，例如父母、宣传人员、纳税者；对于一个商业公司来说，相互依存的组成部分包括股东、宣传人员、执行官、雇工、他们的家庭，甚至包括供应商和顾客。

再比如一个家庭的生态环境。如果一个家庭的成员得了感冒，几乎每个人都会受到影响；如果一个年幼的孩子生病了，家庭里的年长者将可能在家里陪伴生病的孩子而耽误了工作或者学业，家庭里的其他人也可能生病；如果主要的持家者感冒了，做饭、洗衣、交通以及家庭成员的日常生活都会受到影响。几天后，整个家庭系统恢复到先前状态。有些变化可能是暂时性的，但是有些变化可能就是永久性的。

相互依存规则的首要的一点就是系统的任何变化将会产生多种结果，一些结果是意外的，可能也是我们不愿看到的。如果没有明确认识到系统的相互依存，变革系统的努力可能受到挫败。比如，如果管理人员或者父母强烈主张教育中的竞争，那么在教室里开展的合作式学习的尝试就将失败。

2.2 资源的循环

凯利提出的第二条规则与“相互依存”紧密相关。第二条规则尤其强调，核查系统资源是如何被定位、利用、创造、保存和传递以便使之适用于任何类似的系统。例如，在一个花园的生态系统中，水、阳光、植物、土壤

① Trickett, E. J., Kelly, J. G., & Todd, D. M., “The Social Environment of the School: Guidelines for Individual Change and Organizational Redevelopment”, in S. Golman & C. Eisdorfer (Eds.), *Handbook of Community Mental Health*, New York: Appleton-century-Crofts, 1972, pp. 331 – 406.

等资源按照一定方式循环，产出了昆虫、人类和其他动物食用的果实和蔬菜。

我们也可以从资源循环的角度来认识和描述社会生态系统。例如，对于一个家庭生态系统来说，什么是最重要的资源呢？时间、教育、注意力、情感的支持、金钱和其他有形的东西可能都是参与家庭循环的资源。核查资源的循环，可以从明确家庭的优势和关系特征开始。同样，什么资源（尤其是无形的资源）循环于你所在的大学的大学生之中呢？信息以许多形式发生着交换，比如，所学习的课程中渗透的建议、社会生活和工作，另外，情感支持、实际援助和家庭教师的教导也是经常发生着互换的资源。

循环规则也关注资源是如何被认识和保存的。你可能认识不到家庭成员具有对你有用的资源，直到你遇到一个压力事件，他们为你提供相关建议的时候。凯利研究思路的一个隐含的方面就是，为可能有利于个人或系统的健康运转的资源（有形的或者无形的）寻找环境条件（家庭、组织和邻里）；第二个隐含方面是，在寻找到的环境条件中，创造新资源或者加强旧的资源循环力度。

2.3 适应

第三条生态系统学规则关注个人—环境的相互的适应或者匹配。个人能够利用系统中的可利用的资源满足环境的各种要求。① 如果你能够做到这一点，回忆一下你是如何适应你的第一份工作的。另外，环境是对其成员的变化不断作出反应的有机系统。个人有必要保持对环境要求或者限制的适应，同样，一个限制过于强大的环境可能很难保持新成员或者原有成员的参与性。

2.4 持续性

第四条生态学规则强调生态系统不断变化，理解其他三条规则必须从理解变化的模式开始。对于花园这个生态系统，我们知道，如果不修整花园，让水和阳光持续不断地滋养花园，整个花园不久就会发生变化，一些植物

---

① Trickett, E. J., Kelly, J. G., & Todd, D. M., "The Social Environment of the School: Guidelines for Individual Change and Organizational Redevelopment", in S. Golman & C. Eisdorfer (Eds.), *Handbook of Community Mental Health*, New York: Appleton-century-Crofts, 1972, pp. 331－406.

（常常是“杂草”）将排挤掉其他植物，较高的植物将削减较矮的植物可获得的阳光，大量的、完全不同类别的植物将占据花园。

持续性规则也同样适用于家庭或者社区系统。在文化水平上，上个世纪西方社会的婚姻的形式在一直发生着变化，离婚和未婚同居的现象也更加普遍，单亲父母和同性恋也日益得到广泛的接受和认可。婚姻形式的这些变化受到更大的社会和文化力量的影响，反过来也影响着个体对婚姻的选择。

与相互依存和资源的循环相关联，持续性的另一种含义是，在心理学家计划对生态系统进行干预之前，他们需要理解生态系统的历史。心理学家应该认真考虑，他们的研究目标是否会受到系统某些方面的阻碍（尽管是不完全的）。在一个学校对危机（比如，一起学生自杀事件）的反应中，成年人为学生提供的专业咨询，可能远没有学生之间的经常性的互帮互助的方法更有效。

3　莫斯（Moos）：社会氛围维度

莫瑞（Murray，1938）的早期人格理论明确了个人—环境之间的相互作用：个人试图满足自己在环境中生存下去所要求具备的条件，但是环境也会为个人达成条件提供机会或者制造障碍。莫瑞称后一种情况为“压力性环境”。对压力的测量就是情景中的个人是否拥有对这种环境的一般性认识。莫斯及其同事以这个概念的框架为基础，提出了社会氛围量表，用于评价一种情景中的成员对这个情景的共同认知。① 社会氛围的概念也适合于阐明更一般性的个人适应和健康状况。②

社会氛围量表适用于考察微观系统和集体性的、有组织的环境的氛围。例如，工作场合、家庭、大学的居住区、精神病院的氛围、社区的保健环境、

① Moos，R.，“Conceptualization of Human Environments”，*American Psychologist*，1973（28），pp. 652 –665.

② Moos，R.，“Understanding Environments：The Key to Improving Social Process and Program outcomes”，*American Journal of Community Psychology*，1996.

支持性的社区居住设施环境、部队单元区和学校的教室。[1] 在许多的国家，社会氛围量表得以推广。社会氛围量表以三种测量维度为基础，每一维度都有依赖于被测量环境类型的分量表。

关系维度，关注环境成员之间的相互支持程度的亲密度以及成员的环境融入度。例如，教室环境氛围量表用于测量高校教室的环境氛围，包括学生参与和融入班集体的程度，同班同学之间的友谊或者依附程度，学生从老师那里得到的支持度等。家庭环境氛围量表包括家庭成员是如何相互依赖和表达情感，以及他们觉察到的冲突和矛盾的程度。在概念意义上，这些测量维度与凯利所提出的相互依存、资源的循环是相关的。[2] 凯利提出的个人的发展维度，考察环境中的个人的自主性、成熟度和技能的发展程度。教室环境氛围量表，考察活动计划和继续完成该任务的强调程度，学生之间的竞争。家庭环境氛围量表包括有关个人家庭成员之间的相互依存性，家庭对个人成就的重视度，智力—文化追求，娱乐活动，道德—宗教观。其中量表考察的环境对个体的要求与凯利所提出的适应原则也是相关的。

系统的维持和变化维度，考察个人对环境中的秩序、规则认识的清晰度，对行为控制的强调程度。教室环境氛围量表包括：教室内开展的活动的组织性和有序性，活动规则和效果的清晰性，教师的严厉程度，活动的创造性程度，活动创意在教室内的学生中受欢迎程度。家庭环境氛围量表包括家庭内的组织性程度，父母实施的控制程度。这些测量维度与巴克的行为情景理论思想特别是反向和否定机制的思路相关，同时与凯利提出的适应原则也是相通的。

4　西德曼（Seidman）：社会规范

S. B. 萨若森（S. B. Sarason，1974，1982，1995）曾经经常研究环境是

---

① Moos，R.，*The Social Climate Scales：A User' s Guide*，Palo Alto，CA：Consulting psychology press，1994.

② Trickett，E. J.，Kelly，J. G.，& Todd，D. M.，"The Social Environment of the School：Guidelines for Individual Change and Organizational Redevelopment. In S. Golman & C. Eisdorfer（Eds.），*Handbook of Community Mental Health.* New York：Appleton-century-Crofts，1972，pp. 331 – 406.

如何通过建立环境中的成员之间的可预测关系来发挥作用以及虽然人们试图改变环境而环境的那些特征又是如何长期保持下来的等问题。在部分性地借鉴以上的观点的基础上，西德曼提出了能够用社会规范来认识和理解环境的思想。西德曼认为社会规范是指环境之中的各因素（如个人）之间长期以来存在的社会关系的一般模式。[①] 西德曼研究的焦点不是个人的人格而是个人之间的关系。

因此，社会规范的研究视角试图弄清楚环境成员之间的关系的行为模式。理解环境中的成员所扮演的角色就属于此类研究。社会环境中存在的各种规范常常是用角色关系来定义的：教师——学生、治疗师——病人、雇主——雇工、父母——孩子，而角色关系也只有在一个特定的情景中才能体现出来（与巴克所提出的行为情景和固定的行为模式类似）。尽管如此，社会规范的研究视角超越了行为情景理论，它将研究的注意力转向了权利、资源和环境中的不平等因素所体现的角色关系上。

5 环境心理学

环境心理学研究环境（尤其是建筑环境）的物理特征对个体行为的影响，环境和行为的相互关系。[②] 美国的环境心理学与社区心理学大约在相同的历史时期发展起来。与社区心理学的创始人不同，环境心理学的创始人主要是一些对物理环境和行为感兴趣的社会心理学家，但是环境心理学和社区心理学都强调从个人——个人，到个人——环境的关系的视角转换，在某些方面二者是重叠的。巴克及其同事的生态心理学就是其中一个例子。对有压力的环境条件的研究，比如，对邻里的噪音所产生的心理效果的研究是另外一例。环境心理学和社区心理学都强调在自然条件下进行研究，并将它们的

---

① Seidman, E., "Back to the Future, Community Psychology: Unfolding a Theory of Social Intervention", *American Journal of Community Psychology*, 1988 (16), pp. 3 - 24.

② Timko, C., "Physical Characteristic of Residential Psychiatric and Substance Abuse Program: Organizational Determinants and Patients Outcomes", *American Journal of Community Psychology*, 1996 (24), pp. 193 - 192.

概念、理论应用到社会行为中。西恩（Shinn）和其他的研究者也注意到，社区心理学对物理环境的研究兴趣在增长。①

环境心理学研究的主要焦点是，周边的环境压力源，如噪音、空气污染和住房的拥挤。② 在社区层次上，环境心理学家和社区心理学家都感兴趣的研究，是考察生活在有毒的废气点或者灾难源附近居民的心理变化。例如，在20世纪70年代后期发生的两起著名的事故。这些事故引起的心理效应得到了深入的研究。1977年，在纽约的尼日加拉大瀑布附近的爱运河边的居民发现，新生儿身体出现缺陷，究其根源，他们发现自己正生活在化学废物的垃圾堆上。A. 勒温（A. Levine）及其同事对这一灾难性的事件和市民对之的反应进行了研究。③ 1979年，宾夕法尼亚州的哈里斯堡附近的Three Mile岛的核电站发生了一起严重的核辐射事故，研究者对这一事故对附近居民造成的心理压力也进行了长期的追踪研究。以上的两起事故真实地揭示了在核辐射和有毒物质的情景中危险程度的不确定性，政府官员对公共居民反应的熟视无睹，而这些又加重了事故对人们造成的压力感。在核辐射事故之后，附近的居民血压升高，免疫力下降，创伤后的应激综合征都比对照组样本更普遍。以上事故引起的消极影响在10年内都没有消除。人们对现代科技带来的灾难的反应，已经成为环境心理学和社区心理学共同关注的内容了。④

环境心理学家也研究和考察建筑风格的微观层次及其对人们的影响。例如，对封闭式的工作环境、窗户和房屋，以及中心花园的设计的研究。一个例子就是考察在你的工作场所或者校园等地方的室内家具的摆放情况。在办公室划定了专门的一片地方，以确保行走的畅通和交流谈话区远离工作区；通过移动桌椅营造了一个新的社交场所；为学生专门设有一个公共的地方，有一些成环状摆放的座位，学生的小间阅览室和供应快餐的机器以及公共的

---

① Shinn, M., "Ecological Assessment", *American Journal of Community Psychology*, 1996a (24), pp. 1 – 4.

② Sundstrom, E., Bell, P., Busby, P., & Padilla, J., "Environmental Psychology, 1989 – 1994", *Annual Review of Psychology*, 1995 (47), pp. 485 – 512.

③ Levin, A., *Love Canal: Science, Politics, and People*, Lexington, MA: Health, 1982.

④ Rich, R. C., Hallman, W., Wandersman, A., "Citizen Participation and empowerment: The Case of Local environmental Hazard", *American Journal of Community Psychology*, 1995 (23), pp. 74 – 84.

邮箱，这些设施都处在走廊和心理研究办公室的中间位置。

环境心理学的研究关注物理的、社会文化的和社区变量之间的相互作用。其中的一例就是萨格特及其同事所进行的社区家务模型的研究。[①] 这些心理学家研究了外出务工家庭出租的城市住房。这里的居民大部分是低收入的女性，有色人种。她们倡导了一种各自负担住房费用的合租制，女性和年长的居民成为有影响力的居民领导。对于女性和家庭来说，住房、自身家庭和其他家庭的关系、周边环境，这些变量对合租制都很重要，而这种物理的、社会文化的、社区变量的相互作用也坚定了研究者进行研究的决心。这一点在萨格特的著作中有所体现。另外，苏利文（Sullivan）、卡勒（Coley）、布鲁森（Brunson）和塞哥特相关研究表明，环境心理学和社区心理学的观点呈现融合的趋势。

6 简 评

凯利提出的概念并不能够详细地说明变量之间的因果关系，它们是一般性的概念而非一个因果关系模型。再者，它们并未采纳观察法和测量法。事实上，这些概念的具体含义依赖于各种情景的独特性。[②] 值得肯定的是，凯利的持续性概念体现了研究和实际行为的持续性的重要性。社会氛围量表测量的是重要的同时也是无形的环境氛围，例如，社会性支持、规则的清晰性和个人的自主性。测量和考察这些环境氛围的特征依赖于个体的认知，将个人认知与环境氛围特征联系起来。这是行为情景理论没有做到的。社会氛围概念简明扼要，社会氛围量表的方便好用，使理论研究应用到多种多样的实际的环境中，进而形成了丰富的、有价值的研究著作。在这些著作中，社会氛围概念用于测量不同特征的环境氛围并预测环境对个人产生

---

① Saegert, S., & Winkel, G., "Path to Community Empowerment: Organizing at Home", *American Journal of Community Psychology*, 1996 (24), pp. 517 – 550.

② Tandon, S. D., Azelton, LS., Kelly, J. G., & Strickland, D. A., "Constructing a Tree for Community Leaders: Contexts and Process in Collaborative Inquiry", *American Journal of Community Psychology*, 1998 (29), pp. 669 – 696.

的重要的影响。

社会氛围量表的主要局限性在于，不同个人对同一环境的氛围的认识不一。例如，瑞威武（Raviv）和瑞瑟（Reisel，1990）研究发现，处于同一个教室内的教师和学生有不同的社会氛围量表的报告内容。1982 年，崔克特研究发现，学生和观察者得的报告也是存在着差异的，这些差异表明社会氛围量表受到环境中的个人人格、社会角色以及不同性质群体的影响，而不仅仅受到环境的整体特征的影响。例如，如果测量分数的平均分（选定一个环境成员样本）是处于社会氛围量表（例如，社会性支持）分数的中间水平，至少意味着两点：可能表明成员对中等程度的社会性支持的共同觉知；或者反映了环境成员分布在两大极端阵营——一组成员觉知到的是一个很有支持力度的环境，而另一组觉察到的是支持性很糟糕的环境。另外的研究发现，男人和女人对相同的环境也可能引起非常不同的知觉。因此，应该认真研究环境中的个人和不同群体间社会氛围量表的测量分数存在的差异。尽管如此，考虑到以上提到的社会氛围量表的优点和为环境氛围研究所作出的贡献，社会氛围的研究方法大大充实了社区心理学和其他领域的研究。

社会规范的概念将我们的注意力转向了角色关系，可能比生态学概念更容易与个人行为和心理学的研究主题联系起来；同时也为理解一个环境中变化的事物越多，似乎保持不变的也越多的这一现象提供了一条思路。改变环境的努力常常受到社会规范特别是并未发生变化的角色关系的决定和制约。只有当那些社会规范发生了变化，环境系统本身的改变才有可能。

将研究的重点转向角色关系和权利的社会规范概念补充了巴克、凯利和莫斯（Moos）的研究体系。尽管如此，社会规范维度的确需要对环境进行深入的、全面详细的认识。做到这一点的方法包括自然观察法、个案研究法、人类学绘图法，一旦明确了需要研究的规则，也可以采用量化的方法。当然，研究社会规范对理解和认识生态环境是非常重要的。

通过强调物理环境的重要性，环境心理学的相关研究补充了其他研究视角不具有的社会视角。这一社会视角在研究微观系统、邻里和社区方面是有参考价值的。虽然环境心理学的研究焦点与社区心理学的关注焦点不同，但是二者有许多重要的重叠领域。凯利提出的 4 条规则为我们说明和阐述社会环境的动力提供了多样的、有用的概念系统，但是有关的研究者提出的一些研究的方面并未加以相应的强调。

社区心理学的生态化或者建立生态化的社区正成为西方社区心理学研究的新取向。

家庭治疗——生态化取向的心理治疗学派

丁新华①

1 引 言

生态学取向是当代心理学研究的主要趋势，关于这方面的研究越来越多。② 在发展心理学领域里，生态系统理论是目前较具代表性的理论之一③，而在心理咨询与治疗领域里，早有学者指出行为生态观是其发展趋势之一。④ 近些年来，随着我国社会中家庭问题的凸现，越来越多的心理咨询实务工作者开始学习并尝试使用家庭治疗的方法和技术。相对于传统的个体治疗来说，家庭治疗更为关注个体的家庭环境因素，强调家庭系统的改变。鉴于此，本文尝试从生态化取向这一视角对家庭治疗的治疗理念予以解读，梳理生态系统理论与家庭治疗学派在理论观点上的契合处，希望能对深化理解家庭治疗的核心理念和思路有所裨益。

---

① 丁新华，北京林业大学人文学院心理学系，e-mail：dingxinhua@ sina. com。

② 吴建平：《生态心理学探讨》，载《北京林业大学学报》（社会科学版）2009 年第 3 期，第 37—41 页。

③ 朱丽：《近 50 年来发展心理学生态化研究的回顾与前瞻》，载《心理科学》2005 年第 4 期，第 922—925 页。

④ 郑日昌：《心理辅导的新进展》，载《心理科学》2000 年第 5 期，第 599—602 页。

2 生态系统理论

20世纪70年代末，美国的心理学家布隆芬布瑞纳（Urie Bronfenbrenner）在其研究中提出了生态系统理论。① 该理论认为，儿童和青少年的发展问题应该放在自然环境和社会文化背景下去考察，这个生态化系统可分为空间和时间两种维度。

从空间维度上看，主要指的是个体所处的空间环境，可分为四个不同层次的生态系统，从小到大依次为：微系统、中系统、外系统、宏系统。对于一个儿童来说，微系统是由其生存的环境和直接接触的人构成的，比如家庭可以说是儿童最早接触的微系统。但是随着时间的改变，微系统会从以家庭为重心转向以学校为中心；中系统是由微系统的各组成成分之间的关系所构成的，如父母与老师之间的关系；外系统是指个体不直接参与这些系统环境的互动，但是这些系统环境却对个体发展有着间接影响，如政府的福利政策、大众传媒等；宏系统则是指包含以上三个系统的大环境，它体现了某种社会文化的态度和观念。生态系统理论的行为系统模型见图1。②

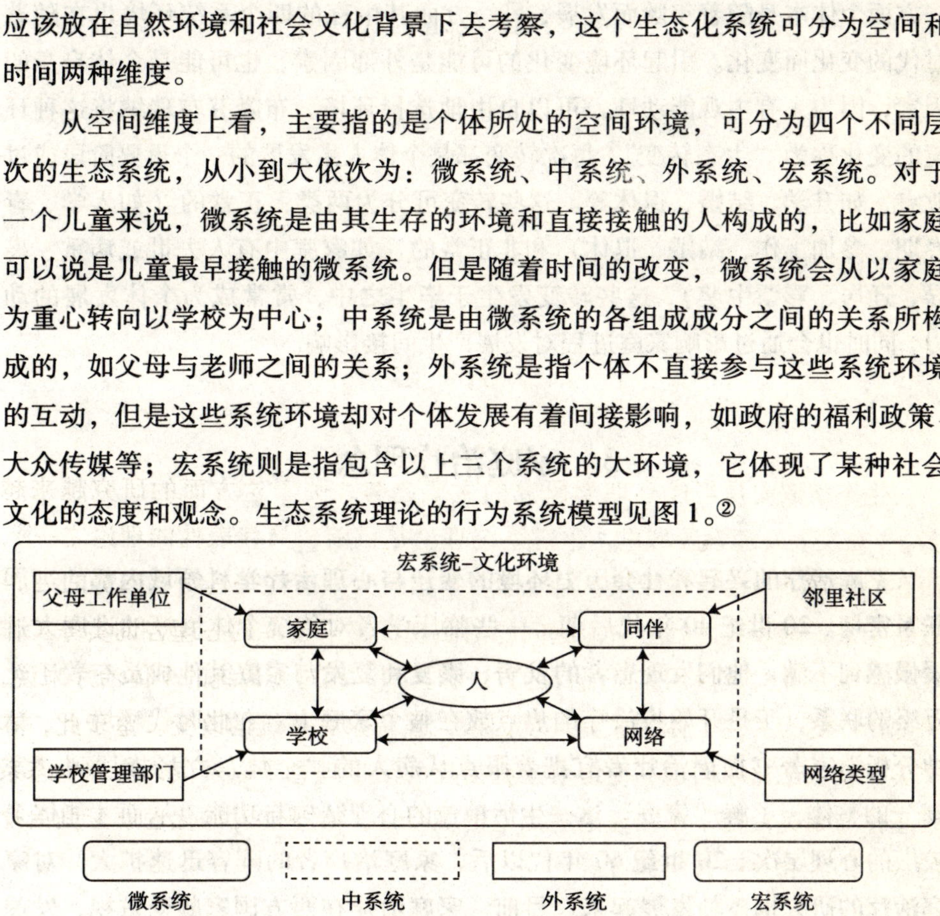

图1 生态系统理论的行为系统模型

① Bronfenbrenner U., "Toward an Experimental Ecology of Human Development", *American Psychologist*, 1977 (32), pp. 513－531.

② 刘杰、孟会敏：《关于布郎芬布伦纳发展心理学生态系统理论》，载《中国健康心理学杂志》2009年第2期，第250—252页。

可以看出，这四个生态环境就如俄罗斯的套娃玩具一样是层层嵌套的，发展的个体被包裹在内。个体与环境相互作用的程度大小，是依据环境离个体生活的范围远近而决定的，离个体生活最近的环境与个体发展互动作用最大，这四个环境系统之间也存在着永不停顿的交互作用。

在时间维度上，布隆芬布瑞纳把这个模型称为长期系统（chornosystem），强调了将时间和环境相结合来考察个体发展的动态过程。随着时间的推移，一方面个体本身随着年龄而发展，另一方面其生存的四个系统环境也在随着时代的变化而变化。引起环境变化的可能是外部因素，也可能是个体自身的因素，因为人有主观能动性，可以自由地选择环境。布隆芬布瑞纳将这种环境的变化称为“生态转变”，每次转变都是个体人生发展的一个重要阶段或过渡点，如升学、结婚、退休等。这些转变可分为两类：正常的（如入学、青春期、参加工作、结婚、退休）和非正常的（如家庭中有人去世或病重、离异、迁居、彩票中奖），这些转变发生于毕生之中，常常成为个体发展的动力，同时也会通过影响家庭进程对发展产生间接影响。

3 家庭治疗理念

家庭治疗的兴起和社会历史环境的变迁与心理治疗学科领域内部的进展联系密切。20 世纪 40 年代后期，一些临床学者对传统个体治疗的进度太过缓慢感到不满，他们发现患者的发病、康复和复发与家庭其他成员有着千丝万缕的联系，于是开始将治疗的焦点放在整个家庭上。在此时代环境下，精神分析学家著书提倡治疗者宜把着眼点从病人的“个体”立场推展到“家庭”的整体，了解“家庭”这一生活单位的心理结构与功能，从而才能体会较广的心理层次。20 世纪 60 年代以后，家庭治疗者的阵容迅速扩大，对家庭治疗的研究也蓬勃发展起来。目前，家庭治疗在西方国家颇受重视，发展也相当完善，但在我国尚处于引进与起步阶段。

家庭治疗（family psychotherapy）是以“家庭”为对象而施行的心理治疗，属于人际关系方面的治疗，与以“个人”为对象而施行的个体治疗有所不同，不太注重成员个人的内在心理构造与状态，而把焦点放在家庭各成员之间的人际关系上。家庭治疗师认为，家庭成员的心理行为问题或症状是由于家庭成员之间不良的交往模式或者不良的家庭结构引起、维持和发展的，可通过改变家庭成员之间不良的交往模式或者家庭结构来改变家庭成员的心理行为问题或症状。可以看出，家庭治疗主要是从“家庭系统”的角度去解释个人的症状与成员间关系，基于家庭整个的改变来促使个人的改变。①

4 家庭治疗与生态系统理论的契合

家庭治疗的兴起源于临床实践，生态系统理论则始于发展心理学的研究，两者虽属于不同的学科领域，但在很多理论观点上存在高度的契合性，突出表现在系统观和发展观两个方面。

4.1 系统观

目前在家庭治疗领域内有代表性的六种学派分别有结构式家庭治疗（Structural）、分析式家庭治疗（Analysis）、体验式家庭治疗（Experiential）、策略式家庭治疗（Strategic）、叙事式家庭治疗（Narrative），这些不同学派的家庭治疗师所共同拥有的最为重要的理论基石，便是系统观，也就是把家庭看成是一个系统，人的行为会受到这一系统内的家庭成员、家庭环境、家庭氛围的影响。如上文所提，家庭属于生态系统理论中所提及的微系统这一层次，也是对个体产生影响最早也最深远的一个系统。② 家庭治疗主要聚焦于家庭这一微系统，详细地对该系统的结构、功能进行了勾勒和探讨。例如，家庭这一微系统被分成不同的亚系统，如夫妻亚系统、父母亚系统、子女亚系统，每个亚系统又有其不同的形态、功能，彼此之间也有一定的界限。另外，家庭的其他方面，如家庭关系、家庭发展阶段、家庭权利等也都有非常细致的划分与考察。

生态系统理论比较强调个体与环境的交互作用，以及不同环境系统之间

---

① 雷秀雅、丁新华、田浩：《心理咨询与治疗》，清华大学出版社2010年版，第157页。

② 桑标、席居哲：《家庭生态系统对儿童心理健康发展影响机制的研究》，载《心理发展与教育》2005年第1期，第85—86页。

的交互作用。家庭治疗在实际的治疗处理上也相当重视家庭成员间的互动历程，他们将家庭成员看成系统的组成成分，并认为家庭中每个成员都有他（她）自己认识事物的模式，称为内在建构。内在建构决定一个人的一贯行为模式，一个人的内在建构与他的外在行为是相互作用、彼此影响的，其间的关系不是直线性的因果关系，而是反馈式的循环关系。同时，每个家庭成员的内在建构与外在行为又会在接受家庭其他成员影响的同时，反过来也影响其他家庭成员的内在建构和外在行为，其间的关系同样是循环反馈式的而不是线性因果的。也即家庭内的交互反应是发生在一个相互影响的互动网络内的，一个家庭系统中的每个成员的态度和行为都紧紧地、长期地、交互地而永无止境地循环且彼此关联在一起。因此，为了处理所存在的症状，包括家庭和更大的机构在内的系统都必须改变。

4.2 发展观

生态系统理论非常关注时间对个体及系统的影响，特别把环境的变化称为“生态的变化”。家庭发展周期是家庭治疗工作者很重要的一个工作概念，主要反映的就是家庭微系统随着时间的变化而产生的有规律的周期性变化，具体可见表1。[①] 家庭是动态发展的，随着家长年岁的增长与子女的成长，将经历不同性质的家庭阶段。在每个发展阶段，家庭有其特殊的心理课题和心理问题需要去应对。因此，治疗者必须以“家庭发展”的观念来审查家庭在某个具体的发展阶段所面临的课题与困难，从而提供有针对性的治疗与帮助。

表1　家庭的发展阶段

阶段	角色转化	主要任务
1. 新家庭形成	女儿＋妻子 儿子＋丈夫	家庭界线的形成 相互适应
2. 第一个孩子	女儿＋妻子＋母亲 儿子＋丈夫＋父亲	为人父母的技能 夫妻相互作用

① 雷秀雅、丁新华、田浩：《心理咨询与治疗》，清华大学出版社2010年版，第159页。

续表

阶段	角色转化	主要任务
3. 青少年孩子	同上	与孩子交互作用 家庭外系统的压力
4. 孩子离家生活	同上/祖辈	再适应二人世界与儿女和孙辈的关系
5. 丧偶	鳏寡孤独＋祖辈	适应个人生活、退休与儿女和孙辈的关系
6. 消亡		

5 小　结

综上所述，家庭治疗主要聚焦于家庭这一微系统展开工作，其核心治疗理念及重要工作概念——家庭生命周期，与生态化系统的空间和时间两个维度，具有高度的契合性。可以说，家庭治疗是生态系统理论在心理治疗领域内的典型体现，属于生态化取向的心理治疗学派。①

事实上，除了家庭微系统之外，同伴、学校、社区、网络等不同的社会群体或系统也会对个体产生直接或间接的影响。作为一种生态化取向的治疗学派，家庭治疗是将所存在的心理问题从个体转向关系的一种思考和实践的方式。家庭治疗中所体现的一些基本原理、方法和技术，如关于系统的观点、家庭周期概念、家庭沟通关系等皆可被借鉴用来理解和解决其他不同群体或系统中所存在的问题。因此，从某种意义上来说，家庭治疗不仅仅是一种新的治疗方法或技术，更是一种治疗理念上的革新或指导。

① 管健：《生态系统心理治疗的理论述评》，载《赣南师范学院学报》2002年第2期，第80—84页。

生态心理健康及其视角下的焦虑障碍

杨智辉[1]

1 什么是生态心理健康

1.1 产生背景

生态心理健康与生态心理学的产生密不可分。生态心理学的产生可追溯至20世纪40年代，心理学家勒温于1944年发表《心理生态学》论文，提出行为公式：B=F（P·E），即行为是个人与环境的函数，在这篇文章中首先采用了生态学的原理与方法研究心理问题。勒温的研究迈出生态心理学萌芽的第一步。此后有诸如吉布森等人在此领域继续开展工作，并取得了诸多成就。

在生态心理学的发展和带动下心理咨询领域中也开始有人提出通过个体与环境的交互作用而获得的知识可为心理咨询提供满意的解释。这也被看做是具有生态学意味的心理健康研究的最早来源。这一思想认为目前人类正面临严重的外部生存环境的危机，同时由于人们与自然的长期分离，人类的内

---

① 杨智辉，北京林业大学人文学院心理学系，e-mail：zhihuiyang2008@126.com。

心世界正面临着精神危机。在这种理论指导下，20 纪 90 年代，一些研究者开始在生态心理学的视野下探寻影响人类心理健康的根源，并因此而开启了生态心理学视野下的心理健康研究。①

1.2 具体内容

生态心理健康的内容主要有两个部分：一个是自我的平衡，第二个是自我与环境的平衡。而重点在于强调在自我平衡的基础上，达到与环境的平衡。与环境平衡的方式有两种，一种是改变自我来适应外界环境，第二种是通过改变环境来满足自己的需求。在这里环境包括了两个部分的环境：一个是社会环境，一个是自然环境。②

生态心理健康强调人本身就是一个微型的生态系统，这个生态系统首先是一个相对稳定的而且是动态的系统。心理健康不应该仅仅是一种静态的健康状态，而更应该是动态的，会起伏变化的，面向于未来的健康状态。这个系统要达到诸多心理健康的标准，但更要注重它的发展变化过程。这也就意味着生态心理健康系统是一个有着自动调节和自我恢复能力的生态系统。个人的心理健康肯定会在某个时候由于某些特殊情境而产生问题，如紧张、焦虑等负性情绪，灾难化、过度概括化等不合理认知和信念等。但生态心理健康系统能够有能力处理这种心理紊乱，调节受到破坏的内部心理平衡，从而较快地得到恢复。任何生态系统都具有自调节和自恢复的能力，但这种能力只有在一定阈限内才能起作用。如果超出了这个阈限，其自调节能力就会受到影响，就会破坏生态系统内部的平衡，并进而影响到其自恢复能力的发挥，系统也因此而难以恢复到其以前的平衡状态。③ 作为一种微型生态系统，人的心理健康系统也符合这一规律。人的心理调节也是有限度的，当超过这一界限，将会导致心理矛盾的深化和心理冲突的加剧，从而引起各类心理疾病。对待心理活动这一微型生态系统，我们不能也不可能原封不动地保持其自然

---

① Michael F, Yong, "Situations, Interaction, Process and Affordance: An Ecological Psychology Perspective" [J], *Instructional Science*, 2002 (30), pp. 47 - 63.

② 李梅：《从生态心理学的视野看心理健康》，载《徐州师范大学学报》（哲学社会科学版）2010 年第 1 期，第 135—139 页。

③ 曾德慧：《生态系统健康与人类可持续发展》，载《生态学报》1999 年第 6 期，第 235—242 页。

状态，而是要以其原有的活动阈限为基础，不断提高其阈限水平，使心理活动系统不断增容，通过挖掘个体的最大潜能以获得个体的自我实现，实现生态心理健康的可持续发展。①

2 与传统心理健康模式的区别与联系

随着科学的发展和时代的变迁，人们对心理健康的认知模式也经历了一个发展变化过程，由纯粹的“生物医学模式”逐渐过渡到了“生物—心理—社会”模式。这一模式目前在心理健康领域还占有统治地位。而随着经济的发展和生态环境的恶化，人们越来越重视环境对于人类心理产生的影响，从生态心理学的角度来研究心理健康则成为一门新兴的心理学分支学科。因此，“生物—心理—社会”模式也在这一学科的带动下，逐渐完善，进而提出了“生物—心理—环境”的生态心理健康模式。

“生物医学模式”虽然注意到了人自身的生理与心理之间的相互影响和作用，却忽视了心理与社会、自然环境之间的交互作用。“生理—心理—社会”模式既注意到了人自身的生理心理之间的相互影响和作用，也看到了人类本身的社会性，以及心理与社会环境之间的交互作用，却忽视了与人类关系更为密切的自然环境。而“生物—心理—环境”模式则主张人的心理健康既受生理因素的影响，也受人所处的社会环境的影响，同时还受人类生存和生活的自然环境的影响。心理健康模式的这种转变是人们对心理健康的观念的转变，说明人们更加希望从生态学的视野来关注和研究心理健康。

“生物—心理—环境”的生态心理健康观与传统的“生物—心理—社会”心理健康观念之间存在着几个重要的区别，同时生态心理健康观并不是对传统心理健康观念的否定，而是一种补充和加强。

传统心理健康观在评价个人心理健康状况时通常的做法都是罗列几条标准，符合标准的就是心理健康者，不符合的就是心理不健康者或亚健康者。总的来说，通过这种方法评定出来的心理健康状态是一个暂时的、静止的状

① 肖二平、燕良轼：《生态心理健康——心理健康研究的新视》，载《湖南师范大学教育科学学报》2002年第4期，第113—117页。

态。而生态心理健康观则从系统的角度来考虑问题，将心理健康纳入到生态系统来研究，这比从单一的角度来看待心理健康问题显得更有意义。而且，还同时注重人的心理、行为与周围环境的关系。目前，心理健康领域已从着重个体干预扩展为团体干预，由单纯注重生物因素转变为生物、心理、社会相结合，进而随着生态心理学倾向的发展，向生物、心理、环境相结合的方向前进。始于20世纪50年代的心理健康的“生物—心理—社会”模式，已经不足以说明目前生态科学发展的趋势，需要对其进行有益的修改和补充。①

生态心理健康除关注自我平衡以外，更加关注人与环境的平衡，这其中就包括了社会环境和自然环境。而传统的“生物—心理—社会”模式则只局限于人与社会环境之间的相互关系，忽视了与人类关系更为密切的自然环境。因此，需要将传统“生物—心理—社会”模式升级为“生物—心理—环境”模式，这将使得心理健康所包含的内容更加全面。

生态心理健康“生物—心理—环境”的模式并不是要否定和抛弃传统的“生物—心理—社会”模式，而是要在传统模式的基础上对其进行完善和加强。因此，从这个意义上说，生态心理健康观是对传统心理健康观的继承和发展。②

3　传统心理健康角度下的焦虑及焦虑障碍

焦虑是一种以消极的负性情绪、紧张的躯体症状以及对未来的担忧为特点的情绪状态。以焦虑为核心症状的疾病包括广发性焦虑障碍、惊恐障碍、特定恐怖症和社交恐怖症、强迫症及创伤后应激障碍等。

波士顿大学焦虑障碍研究专家Balow教授运用“生物—心理—社会”模式对焦虑障碍产生原因的解释堪称传统心理健康模式下解释焦虑障碍成因的典型。

---

① ［美］大卫·巴洛：《变态心理学纲要》（第4版）王建平译，中国人民大学出版社2008年版，第220—224页。

② 傅荣、翟宏：《行为、心理、精神生态学发展研究》，载《北京师范大学学报》（人文社会科学版）2000年第5期，第109—114页。

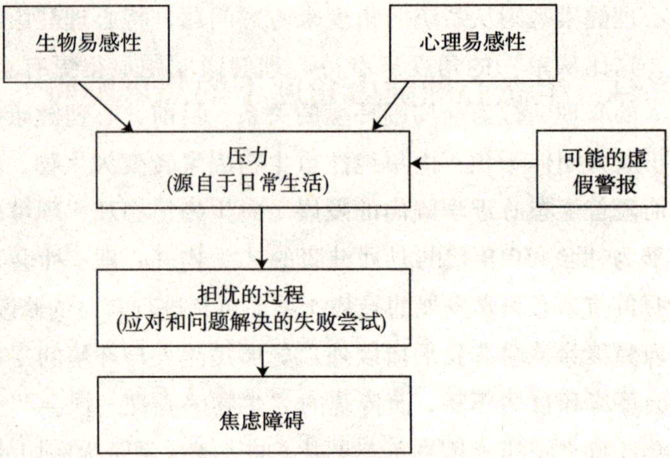

图1　焦虑障碍的产生模型

首先是生物学的因素。众多的证据表明，焦虑个体继承了某种紧张不安的倾向。焦虑障碍正像各种精神障碍一样，不是由哪一种单一的基因决定的，位于染色体不同位置上基因共同作用使得我们在特定的心理和社会因素的影响下，产生了对焦虑的易感性。同时，焦虑也与大脑中特定的脑部环路和神经递质有关。焦虑状态下 r－氨基丁酸（GABA）水平会下降，去甲肾上腺素、多巴胺等神经递质也会发生变化。此外，边缘系统也在这个过程中发挥着重要作用。其次是心理学因素，如在儿童成长早期在父母教养方式影响下所形成的控制感，在各类危险刺激下所形成的条件反射等。这些都会让焦虑障碍的患者形成对焦虑的易感性。最后是源自于生活中的压力，这种压力是来自多方面的，如家庭、工作、同伴关系等，但都可以总结为是来自于社会环境的，大多是与人相关的压力源。

当个体无法应对和解决这些问题时，就产生了焦虑障碍。从这个模型当中我们可以看到，生物易感性和心理易感性是焦虑障碍产生的两个基本条件，然后，遇到相应的社会压力的情境，焦虑障碍就得以产生。传统的“生物—心理—社会”模式重点强调了三者的交互作用，而在产生情境当中则重点强调了社会环境压力在其中所起的作用。

4 生态心理健康角度下的焦虑障碍

在生态心理健康模式下理解焦虑障碍是将压力情境从单纯社会环境所产生的压力扩展为社会和自然环境所产生的压力。因此，在理解焦虑障碍产生的原因和治疗的方式、方法中则也有所不同。

生态心理健康模式认为，焦虑障碍产生的情境原因不仅仅是个体遇到无法解决的单一类型的压力情境，更多的是整个个人系统、社会环境系统和自然环境系统出了问题。个人的内部自我平衡被打破，社会环境系统持续地给予压力，同时自然环境系统受到破坏，人与自然的关系处于空前的脱离和紧张之中，人们无法直接从自然环境当中获得内在的自我平衡。而一旦这一系列的平衡系统被打破，则个人的阈限被打破，超出了个人自我调节平衡的能力，因此产生心理疾病，出现各类焦虑障碍。

从生态心理健康角度来看，焦虑障碍的产生与人对外界环境系统的认知有着重要的关系。在传统心理健康模式当中强调的是对社会和他人的认知，而在生态心理健康模式当中除了强调对社会与他人的认知外，还强调个人对于自己所处的自然环境系统的认知，关注个人内心与外界物质环境达到一种稳定和平衡。

生态心理健康模式对于焦虑障碍治疗方式也有促进和改变作用。首先它主张从系统的角度来解决焦虑的问题。不仅主张从个人的角度，更主张从家庭、社会甚至是自然的角度来进行系统的治疗。

当个人处于焦虑状态下时，必然是个人平衡被打破，处于一种不平衡和需要调整的状态当中。而要恢复这种平衡，光从个人平衡的角度来做是不够的，还需要从个人与环境的平衡这个角度来加以改变和治疗。在与社会环境的平衡方面，注重与身边人际关系系统的平衡，如家庭治疗、团体治疗等都属于这一模式；在与自然环境的平衡方面，注重个人回归自然本性，更多地与自然接触，在自然回归过程中获得自我的平衡，如园艺疗法等。

环境知觉与环境认知研究

环境风险源评价研究

王俊秀[①]

1　问题的提出

1.1　环境风险的现状

环境风险关系到每个人的安全和生活质量，关系到人类的发展和未来，越来越引起全世界的关注。2009 年底《联合国气候变化框架公约》缔约方第15 次会议暨《京都议定书》缔约方第 5 次会议的前后，进行了人类历史上规模最大的一次风险沟通。尼泊尔总理和 22 位部长在喜马拉雅山海拔 5262 米的高处举行“雪山会议”，讨论全球变暖对喜马拉雅山的影响，呼吁人们切实采取行动，保护环境。在这之前，马尔代夫总统率领十多名内阁，身着潜水装备潜入六米深的水下召开“水下内阁会议”，签订了一份名为《来自前线的紧急呼救》的决议，提交给哥本哈根气候大会。科学家警告说，如果气温再上升 2 摄氏度，由 1192 个珊瑚岛组成、平均海拔只有约 1.5 米的美丽的马尔代夫将在本世纪末被海水淹没。太平洋岛国基里巴斯已有两座岛屿被海水

① 王俊秀，中国社会科学院社会学研究所，e-mail：casswjx@ gmail. com。

淹没，最高的地方仅高出海平面1.8米，另一个总长只有几百米、平均宽度只有二三米的岛国图瓦卢已被海水入侵了1米。甚至还传言意大利著名水城威尼斯、东方明珠上海都会因为气候变化而被淹。气候变化正影响着整个地球，灾难逐年增加，人类面临着严重的环境风险。

环境风险还来自于人为的事故，如发生在2009年6到8月份之间的河南省开封市杞县利民辐照厂“钴60”放射源卡在护源罩内无法降入放射源井内而引发的市民恐慌性“出逃”事件。[①] 1992年忻州地区环境监测站发生的“钴60”泄漏事故历时长达70天，造成3人死亡，多人住院治疗，百余人受到过量辐射。据报道，2002年，全国有使用放射源的单位8300多家，放射源总数63700余枚，其中有约30%的放射源未在卫生部门办理许可登记，待处理的废弃放射源超过13800枚。[②] 在医疗、食品领域大量使用的放射技术成为一种环境的风险，而类似的科技风险还有很多。

日益严重的环境污染成为发展中的中国必须面对的社会难题，大气臭氧层破坏、空气污染、江河湖海污染等都是普遍存在的问题。

1.2 环境风险的种类

什么样的风险属于环境风险？有人认为，“环境风险是指环境灾害或是有害影响的环境变化过程出现的可能性、概率”，[③] 并且认为环境风险是人类活动导致。段红霞在研究中总结了34种环境风险源，并将其归纳为五类：(1) 污染型的环境问题，例如水污染、大气污染、土壤污染以及危险化学废物和核辐射等；(2) 人类活动直接或是间接导致的生态退化和环境恶化，如过度捕鱼、湿地的减少、物种灭绝、修筑大坝、城市化等；(3) 自然灾害或与人类活动有关的灾害，例如滑坡、森林火灾、洪水、沙尘暴和干旱等；(4) 资源短缺问题，如能源短缺、安全饮用水短缺、安全食物短缺、耕地减

① 王俊秀：《从‘杞人忧天’到‘杞人忧钴’：风险的媒介化与媒介化风险》，2010年中国社会学年会论文。

② 《面对“钴60”导演的悲剧——山西省忻州地区一起放射污染案审执始末》，《人民法院报》2005年4月12日，http://oldfyb.chinacourt.org/public/detail.php? id = 81604 [2010/1/2 22:34:51]。

③ 段红霞：《跨文化社会价值观和环境风险认知的研究》，载《社会科学》2009年第6期，第78—85页。

少和淡水资源短缺等；（5）全球环境问题，如全球变暖、荒漠化、生物多样性减少、臭氧层耗竭和人口增长。

于清源、谢晓非①在研究中总结了 39 种环境风险源：（1）生态环境类：地下水污染、污水排放入河流、饮用水污染、废旧电池的抛弃、铅对健康的影响、化工厂的污染、过度开发资源、处理有害废弃物、占用土地资源、珍稀动物遭威胁、对臭氧层的破坏、建材放射性影响、抛弃医用废弃物、空气中的污染物、过度捕捞、X 射线的放射性等；（2）疾病与灾害类：血液系统疾病、传染性疾病、艾滋病、细菌与微生物、SARS、地震、洪涝灾害等；（3）生活环境类：锅炉房噪音、铁路运输、装修施工噪音、餐馆油烟污染、视觉污染、被动吸烟、道路湖泊垃圾、转基因食物等。

可以看到，研究者对于风险源的分类存在很大差异，分类的标准比较混乱。在本研究中，首先收集了人们日常生活中常见的、有代表性的风险源，经过归类和筛选，最后选取了如下 69 个风险源，分为 2 大类 7 种（见图 1），其中包含了四种环境风险源：

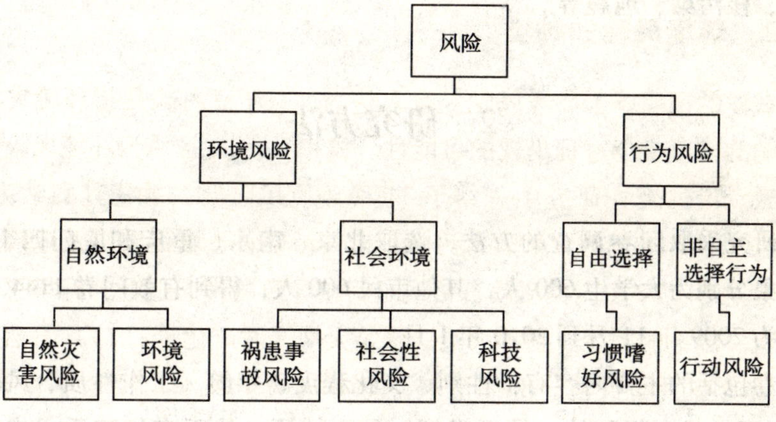

图 1 风险源分类

自然灾害风险：雷电电击、山体滑坡、地震、水灾、台风；

祸患事故风险：火灾、毒气泄漏、核泄露、交通事故、井下事故、燃气

① 于清源、谢晓非：《环境中的风险认知特征》，载《心理科学》2006 年第 2 期，第 362—365 页。

爆炸、癌症、艾滋病、传染病流行、野狗咬伤；

社会性风险：罪犯伤害、恐怖袭击、骚乱、社会动荡、生活工作压力、经济危机、股市下跌、战争、核武器、网络黑客攻击、摄像头、不卫生食品、枪击、炸弹；

科技风险：（电器）电击、X射线、甲醛、爆竹、抗生素、化肥、杀虫剂、食品防腐剂、注射疫苗、炸药、转基因食品、高压电线、汽车尾气、蔬菜残留农药；

环境风险：臭氧层破坏、江河湖海污染、空气污染、垃圾处理场；

行动风险：乘飞机、乘火车、服西药、服中药、驾驶汽车、开船出海、骑自行车、接受手术、高空作业、步行过马路、接受输血、手机辐射、乘汽车、乘电梯；

习惯嗜好风险：赌博、蹦极、登山、乘（游乐场）过山车、游泳、吸毒、吸烟、不信神。

可以看到，在风险源的其他类型中，也存在一些与环境有关的风险，如核泄漏、核污染、地震等。

2 研究方法

本研究采取问卷调查的方法，选取北京、南京、重庆和厦门四个城市，调查对象分别为大学生600人，其他市民600人，得到有效问卷1144份，调查时间为2009年11月到2010年1月。

问卷包括的主要内容有：性别、文化程度、年龄、工作性质、风险经验（是否股民、是否驾驶员、是否吸烟、是否饮酒、是否有住院手术史、犯罪伤害及其他危险经历体验）、地域、主观社会安全感（包括总体社会安全、财产安全、人身安全、交通安全、医疗安全、食品安全、劳动安全和个人信息与隐私安全、环境安全），以及冒险倾向的人格特性测量。

调查样本具体情况见表1，大学生占52.6%，其他市民占47.4%，女性占52.6%，男性占47.4%。

表1　调查样本的构成

城市		性别		合计
		男	女	
南京	大学生	82	68	150
	市民	60	72	132
	合计	142	140	282
重庆	大学生	50	69	119
	市民	85	62	147
	合计	135	131	266
厦门	大学生	83	77	160
	市民	39	74	113
	合计	122	151	273
北京	大学生	77	91	168
	市民	62	83	145
	合计	139	174	313

要求被调查者对问卷中所列的69种风险源根据自己体会的危险性大小进行评价。危险性评价分为七个等级，从最高的“极高危险”到“很高危险”、“较高危险”、“中等危险”、“轻微危险”、“几乎没有危险”和最低的“绝对没有危险”。

3　研究结果

3.1　环境风险源在风险评价中的位置

如图2所示，在七种风险源中，以总体的平均数为中心分为危险性偏高的四种风险源，风险最高的是“祸患事故风险”，其次是“自然风险”、“社会风险”和“环境风险”；风险偏低的三种风险源，最低的是“行动风险”，其次是“习惯嗜好风险”和“科技风险”。环境风险源的平均值为4.16。

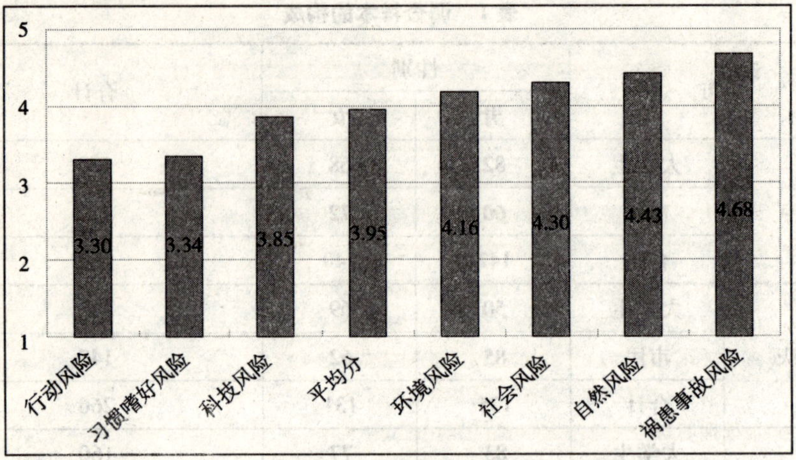

图2　不同类型风险源危险性评价比较

3.2　与环境相关风险源的评价

在七类风险源中，环境风险中的四种风险源是人们长期面对的风险，除此之外，在其他六类风险源中还有一些与环境有关，但这些风险有的也属于自然灾害，有的属于事故等方面，有的只存在于某些地区，有的只有部分人可能会遇到。这些风险源的评价结果如图3所示，被认为风险最高的是核泄漏和毒气泄漏，而这两种风险也在69种风险源中排在前两位。排在前五位的风险除地震属于自然灾害外，其余均属于祸患事故。而归类为常见环境风险的几个风险源排在中间位置，围绕着中等危险程度波动，在轻微危险和较高危险之间。

3.3　影响环境风险源评价的因素

进一步考察对臭氧层破坏、江河湖海污染、空气污染和垃圾处理场四种风险的环境风险评价产生影响的因素。

3.3.1　性别

男性和女性在环境风险各单独风险源的平均分和四项风险源之和的平均分如表2所示，女性在各项上的危险性评价均高于男性，但t检验的结果并未达到显著水平。

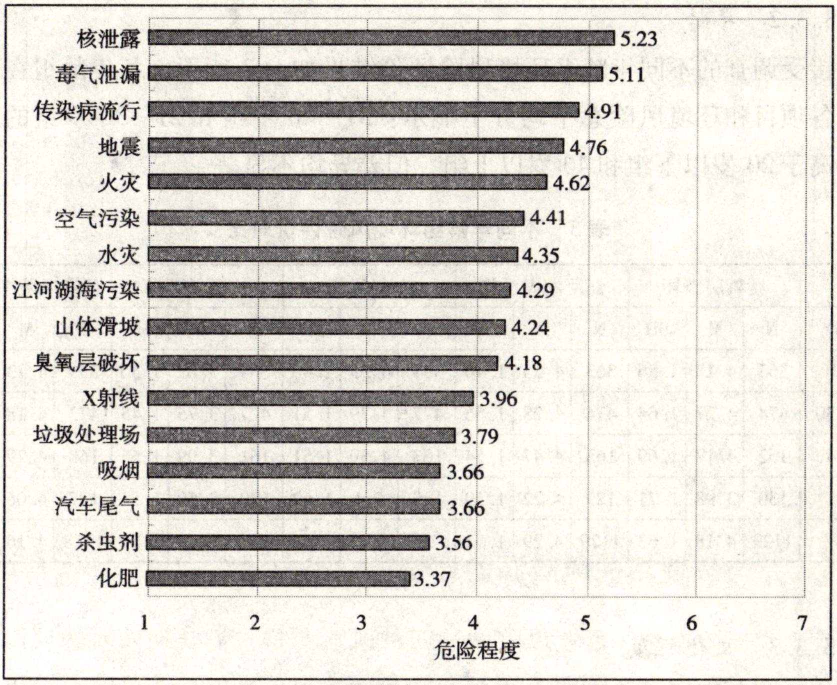

图3　环境相关风险源评价均值排序

表2　男性和女性对环境风险评价对比

	性别	N	均值	标准差
臭氧层破坏	男	533	4.09	1.68
	女	594	4.26	1.58
江河湖海污染	男	534	4.17	1.53
	女	594	4.40	1.49
空气污染	男	537	4.25	1.55
	女	592	4.56	1.45
垃圾处理场	男	536	3.68	1.51
	女	594	3.89	1.50
环境风险	男	530	4.05	1.26
	女	586	4.27	1.19

3.3.2 年龄

接受调查的不同年龄组环境风险评价结果如表3所示，各年龄组在环境风险各项目和环境风险总平均分上显示：31—40岁组和21—30岁组的风险评价高于20岁以下组和40岁以上组，但差异均不显著。

表3 不同年龄组环境风险评价对比

	臭氧层破坏			江河湖海污染			空气污染			垃圾处理场			环境风险平均数		
年龄	N	M	SD	N	M	SD	N	M	SD	N	M	SD	N	M	SD
≤20	363	4.13	1.56	363	4.25	1.40	361	4.35	1.46	364	3.82	1.50	359	4.13	1.18
21－30	474	4.27	1.64	474	4.28	1.56	477	4.39	1.51	477	3.75	1.45	472	4.18	1.23
31－40	162	4.17	1.69	163	4.47	1.54	163	4.59	1.51	161	3.99	1.66	160	4.29	1.26
>41	130	3.98	1.71	129	4.22	1.59	129	4.4	1.62	129	3.59	1.54	127	4.06	1.32
总数	1129	4.18	1.63	1129	4.29	1.51	1130	4.41	1.51	1131	3.79	1.51	1118	4.16	1.23

3.3.3 文化程度

表4为不同受教育程度的被调查对象在环境风险各项目上评价的结果，不同受教育程度组在环境风险各项目和总平均分上差异均不显著。

表4 不同受教育程度组环境风险评价对比

	臭氧层破坏			江河湖海污染			空气污染			垃圾处理场			环境风险平均数		
	N	M	SD	N	M	SD	N	M	SD	N	M	SD	N	M	SD
初中及以下	57	4.02	1.75	57	4.35	1.55	57	4.18	1.59	56	3.55	1.61	56	4.04	1.29
中等学校	121	4.07	1.72	123	4.33	1.65	124	4.52	1.74	124	4	1.53	121	4.23	1.29
大学专科	167	4.3	1.71	165	4.28	1.61	166	4.37	1.57	166	3.67	1.58	163	4.15	1.32
大学本科	622	4.18	1.62	622	4.26	1.46	621	4.42	1.47	623	3.77	1.50	616	4.15	1.21
研究生	158	4.21	1.47	159	4.39	1.52	159	4.43	1.39	159	3.89	1.43	158	4.23	1.16
总数	1125	4.18	1.63	1126	4.29	1.52	1127	4.41	1.51	1128	3.79	1.51	1114	4.17	1.23

3.3.4 大学生与其他市民

从表5可以看到，大学生组在风险源各项上的危险性评价都低于市民组，两组差异的T检验中，两组在垃圾处理场风险评价上存在显著的差异，而在其他各项目和总平均分上存在极其显著的差异。

表5　大学生和其他市民环境风险评价对比

	市民大学生	N	均值	标准差	t	p
臭氧层破坏	大学生	600	4.12	1.55	-1.167	.001
	市民	537	4.23	1.72		
江河湖海污染	大学生	601	4.22	1.42	-1.676	.001
	市民	537	4.37	1.61		
空气污染	大学生	599	4.34	1.43	-1.678	.000
	市民	540	4.49	1.59		
垃圾处理场	大学生	602	3.75	1.44	-0.991	.013
	市民	538	3.83	1.59		
环境风险平均数	大学生	596	4.10	1.17	-1.732	.006
	市民	530	4.23	1.30		

3.3.5　城市

表6为南京、重庆、厦门和北京四个城市的居民在环境风险上的评价结果，在臭氧层破坏上重庆和北京居民风险评价最高，厦门最低，但不存在显著差异；在江河湖海污染上地处大江、大海边的重庆、厦门和南京风险评价均高于无大江大河的北京，且方差检验存在显著差异（F = 3.46，p = .016）；在空气污染上南京市民的风险性评价最高，北京市民最低，方差检验差异不显著；在垃圾处理场上厦门市居民风险评价最高，其次是南京市，北京市最低，经方差检验，存在显著差异（F = 2.89，p = .034）；而环境风险总平均分上重庆市居民的风险评价最高，其次是厦门，北京市居民风险性评价最低，但方差检验差异不显著。

表6　不同城市居民环境风险评价对比

	臭氧层破坏			江河湖海污染			空气污染			垃圾处理场			环境风险平均数		
	N	M	SD	N	M	SD	N	M	SD	N	M	SD	N	M	SD
南京	280	4.15	1.66	280	4.41	1.57	282	4.45	1.54	280	3.83	1.53	276	4.2	1.28
重庆	266	4.27	1.69	265	4.43	1.47	266	4.53	1.51	267	3.80	1.53	264	4.26	1.22
厦门	278	4.08	1.57	280	4.27	1.47	278	4.44	1.55	280	3.95	1.5	276	4.18	1.20
北京	313	4.21	1.61	313	4.08	1.52	313	4.24	1.42	313	3.59	1.47	310	4.03	1.22
总数	1137	4.18	1.63	1138	4.29	1.52	1139	4.41	1.51	1140	3.79	1.51	1126	4.16	1.23

3.3.6 经济状况

调查中要求被调查者对自己或者家庭的经济状况进行评价，经济状况分为上等、中上等、中等、中下等和下等五个等级。表7为自评为不同经济状况的各组居民在环境风险各项上风险评价的结果，除垃圾处理场一项外，其余各项各组均存在显著或极其显著差异。总的看来，经济状况评价越低风险评价越高。

表7 不同经济水平组环境风险评价对比

	臭氧层破坏			江河湖海污染			空气污染			垃圾处理场			环境风险平均数		
	N	M	SD	N	M	SD	N	M	SD	N	M	SD	N	M	SD
上等	8	3.88	0.99	8	4.38	1.19	8	4.13	1.36	8	3.25	0.46	8	3.91	0.77
中上等	83	3.65	1.57	84	3.92	1.32	84	4.15	1.54	84	3.61	1.65	83	3.81	1.24
中等	590	4.18	1.61	590	4.2	1.50	593	4.32	1.46	592	3.73	1.49	584	4.11	1.21
中下等	353	4.25	1.59	353	4.42	1.54	351	4.50	1.52	353	3.84	1.46	348	4.26	1.22
下等	94	4.37	1.80	94	4.67	1.57	94	4.81	1.62	94	3.99	1.66	94	4.46	1.35
总数	1128	4.18	1.62	1129	4.29	1.51	1130	4.4	1.50	1131	3.78	1.50	1117	4.16	1.23
F		2.8			4.02			3.18			1.27			4.05	
p		.025			.003			.013			.281			.003	

4 讨论

本研究发现，对人长期影响的环境风险在总的风险评价中处于中等风险程度，低于祸患事故风险、自然灾害风险和社会风险。在所有可能影响到环境的风险中，人们认为祸患事故和自然灾害风险危险性更大，也就是人们的风险评价中依据的是风险的伤亡性和损害程度，反而忽视了每天都在发生，对多数人影响更大的环境风险。这一风险认知观念对于环境、生态保护和环境风险防范是不利的。

在环境风险评价的影响因素分析中发现，性别、年龄和文化程度对于环境风险评价的影响并不显著，而市民和大学生之间、不同城市之间和不同经济状况居民之间的环境风险评价存在不同程度的差异。对于一般市民来说，他们对于风险的经验和知识可能比大学生更丰富，感受到的环境风险更高，而不同城市由于气候和生态环境的差异和面临环境问题的不同，人们对环境风险的评价也会有所差异。应该密切关注的问题是经济状况较差的居民可能在现实中也面临更多的风险，也就是存在贝克所言的“风险分配”的不公平，① 这个问题需要进一步研究。

① ［德］乌尔里希·贝克：《风险社会》，何博闻译，译林出版社2004年版，第21—26页。

地震灾区青少年风险认知特征调查与风险教育模式探索[①]

张　璇[②]　伍　麟[③]

1　问题的提出

我们常常发现，不同的人对同一风险事件会有不同的解释和评价（如：专家的风险判断往往依赖于对年死亡率的估计，而普通大众对风险的判断更多地依赖于灾害的可控性、熟悉性等）；同一风险事件，不同的表述方式、话语结构，也会导致人们产生不同的理解，继而作出不同的行为反应（如：现在有 10 人得了绝症，有一种药能救活 3 人，你是否会使用这种药？另一种表达方式是，这种药会杀死 7 人，你是否会选择使用这种药？对于这两种表达方式，人们会作出不同的选择）；由于人们对某事物不熟悉，他们可能会夸大该事物的风险（如：事实上，核能所导致的风险不及交通工具所导致的风险，但是，由于人们对于核能了解甚少，他们倾向于认为核能带来的威胁更大）……对于这些问题的讨论直接推动了风险认知研究的兴起。

著名的环境风险认知研究专家 Paul Slovic 早在 1992 年就曾指出，由于社

① 基金项目：2008 年教育部人文社会科学青年项目，编号 08JCXLX006。
② 张璇，吉林大学哲学社会学院，e-mail：zhangxuanjlu@163.com。
③ 伍麟，吉林大学哲学社会学院，e-mail：wulin@jlu.edu.cn。

会经济和科技的发展，客观上使我们的生存环境变得更加合理和安全，而公众的主观感受却并非如此，他们往往认为，与从前相比，生活环境中的风险正在不断增加。①

环境风险认知（environmental risk perception）是指个体对存在于外界的各种环境风险的感受和认识，且强调个体由直观判断和主观感受获得的经验对个体认知的影响②，环境风险具有以下几种典型的特点：复杂的因果结构；延迟的后果和广泛的地域后果；一般是由集体原因而不是个体原因导致；可控性低；与道德因素相关。③ 自然环境在给人类提供丰富的生活资源的同时，其中的灾害也会直接或间接地危及人类的生活环境；大多数环境风险事件起源于人类的活动，人类既是环境风险的始作俑者又是其受害者。由此，我们可以看出，环境风险主要来自两个方面：一方面是由自然灾害所引发的风险，也叫自然环境风险，包括地震、泥石流、崩塌、火山、海啸、风暴等事件引起的人员伤亡和财产损失；另一方面是由于人类开发新技术、新产品，对自然环境造成破坏而形成的风险，也叫人为环境风险。④

环境风险认知研究起始于20世纪70年代，经过40年的发展，在该领域已形成许多理论和方法，如：启发式范式、心理测量范式、文化理论等。传统的环境风险认知研究认为，风险认知仅仅是一种认知现象，基本上是关于信息加工过程的问题。⑤ 这种认知观点使得人们忽视了情绪对于风险判断的影响，直到80年代以后，情绪才从一个被忽视的课题逐渐变为人类判断和决策制定领域中的研究热点。研究者希望通过实证研究来考察情绪在个体判断和决策中的作用。因此，他们设计了一系列研究来考察情绪状态对事件知觉、

---

① 谢晓非：《风险研究中的若干心理学问题》，载《心理科学》1994 第 2 期，第 104—108 页。

② 谢晓非、徐联仓：《风险认知研究概况及理论框架》，载《心理学动态》1995 年第 20 期，第 17—22 页。

③ Gisela Bohm & Hans-Rudiger Pfister（2000），“Action Tendencies and Characteristics of Environmental Risks”，*Acta Psychologica*，104，pp. 317 – 337.

④ 谢晓非、李洁、于清源：《怎样会让我们感觉更危险——风险沟通渠道分析》，载《心理学报》2008 年第 4 期，第 456—465 页。

⑤ L. Sjoberg（1996），“A Discussion of the Limitations of the Psychometric and Cultural Theory Approaches to Risk Perception”，*Radiation Protection Dosimetry*，68，pp. 219 – 225.

概率判断、问题解决、风险寻求等认知评价以及决策行为的影响。[①] 现在，环境风险认知研究领域中占主导地位的理论仍然是 Slovic 等在 1978 年提出的心理测量范式，它是以个体的主观评价为依据进行风险认知的量度。

在环境风险的认知情绪研究领域，研究者们发起了一个相关讨论：是感知到的风险引起了情绪，还是情绪增加了感知到的风险。Zajonc 等认为在人类决策过程中，个体对刺激的情绪反应比认知评价更快、更基本，这种促使个体作出快速评价的第一反应，往往是自动产生的，并在随后影响个体的信息加工和判断。[②] Johnson 和 Tversky（1983）的研究也实验性地得出结论：消极情绪增加了感知到的风险，这种情绪可能来自于其他因素而不是风险。[③] Sjoberg（1996）采用了态度量表，其结果证明：感知到的风险不仅仅是一种认知现象，态度是信念和价值观的函数。Bohm（2003）在研究中提到，感知到的风险应该是先出现的，它引起了预期的基于后果的情绪（如：fear 或 worry）。[④] 另一些方法也暗示：感知到的风险和情绪之间是互相影响的，或者情绪和风险感知是独立的，如：Slovic 和 Finucane 等提出了"情绪启发式"（affect heuristic），它能在两个方面进行解释：一方面，人们依赖于他们的情绪来推动风险判断，这个观点暗示了，情绪先出现；另一方面，他们通过提供风险信息来操纵情绪，这就意味着情绪受风险判断的影响。[⑤] 上世纪 90 年代末期，在前人有关决策情绪理论以及情绪启发式假设研究的基础上，Loewenstein 和 Weber 等提出"风险作为情绪"假设（risk as feeling hypothesis），把情绪看成是除认知评价外具有增量的预测变量，可以增加风险决策的可预

---

① 金杨华：《情绪对个体判断和决策影响研究概述》，载《心理科学》2004 年第 3 期，第 705—707 页。

② R. B. Zajonc（1980），"Feeling and Thinking：Preferences Need no Inference"，*American Psychologist*，35，pp. 151 - 175.

③ E. J. Johnson & A. Tversky（1983），"Affect，Generalization，and the Perception of Risk"，*Journal of Personality and Social Psychology*，45，pp. 20 - 31.

④ Gisela Bohm（2003），"Emotional Reaction to Environmental Risks：Consequentialist Versus Ethical Evaluation"，*Journal of Environmental Psychology*，23，pp. 199 - 212.

⑤ M. Finucane，A. Alhakami，P. Slovic & S. M. Johnson（2000），"The Affect Heuristic in Judgments of Risks and Benefits"，*Journal of Behavioral Decision Making*，13，pp. 1 - 17.

测性。①

Bohm 和 Pfister（2000）在研究中提出，认知评价包括两个成分：后果评价和道德评价，由此产生基于后果的情感和基于道德的情感。他们通过因素分析，得出了五种行为倾向：帮助行为倾向、挑衅行为倾向、回避行为倾向、政治性的环保行为倾向以及自我关注倾向。在 Bohm（2003）的另一个研究中，他又将这两种情感进行了细化：预期的和回顾的基于后果的情感，自我相关的和他人相关的基于道德的情感。在研究中，Bohm 等（2000）对瑞士居民进行了调查研究，并采用中介分析的方法得出结论：两种认知判断引出了具体的行为倾向，这两者之间的关系也受到情绪反应的调节。② 众所周知，地震会给人们带来很大的物质和精神损害，因此，这种创伤性的经历可能会让人们对风险有着特殊的认知评价、情绪反应以及行为倾向。本研究旨在调查灾区青少年的环境风险认知特征，并对青少年的风险教育模式进行探索。此外，我们也将采用中介分析的方法来探索环境风险的认知评价、情绪反应以及行为倾向之间的关系，来探索地震经历对环境风险认知的影响。

2 研究方法

2.1 被试

被试来自于四川彭州市的一所中学，我们随机选取了 144 名高二学生参加问卷调查，有效问卷为 126 份（其中 44 名男生，75 名女生，7 份问卷未标明性别，126 名被试的平均年龄为 17.35 岁，方差为 0.63），有效率为 87.5%。

2.2 研究材料

总的来说，我们假设风险评价方式会影响情绪反应，依次地，情绪会影

① 金杨华：《情绪对个体判断和决策影响研究概述》，载《心理科学》2004 年第 273 期，第 705—707 页。

② Gisela Bohm & Hans-Rudiger Pfister（2000），“Action Tendencies and Characteristics of Environmental Risks”，*Acta Psychologica*，104，pp. 317 - 337.

响人们的行为倾向。在本研究中，我们采用 Bohm 等提出的维度来反映环境风险认知模型。

Bohm（2000）认为，环境风险评价由两个部分组成：认知评价和道德评价。Bohm（2003）在研究中采用 6 个维度反映后果评价，它们分别是：对人类的威胁（threat to humans）、消极后果的目标人群（target of consequences）、后果的开端（onset of consequences）、风险产生的原因（causation）、对自我的威胁（threat to self）、对自然的威胁（threat to nature）；采用 4 个维度反映道德评价，它们分别是：道德谴责性（moral blameworthiness）、个人贡献（individual contribution）、个体控制（personal control）以及个人责任（personal responsibility）。在本研究中，我们采用 Bohm 的维度设置。①

同时，我们采用 Bohm（2003）提出的 14 种具体情绪来反映情绪反应，基于后果的情绪和基于道德的情绪分别有 7 种。预期的基于后果的情绪包括希望（hope）、担忧（worry）、害怕（fear）和没有希望（hopeless）这四种具体情绪；回顾的基于后果的情绪包括伤心（sadness）、遗憾（regret）和同情（sympathy）；与他人相关的基于道德的情绪包括厌恶（disgust）、生气（anger）、愤怒（outrage）、轻视（contempt）和失望（disappointment）；与自我相关的基于道德的情绪包括内疚（guilt）和羞愧（shame）这两种具体情绪。②

在本研究中，我们采用 Bohm（2000）研究中的 3 种行为倾向：挑衅行为倾向、帮助行为倾向、政治性的环保行为倾向。③ 预期的基于后果的情绪（如：害怕、担忧）可能会促进人们去阻止潜在的破坏，即表现出政治性的环保活动倾向，如：参加环保组织，进行环保宣传等；回顾的基于后果的情绪可能会促使人们做出行为以帮助受害者或弥补破坏，即帮助行为，如：治理垃圾污染、水污染等；与他人相关的基于道德的情绪（如：愤怒）可能会引起报复或惩罚行为，即挑衅行为，如：惩罚破坏环境者、对负有责任的公司的报复等。除此以外，与自我相关的基于道德的情绪（如：愧疚）可能会

---

① 谢晓非：《风险研究中的若干心理学问题》，载《心理科学》1994 年第 17 期，第 104—108 页。

② 谢晓非、徐联仓：《风险认知研究概况及理论框架》，载《心理学动态》1995 年第 2 期，第 17—22 页。

③ 谢晓非：《风险研究中的若干心理学问题》，载《心理科学》1994 年第 2 期，第 104—108 页。

促进个体改变他自己现有的行为，我们称之为反省行为，如：改变乱扔垃圾的行为。对于这四种行为倾向，我们采用 4 个项目来反映政治性的环保活动倾向；采用 10 个项目来反映帮助行为；采用 6 个项目来反映挑衅行为；采用 2 个项目来反映反省行为。

地震风险知识（共 12 题）包括三个方面的知识：我国地震知识（包括 1、2、3、12 题）、地震自救知识（包括 4、5、6、7、11 题）及信任知识（包括 8、9、10 题）。

2.3 研究程序

本研究主要考察灾区青少年对四种环境风险即地震、洪水等自然风险和生活垃圾污染、水资源短缺等人为风险的态度，其中涉及四个方面的测量：测量地震灾区青少年对这四种风险的评价方式；测量他们对这些风险的情绪反应；测量他们的行为倾向；测量他们对于地震知识的掌握。在前三部分测量中，均采用 5 等级评分，在第四部分测量中，采用 0 – 1 计分方法。

采用 SPSS 分析方法对数据进行描述统计分析、T 检验、相关分析以及回归分析等。

3 结果与分析

3.1 性别、风险评价、情绪反应、行为倾向以及风险知识之间的相关

表 1 呈现了本研究中变量的平均数、标准差以及相关系数。两个认知评价维度（后果评价和道德评价）与行为倾向之间的相关系数分别为 0.127（$p<0.01$）、-0.034（$p>0.05$），情绪反应与行为倾向之间的相关系数分别为 0.195（$p<0.01$）、0.117（$p>0.05$）、0.191（$p<0.01$）、0.196（$p<0.01$）。认知评价和情绪反应各维度之间的相关显著，具体来讲，后果评价与帮助行为倾向、挑衅行为倾向、政治性的环保行为倾向以及反省行为倾向之间的相关系数分别为 0.336（$p<0.01$）、0.341（$p<0.01$）、0.257（$p<0.05$）、0.272（$p<0.01$）；道德评价与帮助行为倾向、挑衅行为倾向、政治

性的环保行为倾向以及反省行为倾向之间的相关系数分别为 0.211（$p<0.01$）、0.158（$p<0.01$）、0.146（$p<0.01$）、0.155（$p<0.01$）；后果评价与道德评价之间的相关显著（$r=0.265$，$p<0.01$）；帮助行为倾向与挑衅行为倾向、政治性的环保行为倾向以及反省行为倾向之间的相关显著，相关系数分别为 0.435（$p<0.01$）、0.273（$p<0.01$）、0.387（$p<0.01$）；挑衅行为倾向与政治性的环保行为倾向以及反省行为倾向之间的相关显著，相关系数分别为 0.415（$p<0.01$）、0.420（$p<0.01$）；政治性的环保行为倾向与反省行为倾向之间的相关显著（$r=0.170$，$p<0.05$）。性别与后果评价（$r=$

表 1　各变量之间的相关系数

变量	M	SD	1	2	3	4	5	6	7	8	9
1	0.63	0.485	1	0.215**	0.068	0.302**	0.348**	0.213**	0.286**	0.005	-0.046
2	3.777	0.300		1	0.265**	0.336**	0.341**	0.257**	0.272**	0.127**	0.045
3	3.187	0.446			1	0.211**	0.158*	0.146*	0.155*	-0.034	-0.096
4	3.440	0.571				1	0.435**	0.273**	0.387**	0.195**	0.000
5	3.941	0.579					1	0.415**	0.420**	0.117	0.026
6	3.976	0.929						1	0.170*	0.191**	-0.060
7	3.803	0.668							1	0.196**	0.070
8	3.126	0.559								1	-0.028
9	9.28	1.366									1

* $p<0.05$，** $p<0.01$

注：1. 性别；2. 后果评价；3. 道德评价；4. 预期的基于后果的评价；5. 回顾的基于后果的评价；6. 自我相关的基于道德的评价；7. 他人相关的基于道德的评价；8. 行为倾向；9. 地震知识掌握。

0.215，p<0.01）、帮助行为倾向（r=0.302，p<0.01）、挑衅行为倾向（r=0.348，p<0.01）、政治性的环保行为倾向（r=0.213，p<0.01）、反省行为倾向（r=0.286，p<0.01）之间存在显著的相关。地震知识掌握与各变量之间的相关不显著。

3.2 灾区青少年的环境风险认知特征

根据初步的统计分析我们可以看出，在认知评价方面，被试认为风险对人类威胁程度高（M=4.456，SD=0.435）；风险后果对人类的威胁更大（M=3.575，SD=0.537）；人们对于风险的形成应负有更多责任（M=3.550，SD=0.591）；风险对自我比较有威胁（M=3.941，SD=0.842）；对自然也比较有威胁（M=4.125，SD=0.674）。

在情绪反应部分，被试认为这四种风险使他们感到比较伤心（M=3.952，SD=0.715）、遗憾（M=3.782，SD=0.858）、同情（M=4.087，SD=0.657）、担忧（M=3.887，SD=0.872）、害怕（M=3.757，SD=0.892）、厌恶（M=3.964，SD=0.804）、生气（M=3.691，SD=0.804）、愤怒（M=3.500，SD=0.787），较少感到轻蔑（M=2.204，SD=0.992）和羞愧（M=2.139，SD=0.889）。

对于这四种环境风险，被试表现出更多的帮助行为倾向（M=3.588，SD=0.708）和反省行为倾向（M=4.218，SD=0.758）；表现出较少的挑衅行为倾向（M=2.142，SD=0.854）；表现政治性环保行为的倾向不明显（M=2.900，SD=0.934）。

对于地震知识部分，数据结果显示，被试对于地震风险知识的掌握情况较好（M=9.28，SD=1.366）。被试在我国地震风险知识、地震自救知识以及信任知识这三方面的表现都较好：我国地震风险知识（共4分）：M=2.81，SD=0.836；地震自救知识（共5分）：M=4.06，SD=0.767；信任知识（共3分）：M=2.40，SD=0.706）。

3.3 环境风险认知特征的性别的差异

根据独立样本的t检验，我们可以看到，对于环境风险的认知评价，被试在对人类的威胁（t=－3.210，p<0.05）、对自我的威胁（t=－2.200，p<0.05）及对自然的威胁（t=－3.696，p<0.05）这三个后果评价方面的

表现的性别差异显著，且女性感受到更大程度的威胁。被试在消极后果的目标人群、消极后果的开端、风险产生的原因三个方面的后果评价及道德谴责性、个人控制、个人责任、个人贡献四个方面的道德评价的性别差异不显著。在环境风险的情绪反应方面，被试在对这四种环境风险感到充满希望、厌恶、轻视、失望、内疚、羞愧等情绪反应上的性别差异不显著，对这四种环境风险感到伤心（$t=-5.009$，$p<0.05$）、遗憾（$t=-3.938$，$p<0.05$）、同情（$t=-3.165$，$p<0.05$）、担忧（$t=-4.581$，$p<0.05$）、害怕（$t=-4.288$，$p<0.05$）、无望（$t=-2.409$，$p<0.05$）、生气（$t=-3.118$，$p<0.05$）、愤怒（$t=-2.421$，$p<0.05$）等情绪反应在性别上的差异显著，且女性感受到更高程度的情绪。被试在四种行为倾向以及三方面地震知识上的表现的性别差异都不显著。

3.4 自然风险和人为风险的差异

对于环境风险的认知评价，自然风险和人为风险在个人贡献（$r=0.215$，$p<0.05$）、个人责任（$r=0.352$，$p<0.05$）等道德评价和对人类的威胁（$r=0.246$，$p<0.05$）、对自我的威胁（$r=0.478$，$p<0.05$）、对自然的威胁（$r=0.259$，$p<0.05$）等后果评价上的相关显著。对于环境风险的情绪反应，自然风险和人为风险在感到遗憾（$r=0.201$，$p<0.05$）、充满希望（$r=0.348$，$p<0.05$）、担忧（$r=0.375$，$p<0.05$）、害怕（$r=0.331$，$p<0.05$）、无望（$r=0.441$，$p<0.05$）、厌恶（$r=0.342$，$p<0.05$）、轻蔑（$r=0.326$，$p<0.05$）、失望（$r=0.119$，$p<0.05$）、内疚（$r=0.333$，$p<0.05$）以及羞愧（$r=0.439$，$p<0.05$）等情绪反应上的相关显著。

采用配对样本的t检验，我们可以看出，对于自然风险和人为风险，被试的评价在对人类的威胁这一方面的差异不显著，在消极后果的损害目标（$t=4.757$，$p<0.05$）、道德谴责性（$t=-7.219$，$p<0.05$）、个人贡献（$t=-23.372$，$p<0.05$）、个人控制（$t=-21.500$，$p<0.05$）、消极后果的开端（$t=-11.259$，$p<0.05$）、个人责任（$t=-16.761$，$p<0.05$）、风险产生的原因（$t=-32.120$，$p<0.05$）、对自我的威胁（$t=-4.746$，$p<0.05$）以及对自然的威胁（$t=-6.717$，$p<0.05$）这九个方面的差异显著。被试的情绪反应在伤心、害怕、无望等方面的差异不显著，在遗憾（$t=-4.300$，$p<0.05$）、同情（$t=7.283$，$p<0.05$）、充满希望（$t=2.327$，$p<0.05$）、担忧

（t = -6.497，$p < 0.05$）、厌恶（t = -8.240，$p < 0.05$）、生气（t = -11.395，$p < 0.05$）、愤怒（t = -12.760，$p < 0.05$）、轻蔑（t = -4.696，$p < 0.05$）、失望（t = -8.461，$p < 0.05$）、内疚（t = -13.539，$p < 0.05$）、羞愧（t = -11.698，$p < 0.05$）等方面的差异显著。

3.5 中介分析

为了检验情绪反应在认知评价与行为倾向之间的中介效应，本文采用了三次回归检验。第一，认知评价与情绪反应之间必须有显著的相关；第二，认知评价与行为倾向之间必须有显著的相关；第三，必须将认知评价与情绪反应放入一个回归模型中，必须保证情绪反应与行为倾向之间有显著的相关。表2呈现了中介回归检验的所有结果。在第一个回归检验中，性别与情绪反

表2 各变量的中介检验结果

变量	β	
	情绪反应	行为倾向
TEST1		
性别	0.215	
地震知识掌握	0.042	
后果评价	0.312	
道德评价	0.291	
	$R^2 = 0.340$	
	Adjusted $R^2 = 0.316$	
	$F = 14.658$	
TEST2		
性别		-0.030
地震知识掌握		-0.076
后果评价		0.224
道德评价		-0.150
		$R^2 = 0.046$
		Adjusted $R^2 = 0.013$
		$F = 1.388$

续表

变量	β	
	情绪反应	行为倾向
TEST1		
性别		−0.111
地震知识掌握		−0.091
后果评价		0.107
道德评价		−2.259
情绪反应		3.376
		$R^2=0.140$
		Adjusted $R^2=0.102$
		$F=3.674$

应之间的效应显著（$\beta=0.215$，$p<0.05$），地震知识掌握与情绪反应之间的效应不显著（$\beta=0.042$，$p>0.05$）。后果评价（$\beta=0.312$，$p<0.05$）和道德评价（$\beta=0.291$，$p<0.05$）与情绪反应之间的效应显著。该模型可解释情绪反应变异的34%（R2 = 0.34，$p<0.05$），模型与数据拟合程度好（F（4，114）=14.658，$p<0.05$）。第二个回归检验在结果第五部分已呈现。在第三个回归检验中，性别（$\beta=-0.111$，$p>0.05$）、地震知识掌握（$\beta=-0.091$，$p>0.05$）、后果评价（$\beta=0.107$，$p>0.05$）与行为倾向之间的效应不显著，道德评价与行为倾向之间的效应显著（$\beta=-2.259$，$p<0.05$），情绪反应与行为倾向之间的效应显著（$\beta=3.376$，$p<0.05$）。该模型可解释行为倾向变异的14%，模型与数据的拟合程度好（F（5，113）=3.674，$p<0.05$）。

4 讨 论

本研究考察了灾区青少年的环境风险认知特征，并检验了认知评价—情绪反应—行为倾向模型的合理性。

在认知评价方面，相比于对自然的危害，被试认为研究中的四种环境风险的后果对人类的威胁大、程度高，对个人和自然的威胁也比较大，人们对于风险的形成应负有更多责任。在这里，我们可以看出，被试更多关注的是风险后果对他人和自己的危害，不太关注风险是怎么产生的，以及风险结果是即时的还是延后的。并且，在后果评价方面存在较大的性别差异。对于道德评价，被试也往往低估自己对于风险形成的贡献，往往低估自己缓解风险的能力，但是，他们认识到了人类对于风险形成的重要影响。总之，人们在对环境风险进行认知评价时，焦点集中在风险是否会对自己和他人带来威胁，他们能够看到别人对于风险应负的责任，看不到自己对于风险形成的贡献和缓解风险的能力。因此，我们以后在进行风险教育的时候，一定要强调风险给人类带来的威胁，提高人们的安全意识，并且，我们要更多关注女性感受到的风险威胁，给其正确的疏导。此外，我们也需要强调社会中的每个人对于风险形成所负的责任，提醒每个人注意自己的生活习惯等，以缓解风险的危害。

在情绪反应方面，被试认为这四种风险使他们感到比较伤心；为受害者感到遗憾、同情；对环境风险感到担忧、害怕，没有安全感；对那些对风险的形成负有责任的人感到厌恶、生气和愤怒，但是较少感到轻蔑。同时，在伤心、遗憾、同情、担忧、害怕、无望、生气、愤怒等情绪反应上存在显著的性别差异，女性感受到的情绪程度更高。就像以上所指出的那样，人们在对环境风险进行评价的时候，更多关注的是风险所带来的后果，因此人们会更多地表现出对未来的担忧、害怕，对过去风险状况的伤心、遗憾和同情。由于人们很少关注自己对于风险形成所负有的责任和缓解风险的能力，因此，个体很少产生内疚、羞愧。但是，他们往往指责他人对于风险的贡献，他们会对那些负有责任的人表现出愤怒、厌恶等。针对由后果引起的情绪，我们在风险教育中，首先应当做的，就是要传授相应的风险知识，让青少年对该风险有一个深入的了解和把握，让他们明白风险所具有的威胁程度，以做好心理和物质准备；其次，针对这些负面情绪，我们还要进行相应的心理疏导，特别是对女性的心理关注，以保证青少年的健康成长；此外，我们还应当制定相应的政策，避免风险谣言，以减少风险带来的恐慌。针对他人相关的基于道德的情绪（如：愤怒、厌恶等），我们在风险教育中，应当教授青少年用正确的方法去缓解风险带来的威胁，去减少人们对于风险形成所作的贡献。同时，我们还应该制定相应的政策，以约束青少年采取不适当的行为去惩罚那些对风险负有责任的人。

对于这四种环境风险，被试表现出更多的帮助行为倾向和反省行为倾向，表现出较少的挑衅行为倾向，表现政治性环保行为的倾向不明显。这种状况是我们很乐意看到的。我们已经得出，情绪对行为具有预测作用，因此，我们在风险教育过程当中，不仅要针对不同的情绪作出相应的反应，还要关注情绪引起的行为倾向，对正确的行为倾向进行鼓励，对错误的行为倾向进行教育。

灾区青少年对于地震风险知识的掌握情况较好，具体来讲，他们在我国地震风险知识、地震自救知识以及信任知识这三方面的表现都较好。但是由于条件的限制，我们没能从更大范围来考察灾区青少年对于地震风险知识的掌握情况，这为我们的后续研究提供了努力的方向。

对于自然风险和人为风险，被试的评价在对人类的威胁这一方面的差异不显著，也就是说，不论是自然风险和人为风险，被试认为它们对人类都是有威胁的，而在消极后果的损害目标、风险产生的原因、道德谴责性、个人责任等方面，被试认为自然风险和人为风险存在着一定差异。这就启示我们，在风险教育中，要针对不同类型、不同性质的风险，采取不同的教育方法。对于自然风险，我们要更多地关注如何预防和自救等方面，对于人为风险，我们要更多地关注如何缓解风险等。被试的情绪反应在伤心、害怕、无望等预期的基于后果的情绪的差异不显著，在遗憾、同情、充满希望、担忧、厌恶、生气、愤怒、轻蔑、失望、内疚、羞愧等方面的差异显著。也就是说，不论是自然风险还是人为风险，被试都会对风险的后果感到伤心、害怕、无望；在其他情绪反应上，自然风险和人为风险存在着差别，特别是在基于道德的情绪方面，自然风险和人为风险的差异更显著。这是由于自然风险大部分是由于自然环境变化引起的，是我们所不能控制的，所以很少涉及道德评价，也就很少引起基于道德的情绪。但是人为风险大多数是由于人类活动所引起的，因此人们会将评价的焦点集中于对风险负有责任的人身上，因此会更多地引起道德评价，产生相应的基于道德的情绪。在风险教育的过程中，我们应当关注不同的风险类型，关注它们导致的不同情绪，来预测人们的行为反应，并针对性地进行教育。

我们还进行了中介变量分析，以考察认知评价—情绪反应—行为倾向模型的合理性。研究结果显示，认知评价和情绪反应的模型拟合较好，情绪反应和行为倾向的模型拟合较好，但是认知评价和行为倾向的模型拟合不令人满意。对此，本文给出两方面的解释：一方面，情绪反应不是认知评价和行为倾向之间的中介变量，认知评价只能通过情绪反应对行为起作用，认知评价和情绪反应不是独立的。另一方面，社会制度等外部条件对行为起着重要的约束作用，这会对认知评价与行为倾向的关系产生重大的影响。

尽管本研究将研究对象从普通大众具体到灾区青少年，对环境风险认知的成分进行了更细的区分，并采用中介分析证明了认知评价—情绪反应—行为倾向模型的合理性，但是在方法上，本研究仍然采用的是传统的心理测量范式，对环境风险认知领域的另一主要理论——文化理论涉及较少，因此测量不够全面、范围较小，不利于获得更广泛领域的信息。

在以后的研究当中，我们可以将灾区青少年和非灾区青少年的数据进行对比，找出其中的差异，来研究地震经历对环境风险认知的影响。同时，我们还可以考察灾区和非灾区青少年的环境风险认知模型存在何种差异。由于心理测量范式存在着一定的缺陷，我们应当结合以往的各个研究，探索出更有效的方法，以指导我们未来的研究。

复愈性环境的独特效果研究

陈　聪①　吴建平　赖颖慧②

前　言

随着当今社会的飞速发展，愈演愈烈的生活压力导致的身心疾病一发不可收拾，呈现逐年几何级数上升的趋势。为了提高人们的身心健康，增强主观幸福感，一些减压疗法技术络绎产生。目前比较成熟的有瑜伽、冥想疗法以及水疗等等。此外，早期的复愈性环境研究发现，环境也可以从很多方面影响人类，包括审美感受、健康和幸福感。环境对人类的积极效果可以从三个方面进行概括：精神疲劳的短期恢复，从疾病中更快的身体康复，人类健康与幸福感的长期全面提高。③

所谓复愈性环境（restorative environments），就是指可以帮助人们减轻压力及与之相伴的各种不良情绪，减少心理疲劳，促进心理和生理健康的环境。

---

① 陈聪，北京林业大学人文学院心理学系，e-mail：chencong6101126@126.com。

② 赖颖慧，北京师范大学发展心理研究所，100875。

③ Velarde, M. D., Fry, G., & Tveit, M., "Health Effects of Viewing Landscapes—Landscape Types in Environmental Psychology", *Urban Forestry & Urban Greening*, 2007 (6), pp. 199-212.

我国对于复愈性环境的研究刚刚进入起步阶段，这类研究将成为减压研究领域的很好补充。

复愈性环境的概念最早由美国密歇根大学的 Kaplan 和 Talbot 提出，他们的实验研究发现，野外生活对多数人具有心理恢复性功能。最能发挥这种身心再生功能的园林空间便是舒展的牧场式风景。起伏的地形、草地、树丛和水塘吸引着人类身心参与和融入，唤起人类的天性，从而使身心得以康乐。[①]之后国外学者（Cooper，Frumkin，Gesler，Hartig，Herzog，Kuo，Ulrich 等）以及我国的曾慈慧、韩可宗等学者对复愈性环境作了进一步研究。Velarde 对当前复愈性环境的研究现状进行了元分析，发现在目前复愈性环境的研究中，29%是关于绿地面积的研究；35%是城市与自然地复愈效果的比较研究；23%是关于自然与城市子分类的比较研究；最后 13%对观看自然景观组与控制组进行了比较。由此看来，在复愈性环境研究的起步阶段，众多学者对城市与自然两种环境作了大量比较，得到的结果较为一致，即观看自然景观比城市景观更有利于人类的健康。

关于复愈性环境的理论主要有 Kaplan 夫妇的注意恢复理论（attention restorative theory）和 Ulrich 的心理进化理论（psycho-evolutionary theory）。本文只涉及前者。注意恢复理论认为有意注意会由于过度使用而疲劳。[②③] 其中，有意注意是相对于无意注意来说的。根据产生注意时有无目的性以及意志努力程度的不同，把注意分为有意注意和无意注意。有意注意是有预先目的性的，需要耗费心力的，注意的对象往往是没有吸引力或者无趣的，并且集中注意机制需要忽略所有潜在的分心物，所以耗能庞大，易于疲劳。而注意疲劳的结果就是降低了解决问题的能力并且会产生易怒的倾向性，增加犯错误和事故的几率。

---

① Kaplan, S. & Talbot, J. F., "Psychological Benefits of a Wilderness Experience", in I. Altman & J. F., Wohlwill (Eds), *Human Behavior and Environment: Advances in Theory and Research: Vol. 6: Behavior and the Natural Environment*, New York: Plenum Press, 1983, pp. 163 – 203.

② Kaplan, R., & Kaplan, S., *The Experience of Nature: A Psychological Perspective*, New York: Cambridge University Press, 1989.

③ Kaplan, S., "The Restorative Benefits of Nature: Toward an Integrative Framework", *Journal of Environmental Psychology*, 1995 (15), pp. 169 – 182.

然而，在一些特定的环境中，人的注意多为无意注意，这将有利于使有意注意的疲劳状态得到恢复。这类特定环境必须具备四种特质：being away（距离感），即生理或心理上远离日常生活的环境；extent（丰富性），即这种环境是丰富和连贯的，能使心灵愉悦并促进探索；fascination（吸引力），这意味着只要环境中的信息无需努力便会获得个体注意，即被认为是有吸引力的；compatibility（兼容性），就是说这种环境与一个人的倾向和目标相匹配。充分拥有以上这四种特质的环境便是复愈性环境。[①] 许多种环境都可能在一定程度上具有复愈性环境所需要的特质，ART 认为自然环境被不受限制地赋予了所有四种特质。相反，许多城市环境严重缺乏其中一个或多个特质。

ART 理论中尚待开发的一个方面就是复愈性体验带来的认知益处。Kaplan 区分了四种认知益处，认为人们若处于复愈性环境且时间充裕，就能体验到四阶段渐进式的恢复历程。第一阶段是清理心灵的“噪音”，使内心平静。第二阶段是逐渐消除疲劳的有意注意（voluntary attention），这是一种服从于预定目的并需要意志参与的注意。[②] 第三阶段是给予机会来思考紧急但未处理的个人问题。第四阶段是最高的阶段，人们会反思一生中的重大问题，比如人生的计划与目标，以及事物的轻重缓急。反思又称“反省”，指不同于直接认识的间接认识。荷兰哲学家斯宾诺莎认为，反思是认识真理的比较高级的方式；德国哲学家黑格尔认为反思是一个把握绝对精神发展的辩证概念，是从联系中把握事物内部的对立统一本质的概念。现在，人们通常把反思视为对自己的思想、自己的心理感受等的思考。在此基础上，本文将这四种益处划分为两类：有意注意恢复和反思。其中，有意注意恢复涉及前两个益处，而在反思的角度下来分析后两种益处。

ART 理论认为相对于注意恢复，反思是一种更深层的益处。换句话说，反思比注意恢复更需要复愈性环境。在定性水平上，区分环境是否有潜力来提高反思能力的主要特质就是看这种环境散发出怎么样的吸引力。吸引力可以从程度上进行划分，两极端是“软吸引”（soft fascination）和“硬吸引”

---

① 赵欢、吴建平：《复愈性环境的理论与评估研究》，载《中国健康心理学杂志》2009 年第 18 期，第 117—121 页。

② 曹日昌：《普通心理学》，人民教育出版社 1999 年版，第 183－185 页。

(*hard fascination*)。[①] 硬吸引是很强烈的，锁定人的注意力，留下很少的思考空间，是一种充满头脑的高水平的吸引。拥有硬吸引的环境有利于有意注意的恢复，但很少提供反思机会。软吸引包含两方面内容，第一，吸引强度是适中的，并不影响集中和保持注意力，从而促进反思。第二，唤起适度吸引力的环境在审美上让人愉悦，这能帮助消除反思中可能伴随的疼痛。所以，根据 ART 理论，日常自然环境（令人愉快的后院、花园、林荫小道、森林环境等）拥有的特质属于软吸引，它们应该是最理想的既促进注意恢复又促进反思的复愈性环境。

哪些环境属于硬吸引环境呢？Kaplan 认为观看赛车比赛时，赛车场属于硬吸引环境；Canin 认为看电视、购物、体育运动时所处的环境具有硬吸引的特点。同样，根据 Kaplan 对于硬吸引的描述，我们认为游乐场、演唱会、酒吧、游戏厅以及聚会场所，都是硬吸引环境。处于这种环境中的人们运用更多的无意注意，使大脑休息，从而有意注意得到恢复。另外，由于吸引力充满头脑，人们无暇顾及其他事情。因此，运动娱乐环境不像自然环境一样具有给予人们反思的效果，但它比起城市环境，又存在恢复有意注意的效果，所以运动娱乐环境属于一种特殊的复愈性环境，是城市环境的子分类。对此，以往研究者还发现，个体喜欢的环境也是复愈性环境。[②③] 比如：博物馆对于经常参观的游客是复愈性环境；[④] 而寺庙对于朝拜者或大学生都是复愈性环境。[⑤⑥]

---

① Kaplan, S., "The Restorative Benefits of Nature: Toward an Integrative Framework", *Journal of Environmental Psychology*, 1995 (15), pp. 169 – 182.

② Korpela, K., & Haritig, T., "Restorative of Qualities of Favorite Places", *Journal of Environmental Psychology*, 1996 (16), pp. 221 – 233.

③ Korpela, K. M., Hartig, T., Kaiser, F. G., & Fuhrer, U., "Restorative Experience and Self-regulation in Favorite Places", *Environment and Behavior*, 2001 (33), pp. 572 – 589.

④ Kaplan, S., Brdwell, L. V. & Sakter, D. B., "The Museum as a Restorative Environment", *Environment and Behavior*, 1993 (26), pp. 725 – 742.

⑤ Herzog, T. R., Ouellette, P., Rolens, J. R., & Koenigs, A. M., "Houses of Worship as Restorative Environments", *Environment and Behavior*, First published online 15 January 2009, doi: 10.1177/0013916508328610.

⑥ Ouellette, P., Kaplan, R. & Kaplan, S., "The Monastery as a Restorative Environment", *Journal of Environmental Psychology*, 2005 (25), pp. 175 – 188.

关于城市夜景环境的复愈性研究是最近才开始的。美国学者 Jack L. Nasar 和 Kathryn Terzano 对自然景色、夜晚的天际线及白天的天际线在复愈性上进行了比较，发现夜晚天际线获得较好的得分。① 被试认为夜晚天际线在愉悦度上与自然景色差不多，甚至比自然景色更高，二者均高于白天天际线。但是该研究的研究程序不严谨，其结果仍有待考证。我们认为，在复愈性环境的研究中引入城市夜景确实非常必要。随着时代的进步，夜生活在人们的日常生活中所占的比率越来越大，对人的影响也毋庸置疑。所以，我们的研究中加入了城市夜景这一独特环境，就是想要了解这一环境对处在其中的人们会产生什么样的影响。

为了比较城市、自然、城市夜景、运动娱乐这四种环境的复愈效果，本文将复愈性环境的认知益处划分为两类：有意注意的恢复和反思，用实验的方法探究四种环境对有意注意恢复的影响，并进行四种环境适合反思程度的比较。

1 方法

1.1 实验一

1.1.1 被试

选取河北省邢台市第一中学高三学生 48 名，采取组间实验设计，随机分配到四种环境组，每组 12 人。其中 14 名男生，34 名女生。

1.1.2 实验材料

(1) 环境图片

从 100 张分辨率均为 1280x1024 的彩色环境图片中精心挑选 40 张，每种环境 10 张。城市环境照片选取的有人行道、加油站、停车场、地铁站、小报亭、高楼大厦等；自然环境图片包含绿山、河流、大海、草原、森林等；城市夜景主要以彩色灯光为主，建筑轮廓由灯光勾勒；运动娱乐图片包含足球

① Nasar, J. L., Terzano, K., "The Desirability of Views of City Skylines after Dark", *Journal of Environmental Psychology*, 2010 (30), pp. 215 - 225.

场、篮球场、保龄球场、游戏厅、滑冰场等。

（2）计算机

五台装有 e-prim 软件的同一型号笔记本电脑，屏幕比例均为4：3。被试在电脑上进行实验操作同时记录下反应时。

（3）彩色数字图片

用于实验的彩色数字，由 1—9 组成（6cm * 3cm），分别有三种颜色：红、黄、蓝。

（4）非社会认知操作测试（数字推理测试）

由 10 道推理题组成，限时 5 分钟。目的是引入压力，并不记录分数。

1.1.3　程序

将 5 台笔记本电脑安置在无人的大教室中，两台电脑之间的距离很远，保证实验过程中被试间互不干扰。每次安排 5 名被试同时进行实验。整个实验程序由 3 种成分构成：彩色数字辨认任务、数字推理测试、图片欣赏。

（1）彩色数字辨认任务

被试需要从依次出现的 20 个彩色数字刺激中挑出靶刺激，按 a 键反应，无关刺激按 l 键反应。其中靶刺激出现 7 次，无关刺激出现 13 次。要求被试又快又好地完成该测试。利用 e-prim 软件记录反应时。实验程序中共出现三次该任务，三次靶刺激均不相同，以减少练习效应。此任务目的是通过反应时来标记被试有意注意的情况。

（2）数字推理测验

又叫非社会认知操作测试，这是一个纸笔测验，由指导语、1 道例题以及 10 道数字推理题构成。限时 5 分钟，要求被试又快又好地完成推理测验。该测验不记录分数，目的是造成被试的压力体验。

（3）环境图片体验

被试将看到 10 张四类环境中的一类环境图片，每张图片展示 15 秒，共需要 150 秒。图片自动播放，被试不需要任何操作，只需假设自己身临其境，体验其中的感受。

正式实验开始前，用色觉测验检查被试色觉情况，排除色盲色弱等色觉异常的学生被试。之后进行实验。被试在读完指导语之后，进行彩色数字辨认任务，记录下的反应时称为基线反应时（RT1）；之后进行数字推理测验，引入压力；第二次的彩色数字辨认任务，反应时称为疲劳反应时（RT2）；接下来进入欣赏图片环节，被试不需要手动操作，只需全身心投入环境中；最后又是一组彩色数字辨认任务，此反应时称为体验后反应时（RT3）。实验结束。

1.2 实验二

1.2.1 被试：从河北省邢台市第一中学高三年级另外随机选取30名，其中男生14名，女生16名。

1.2.2 实验材料：

（1）实验一的彩色图片40张，每类环境10张；8张样本图片，每类环境2张；5点量表，用于给环境打分。

（2）计算机5台，同实验一。

（3）指导语，分为反思目标指导语和评定幻灯片指导语：

反思目标的指导语：想象你刚吃过早饭，今天只有一件事要做。你有一些非常严重的个人问题，你需要考虑解决它。你留出一整天的时间去思考这些问题。深入地思考这些问题是你的任务。

评定幻灯片的指导语：你将看到一系列描述不同环境的幻灯片。评定每个环境，看它是否有利于完成你的任务以及利弊程度。评定等级：A. 极好的环境；B. 好环境；C. 一般环境；D. 差环境；E. 极差的环境。A—E分别代表5分—1分。

1.2.3 程序

先呈现8张样本幻灯片，让被试适应四种环境。然后向被试依次呈现反思目标指导语以及幻灯片评定指导语。之后随机呈现图片，被试进行打分。40张图片分为两组，评定完第一组图片有3分钟的休息时间。图片呈现顺序有两点要求：a. 保证每组图片在四类环境上的数量是相等的，以排除顺序效应；b. 保证连续两张图片不属于同一类环境，以消除练习效应和习惯效应。另外，每组的开头和结尾都是空白图片，以消除首因效应和近因效应的干扰。

2 结果

2.1 实验一的研究结果

首先，在剔除三个标准差之外的极端数字后，对四组被试的基线反应时（RT1）进行了方差分析，得到被试间基线反应时没有差异（F（3，373）=0.260，p=0.854）。保证了随机分配在四种环境下的被试同质。其次，为了检验压力引入成功与否、哪些环境有恢复有意注意的功能，以及在复愈性环境下的性别差异，对四个组分别进行了组内分析。最后，对四类环境组进行了组间分析，意在比较四类环境的复愈效果，并对四类环境进行排序。表1说明了四种环境组被试在三次彩色数字辨认任务上的平均反应时。

表1　彩色数字辨认任务的平均反应时（ms）

环境类型	*RT*1	*RT*2	*RT*3
自然	587.03	777.65	557.22
运动娱乐	600.54	808.83	605.06
夜景	615.91	709.89	534.76
城市	652.77	836.88	749.84

2.1.1　组内的单因素方差分析

（1）对自然环境组的基线反应时（RT1）、疲劳反应时（RT2）、体验后反应时（RT3）进行方差分析，结果发现三种反应时差异显著（F（2，31）=5.75；p=0.007<0.01）。进一步事后检验表明，RT1显著短于RT2（p=0.014），RT2显著长于RT3（p=0.004），见图1。独立样本T检验表明，体验后反应时（RT3）性别差异不显著。

（2）对运动娱乐环境组的基线反应时（RT1）、疲劳反应时（RT2）、体验后反应时（RT3）进行方差分析，结果发现三种反应时差异显著（F（2，30）=7.99；p=0.002<0.01）。进一步事后检验表明，RT1显著小于RT2（p=0.002），RT2显著长于RT3（p=0.002），见图1。独立样本t检验表明，体验后反应时（RT3）性别差异不显著。

(3) 对夜景环境组的基线反应时（RT1）、疲劳反应时（RT2）、体验后反应时（RT3）进行方差分析，结果发现三种反应时差异非常显著（F（2, 30）= 10.46; p = 0.000 < 0.001）。进一步事后检验表明，RT1 显著小于 RT2（p = 0.02），RT2 显著长于 RT3（p = 0.0001），RT1 显著长于 RT3（p = 0.043），见图 1。独立样本 T 检验表明，体验后反应时（RT3）性别差异不显著。

(4) 对城市环境组的基线反应时（RT1）、疲劳反应时（RT2）、体验后反应时（RT3）进行方差分析，结果发现三种反应时差异不显著（F（2, 29）= 2.27; p = 1.21）。事后检验表明，RT1 显著小于 RT2（p = 0.042），见图 1。独立样本 t 检验表明，体验后反应时（RT3）性别差异不显著。

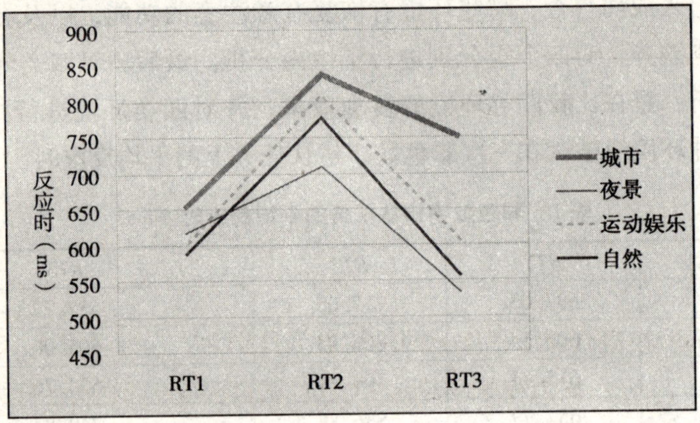

图 1　四种环境组三次彩色数字辨认任务的平均反应时趋势图

2.1.2　四种环境复愈性效果的组间分析

对四类环境的体验后反应时（RT3）进行方差分析，发现存在显著性差异，结果见表 2。事后检验进一步发现，城市环境组的 RT3 显著长于与其他三种环境组（p < 0.001）。自然、运动娱乐和夜景组之间没有显著性差异。详细情况见图 2。

表 2　四类环境 RT3 方差分析表

	SS	df	MS	F
组间变异	6417071.94	3	2139023.98	14.24***
组内变异	103982898.20	692	150264.32	
总体	110399970.13	695		

注：*** p <.001

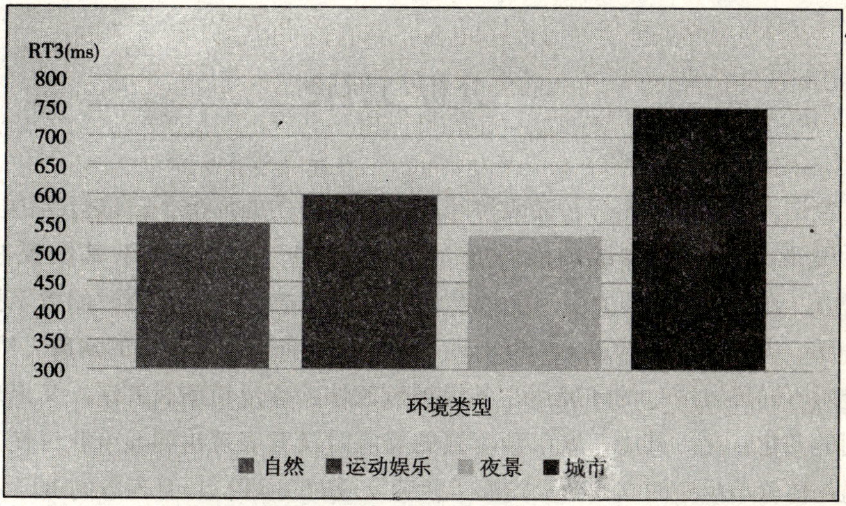

图 2　四种环境组的体验后反应时均值比较

2.2　实验二的研究结果

四类环境在适合反思程度上的平均得分分别为：自然环境 4.58 分；运动娱乐环境 1.75 分；城市夜景环境 4.13 分；城市环境 1.23 分。表明，自然环境和城市夜景环境非常适合反思，而运动娱乐环境与城市环境不适合反思。对四类环境的得分进行方差分析，差异显著，详细结果见表 3。进一步事后检验得到：自然环境得分显著高于运动娱乐环境和城市环境（$p<0.001$）；城市夜景环境显著高于运动娱乐环境和城市环境（$p<0.001$）；而自然环境与城市夜景环境之间不存在显著差异；运动娱乐环境与城市环境之间也不存在显著差异。对四类环境进行组内性别差异比较，均不存在显著性差异。

表 3　四类环境得分的方差分析表

	SS	df	MS	F
组间变异	385.63	3	128.54	777.96***
组内变异	19.16	116	0.17	
总体	404.79	119		

注：*** $p<.001$

3 分析与讨论

首先，对实验一而言，在四种环境中被试同质的情况下，进行组内方差分析发现，每一组被试的疲劳反应时（RT2）均显著高于基线反应时（RT1），说明我们的压力引入是成功的。其次，被试在做了限时的数字推理任务后，出现了疲劳状态，所以出现了对同质任务的反应变慢的现象。然而，经过对不同环境图片的体验后，各组被试的体验后反应时（RT3）又出现了不同的变化状况。其中，城市环境组的反应时没有表现出明显变化，而其他三组的体验后反应时（RT3）均短于疲劳反应时（RT2），且夜景的 RT3 显著短于 RT1。综上组内分析的结果可以看出，被试在体验了自然、运动娱乐和城市夜景的环境后，压力明显降低，有意注意得到了显著恢复。而城市环境组并没有表现出这种现象，表明日常的城市环境并不能使人产生放松的体验。最后，对 RT3 进行组间比较，发现自然、城市夜景和运动娱乐环境组的体验后反应时显著地低于城市组，体现了这三种环境的复愈效果。虽然这三种环境的 RT3 没有显著性差异，但在有意注意恢复这一复愈效果上对环境进行排序，从优到差是城市夜景环境、自然环境、运动娱乐环境，最后是城市环境。因此，组间分析进一步佐证了组内分析得到的结果。

此外，生活中每一个人，无论是回忆自己近段时间的言行得失，还是思考将来的人生规划，都是在自我反思。反思对一个人的成长是非常有益的，究竟哪种环境最有利于促进我们去反思呢？实验二给了我们答案。在问及所看图片中的环境是否有利于完成你的反思任务以及利弊程度时，被试从极好到极差 5 点量表中进行打分。其中自然环境的得分最高，其次是城市夜景，再次是运动娱乐环境，最后则是城市环境。且方差分析的结果也说明，自然环境和城市夜景的得分显著高于运动娱乐环境及城市环境。这就说明，人处于自然环境和城市夜景中更容易自我反思，因为和谐、安静的氛围对反思更有利。而城市环境与运动娱乐环境的低得分则表明这两种环境对反思有一定的阻碍作用。同样，我们对有利于反思的环境排序从优到差依次为：自然环境、城市夜景、运动娱乐环境、城市环境。

总结我们的主要发现：首先，人们所经历的每一种环境，其复愈性效果是不一样的。通常，自然环境拥有最高的功效，日常城市环境功效最差，而运动娱乐环境与城市夜景居中。根据 ART 理论，这一现象的产生有两个原因。第一，人的精力就像地球上的不可再生资源一样是有限的，但城市环境中的众多元素需要动用人们的有意注意。而有意注意和无意注意的区别之一就在于是否耗费心力。所以，城市环境的这种特点将阻碍人们有意注意的恢复。其他三种环境对人们来说都拥有一定的吸引力，不论是运动娱乐环境的“硬”吸引力还是自然环境的“软”吸引力，处在其中的人们都会利用更多的无意注意，不需要或者较少需要有意注意，这些特点使有意注意得以恢复。第二，自然环境在复愈性环境的四个必要特征（距离感、丰富性、吸引力及兼容性）上均高于其他三种环境。自然环境远离摩登城市居民的日常环境，海边、大山、河流湖泊、森林、牧场这些安静惬意的自然场所都是有足够距离感的环境；自然环境丰富而连贯，并且有足够内容和结构使得它占据人们的头脑很长一段时间从而让有意注意得到休息；它包括许多有吸引力的元素，如动物、植物和水，人在其中无意注意发挥作用；自然环境还提供了与各式各样的人相匹配的活动，如打猎、远足、观光、冥想，总会有一项活动能得到你的青睐。相反，许多城市环境严重缺乏一个或多个复愈性环境的特质。而运动娱乐环境与城市夜景环境在复愈性环境的必要特征上是具有局限性和特异性的。比如吸引力这一特质，篮球运动对体育爱好者来说是非常具有吸引力的，而对于非体育爱好者来说，篮球运动的魅力可能还不及思想政治书籍。再比如匹配性，夜生活与娱乐圈里的人是非常匹配的，但对于普通老百姓来说，早点休息使明天可以认真地工作与去夜店娱乐两种选择，他们通常更倾向于前者。总之，我们得到的结果与许多早期的 ART 研究结果一样：相比城市环境自然环境更具有优越的恢复能力。[①②] 值得注意的是，城市夜景环境组在 RT3 得分上显著高于 RT1，甚至与自然环境组的 RT3 比较也是略占上风，这个结果与 Terzano 的研究结果一致。[③]

① Hartig, T., Mang, M. & Evans, G. W., “Restorative Effects of Natural Environment Experiences”, *Environment and Behavior*, 1991 (23), pp. 3 – 26.

② Tennessen, C. M., Cimprich, B., “Views to Nature: Effects on Attention”, *Journal of Environmental Psychology*, 1995 (15), pp. 77 – 85.

③ Nasar, J. L., Terzano, K., “The Desirability of Views of City Skylines after Dark”, *Journal of Environmental Psychology*, 2010 (30), pp. 215 – 225.

其次，环境的复愈性效果在当今这个由钢筋混凝土组成的世界里是非常有意义的。本文将这种效果分成了两类：有意注意的恢复和反思。根据ART理论，不是所有的环境都提供这两种功效。反思的程度和质量取决于注意是如何工作的。换句话说，取决于环境吸引力的类型。在这方面，自然环境和城市夜景优于运动娱乐环境以及城市环境。自然环境对于人来说，其吸引力是温和的（软吸引）。人们对这种吸引力的注意只需要大脑资源的一小部分，使人们有余力去反思，并且自然给予人们美的享受，更有利于人们去反思。城市夜景在反思这一功效上同样非常优秀。通常，它可以给予人静谧祥和的环境，处于其中人们可以得到放松。在这样的环境下非常适合理清头绪思考问题。但是，城市夜景环境的分数不及自然环境，可能由于城市夜景也可以给人那种丰富夜生活的感觉，不适合反思。随着时代的发展，这种感觉是不可避免的而且会越来越强烈。但是其得分与自然环境不存在显著差异而且依然高于另外两种环境。原因有二：本研究所选取的城市，夜生活还不是那样的深入人心（从超市、商场晚上7点关门可以看出），所以即使是看到夜景图片，被试也很难联想到夜生活；二是被试选择的是高三学生，虽然青春有活力，思想更加开放可以接受发达城市的夜生活，但是沉重的升学压力使得他们并未真正体验过，甚至都未曾想过。这就是城市夜景环境在反思功效上处于这个位置的原因。而运动娱乐环境拥有很强的吸引力（硬吸引），比如在篮球场，不论是参加比赛还是观看比赛，我们都会全神贯注。运动娱乐环境的这一特点使得其复愈效果是非常有限的，只能使大脑得到休息、恢复注意力，但并不能给予人们反思的机会。城市环境在反思功效上的得分是最低的，因为日常生活环境中的信息几乎都是需要有意注意的，这加重了脑的负担，一点点地消耗脑力资源，更加不会给予人反思的机会。

4　总结与展望

总结本研究，有三个问题值得注意。第一，环境图片效度问题。我们在对环境的操作上是令被试欣赏环境图片，这样做不仅为主试节省了经费与时间，而且排除了在真正环境中做实验的各种无关因素的影响，但是否可以以此来代替亲临环境实验？大量研究表明，用静态的环境图片代替真实环境可以收集到有效的数据。①② 第二，实验操作的生态效度。实验二中，指导语要求被试想象自己这一天没有任何事，只需要思考自己的问题。这样用指导语操作非常方便，不受时间限制。但是，我们也可以设置实验情境。比如，我们选取一天中真正没有事做的被试，早上待被试吃完饭，叫其来做实验，要求思考自己的人生大问题。这样做感觉更加真实，贴近生活。但是前期要耗费大量的工作，费时费力。指导语操作与设置实验情境，哪一种操作具备更高的生态效度？Leff 和他同事的研究证明了，由指导语引起的认知反应，其生态效度要好于设置实验情境的操作。③ 第三，环境图片取样问题。关于环境的抽样，我们在每一类环境中都没有选取非典型样本。比如在自然环境中，我们没有选取沙漠图片。因为沙漠可能给予人死亡的感觉，如果是这样，必然将导致结果的变化。另外，虽然我们从理论上认为自然环境、运动娱乐环境、城市环境分别对应软吸引、硬吸引和低吸引④，但是每一对应关系中都有例外情况。比如飞流直下的瀑布，如果我们换一个危险角度看，那么它可能将不属于“软吸引”的范畴。同样，夏天一个公共游泳池，空无一人，只有你自己闭着眼，很平静地漂浮着。这样的环境是不是很适合思考人生的秘密呢？再比如，城市环境并不都是令人厌烦的。Kaplan 探索了博物馆在什么条件下可以看做为复愈性环境，并且验证了图书馆在这些条件下也是一样的。⑤

可见，对于复愈性环境还有很多方面有待开发。未来研究者们所需要做的就是选择一种环境去思考这些可能性。

---

① Herzog, T. R., Gale, T. A., “Preference for Urban Buildings as a Function of Age and Nature Context”, *Environment and Behavior*, 1996 (28), pp. 44 – 72.

② Wilson, M. I., Robertson, L. D., Daly, M., & Walton, S. A., “Effects of Visual cues on Assessment of Water Quality”, *Journal of Environmental Psychology*, 1995 (15), pp. 53 – 63.

③ Leff, H. L., Gordon, L. R., “Environmental Cognitive Sets: A Longitudinal Study”, *Environment and Behavior*, 1979 (11), pp. 291 – 327.

④ Herzog, T. R., Black, A. M., Fountaine, K. A. & Knotts, D. J., “Reflection and Attentional Recovery as Distinctive Benefits of Restorative Environments”, *Journal of Environmental Psychology*, 1997 (17), pp. 165 – 170.

⑤ Kaplan, S., Brdwell, L. V. & Sakter, D. B., “The Museum as a Restorative Environment”, *Environment and Behavior*, 1993 (26), pp. 725 – 742.

创伤后应激障碍（PTSD）的新疗法：虚拟现实技术

李　立[①]　王广新[②]

引　言

创伤后应激障碍是一种常见的精神障碍，由异乎寻常的威胁性或灾难性的心理创伤导致，人在创伤事件中受到直接侵害或者目击创伤性时间都有可能导致创伤后应激障碍的发生。传统的心理疗法基本基于患者对创伤情境的想象和再现完成心理干预，但是创伤后应激障碍的症状之一就是回避，选择性遗忘所有跟此创伤有关的情境和线索，给心理干预造成了极大的阻碍。

虚拟现实技术通过计算机仿真模拟，真实再现患者经历的创伤情境，解决了传统心理疗法无法克服的困难，因其便于控制操作和具有安全性、有效性，成为未来干预创伤后应激障碍的新疗法。

① 李立，北京林业大学人文学院心理学系，e-mail：lily198679@126.com。

② 王广新，北京林业大学人文学院心理学系，e-mail：wanggx8868@163.com。

1 创伤后应激障碍（PTSD）

1.1 创伤后应激障碍

创伤后应激障碍（posttraumatic stress disorder，简称为 PTSD）是由异乎寻常的威胁性或灾难性心理创伤导致出现并长期持续的精神障碍。[①] 引发 PTSD 的创伤性事件包括自然灾害，如地震、海啸、洪水、龙卷风；社会应激事件，如，“9·11”恐怖袭击、战争、交通意外伤亡、性侵害等。[②] 当今世界局势动荡，自然灾害频繁，社会突发事件防不胜防，使得很多人都有暴露于突发事件的经历，由于这些灾难的不可预测和不可控制性，很多人遭受了严重的精神创伤，产生如焦虑、抑郁、恐惧、反复回忆创伤事件、产生回避行为等众多 PTSD 症状。

据美国精神病协会（APA）统计，美国人群 PTSD 的平均罹患率为8%，个体终生患病危险性高达3%—58%，女性患者终生患病率约为男性的2倍。普通人群中50%以上的人至少有一次暴露于创伤事件，并不是所有的幸存者都会发展为 PTSD，约有7.8%的普通人可能罹患 PTSD[③]。在我国，由于自然灾害频发，社会应激事件不断增多，人们暴露于创伤事件的几率增加，罹患 PTSD 的几率提高，对 PTSD 的研究及其干预就显得尤为重要。

PTSD 的主要典型症状表现：（1）反复发生闯入性的创伤性体验重现（病理性重现）。（2）警觉性持续增高，对创伤性相关事件保持极高的警觉性，影响正常生活功能。（3）对类似的情境和线索的极力回避，对创伤性事件选择性遗忘，少数病人可有人格改变或有神经症病史等附加因素，从而降低了对应急源的应对能力或加重疾病过程。精神障碍延迟发生（即在遭受创

---

① 中华医学会精神科分会：《CCMD－3 中国精神障碍分类与诊断标准》，山东科学技术出版社2001年版，第118页。

② 王建平：《变态心理学》，高等教育出版社2005年版，第133—139页。

③ Breslau N.，“The Epidemiology of Post-traumatic Stress Disorder：What is the Extent of the Problem?”，*Journal of the Clinical Psychiatric*，2001（62），pp. 16－22.

伤后数日甚至数月后，罕见延迟半年以上才发生），病程可长达数年。符合症状标准至少已三个月。

1.2 创伤后应激障碍的传统疗法

近十年以来，研究者逐渐掌握了有效缓解患者的创伤后应激障碍。治疗师尝试采用药物治疗和心理治疗来缓解创伤后应激障碍的症状。

1.2.1 药物治疗

SSRI类抗抑郁药物，主要缓解PTSD症状，并且对PTSD的共患疾病和相关症状有缓解作用；抗惊厥药物，主要效用为提高睡眠质量，降低噩梦出现频率；非典型抗精神病药物，对一部分具有闯入性的，类似精神病症状的患者有效；甲状腺激素作为SSRI类药物的增强剂，可治疗有抑郁症状的PTSD患者。①② 但是药物治疗可能会引起的复发会多于心理疗法，药物本身的副作用在某些方面尚不明确，其主要通过对大脑和神经系统产生作用来抑制PTSD症状的发作，而不能从根本上解决问题。只能缓解症状，不能从心理层面消除精神创伤的负面影响，停药后容易复发。而且药物的滥用起初可以改善PTSD精神症状，但是随着患者对药物的依赖，会加重病情。③

1.2.2 心理治疗

认知行为技术：认知行为技术在治疗应激相关障碍PTSD过程中能够起到良好的疗效。几种有代表性的认知行为技术如下：

应激免疫训练。是由Meichenbaum及其同事最早进行系统阐述的一种预防创伤后应激障碍的认知行为技术。④ 此技术主要通过讨论和体验应激情境，教授应对技能等方式达到治疗目的。

眼动脱敏和再加工。该疗法由Shapiro创立，通过对记忆的意象，消极的

---

① 王丽颖、杨蕴萍：《创伤后应激障碍的进展》（二），载《国外医学精神病学分册》2004年第2期，第112—115页。

② Blanchard E. B., et al, "Behavior Response Therapy", *Journal of the Clinical Psychiatric*, 2003 (1), pp. 72-96.

③ 王丽颖、杨蕴萍：《创伤后应激障碍的进展》（一），载《国外医学精神病学分册》2004年第1期，第32—35页。

④ Falsetti S. A., REsnick H., "Treatment of PTSD Using Cognitive Behavioral Therapies", *Journal of Cognitive Psychotherapy*, 2000 (14), pp. 261—285.

想法和躯体感受进行工作，通过眼动来促进创伤性事件认知加工，促进创伤性事件的认知结构重组。

暴露治疗。暴露治疗分为两个部分：想象暴露治疗和现场暴露。想象暴露治疗要求患者反复栩栩如生地回忆当时的创伤事件，目的在于使患者在安全的环境下对创伤性事件习惯化，降低其焦虑和恐惧水平。现场暴露治疗，是让患者实际面对所害怕的情景或刺激，从而将其痛苦和外在的安全条件联结，消除恐惧记忆。

系统脱敏疗法也可归为暴露疗法，这种技术就分层模拟患者恐惧的情景和线索，直到患者可以逐步忍受创伤性事件产生的恐惧。部分系统脱敏通过现场暴露完成，部分通过想象完成。

认知加工治疗。Foa 及其同事提出认知加工治疗的理论基础是信息加工模型。PTSD 表现出的闯入性症状和回避症状是由新信息和旧图示之间的冲突引起。治疗过程是个体将创伤记忆、当时的想法和感受等细节写下来，并大声朗读，治疗师帮助个体识别出“冲突”。然后，对其错误的认知信念，归因方式和期待作出调整。①

精神动力学治疗。通过让患者回忆当时的情景来进行心理能量的宣泄和疏导。改变患者的错误归因方式和对创伤事件进行重新的解释，发展更加现实和合理的解释。

其他疗法。诸如加入宗教解释和含义的心理治疗，为患者提供一个信仰方面的支撑，催眠治疗让患者在催眠状态下重现创伤性体验，可以打开由于回避症状造成的阻抗，进行深入的干预。

对于 PTSD 治疗的疗法理论基础各不相同，治疗手段风格迥异，但是其共同点在于所有的疗法都要求被试不断在想象中重现创伤性事件的情景和体验（现场暴露疗法要求模拟情境再现，如温顺的动物或者安全的建筑）。但是，PTSD 患者的核心症状之一为回避症状，即对创伤性事件的情境和线索极力回避，尽量避免参加与之有关的活动，即使要求其回忆创伤性事件，也会被选择性遗忘或者隔离了情绪之后的事实陈述所阻抗，无法对相关事件和回忆进行想象，影响治疗和心理干预的进程，造成治疗效果的降低。

---

① Foa E. B. , Rothbaum B. O. , *Treating the Trauma of Rape*: *Cognitive-behavioral Therapy for PTSD*, New York: Guilford Press, 1998, pp. 223 – 241.

2. 虚拟现实技术

虚拟现实（virtual reality，VR）技术是近二十年发展起来的一门新技术，它主要采用计算机、头盔显示器、数据手套等高科技设备为用户建立起一个实时互动的三维虚拟世界。①

2.1 虚拟现实技术主要有三种形式

桌面式：用计算机显示器或其他台式显示器屏幕显示虚拟环境。

大屏幕式：采用弧形宽屏幕、环形屏幕甚至全封闭的半球形屏幕，该方法视野大，使当事人和虚拟环境完全融合，虚拟效果接近完美。

头盔式：利用头盔将观察对象拉近到当事人眼前，头盔上安装立体声系统和各种控制装置，将当事人同周围现实环境隔离。组成头盔式 VR 系统，除了需要头盔式显示器，还需要一台用来创建互动三维视像的计算机和一副有触觉跟踪能力、可反馈使用者所处方位的数据手套。② 在虚拟现实技术中，使用者不只是以视觉进入虚拟环境，而是以更完整的生物个体包括听觉、嗅觉、触觉、味觉等感觉系统融入虚拟系统中，此时，个体的各种感知活动以及愉快、恐惧与悲伤等情绪反应都可得到充分表达。

2.2 虚拟现实技术的特点

虚拟现实技术因其独特的操作系统而具有沉浸感、存在感和同步感。③沉浸感是指用户不仅视觉浸入虚拟的人造世界，而且听觉、触觉、嗅觉、味觉全部融入虚拟世界中，用户作为生物个体完全浸入虚拟系统，沉浸于虚拟

---

① 许百华、赵业：《虚拟现实技术在心理治疗中的应用》，载《心理科学》2005 第 3 期，第 654—655 页。

② Khan Y., Xu Z., Stigant M., "Virtual Reality for Neuropsyohologioal Diagnosis and Rehabilitation a Survey Information Visualization, London", *Los A lamitos IEEE Computer Society*, 2003, pp. 158 - 163.

③ Dennis Patrick Wood, Brenda K. Wiederhold, James Spira, "Lessons Learned from 350 Virtual-Reality Sessions with Warriors Diagnosed with Combat-Related Posttraumatic Stress Disorder", *Cyber Psychology, Behavior, and Social Networking*, 2010 (1), pp. 3 - 12.

世界，能够基本真实地体验到虚拟世界的认知感觉和情绪反应。

存在感是指用户作为一个客体进入虚拟环境之后能够把自我作为整个虚拟环境的一部分进行识别，认同虚拟环境的刺激，并且对虚拟刺激作出真实的认知反应和情绪反应。简而言之，用户进入虚拟环境后，能够真实地体验到临境感。临境感是个体通过自动的或有控制的心理加工所获得的身处某地或某环（情）境中的主观体验，而这一环境并非一定是个体所处的实际物理环境。①

同步感是指用户可以对虚拟环境的刺激进行反应，而用户的反应将直接引发不同的虚拟刺激，即反应和刺激的同步性。这个特点能够最直接和便利地模拟现实环境中出现的各种刺激和线索，让虚拟现实技术的仿真性大大提高。

3 虚拟现实技术对创伤后应激障碍的治疗

传统的心理疗法都要求 PTSD 患者对创伤事件的情景和线索进行想象的回忆，对于 PTSD 患者来说具有非常大的挑战性，而其对创伤性事件的选择性遗忘也会严重阻碍治疗的进行。对相关刺激的回避，对闯入性回忆的痛苦感受使得他们无法正面想象或者完全复原当时的情境和体验，而虚拟现实技术采用模拟手段分级别地模拟当时的情境，让患者处于具体的情境中，自然会浮现当时的体验和感受，从而进行治疗。这样的治疗效果不会受到回避症状的影响，虚拟现实也根据患者的不同反应逐步替换，从而达到习惯化的目的，治愈 PTSD 患者。

3.1 创伤后应激障碍的虚拟现实技术治疗相关研究

虚拟现实技术对 PTSD 的治疗最早用于对战争后老兵的精神创伤的恢复。

---

① Nash E. B., Edwards G. W., Thompson J. A., et al., "A Review of Presence and Performance in Virtual Environments", *International Journal of Human-computer Interaction*, 2000 (1), pp. 1–41.

Rothbaum 将虚拟现实技术引入 PTSD 的治疗中。[①②] 他和他的同事认为进入电脑虚拟的空间能够帮助 PTSD 患者重新加工伴随创伤性事件的回忆和情绪反应，进而达到治疗效果。他们报告的两项对越南退伍的飞行员的 PTSD 症状的虚拟现实干预表明，虚拟现实技术可以有效缓解其症状。其中一项为对某越南老兵（飞行员）的个案治疗，通过 7 周 14 单元，每单元 90 分钟的虚拟现实治疗，该老兵的所有测量指标，包括自评分数，各项生理指标均有显著变化[④]。另一项为对 16 名患者的开放式临床研究，为期 5 周，也收到了良好的治疗效果[⑤]。

"9·11"事件发生后，Difede 及其同事采用虚拟现实模拟了大楼爆炸时的具体情景，包括爆炸的场面和巨大的声音、浓密的黑烟等等，治愈了 PTSD 的患者。10 个人中的 9 个 PTSD 症状得到缓解，7 个不再有 PTSD 症状。[③]

Sara 等人对一个目击推土机袭击市民汽车而罹患 PTSD 的患者进行了虚拟现实技术的治疗，分等级对创伤事件的情景进行模拟，根据压力值的递增顺序逐步呈现，以达到使得患者能够承受创伤事件重现引发的情绪反应，逐渐提升情境的压力指数，在呈现虚拟情境的过程中教授患者一些放松的方法，如调整呼吸，逐渐缓解创伤事件带来的夸大压力和痛苦。[④]

Naomi 及其同事对一个自杀式爆炸恐怖袭击虚拟现实的研究表明，虚拟现实技术可以真实地模拟自杀式爆炸的情境，而且被试（现实中未曾暴露于类似的创伤事件中）会随着模拟场景的变化，压力值不断增大，检测指标不

---

① Rothbaum, B. O., Hodges, L., Alarcon, R. D., et al., "Virtual Reality Exposure Therapy for PTSD Vietnam Veterans: A Case Study", *Journal of Traumatic Stress*, 1999 (12), pp. 263 – 271.

② Rothbaum, B. O., Hodges, L., Ready, D., et al., "Virtual Reality Exposure Therapy for Vietnam Veterans with Posttraumatic Stress Disorder", *Journal of Clinical Psychiatry*, 2001 (2), pp. 617 – 622.

③ Joann Diefffede, Hunter Hoffman, "Virtual Reality Therapy for World Trade Center Post-Traumatic Stress Disorder: A Case Report", *Cyberpsychology & Behavior*, 2002 (6), pp. 529 – 535.

④ Sara A Freedman, Hunter G. Hoffman, Azucena Garcia-Palacios, Patrice L (Tamar) Weiss, Sara Avitzour, and Naomi Josman, "Prolonged Exposure and Virtual Reality—Enhanced Imaginal Exposure for PTSD following a Terrorist Bulldozer Attack: A Case Study", *Cyber psychology, Behavior, and Social Networking*, 2010 (1), pp. 95 – 100.

断变化，而随着虚拟现实的转换及心理疏导，压力值又会降低，达到正常水平。[①] 此项研究证实了虚拟现实技术的仿真性和对 PTSD 症状治疗的有效性。

虚拟现实技术还可用于其他多种创伤事件造成的 PTSD，比如，性侵害、暴力事件等人为灾难以及地震、洪水等自然灾害。

3.2 利用虚拟现实技术对 PTSD 患者进行心理干预的程序

对 PTSD 患者进行评估。主要采用临床诊断 PTSD 量表和自评量表。临床诊断包括依据 DSM－4 的精神病历史临床诊断结构性访谈，创伤事件的历史清单。自评量表包括贝克抑郁量表和创伤后诊断量表。在治疗过程中，采用主观悲痛量表进行监测。治疗结束后，选择不参与此治疗的治疗师进行效果评价。

浸入虚拟现实。引导患者戴上高品质的虚拟现实头盔和数据手套，完全浸入到虚拟现实中，体会在虚拟世界的存在感。根据患者经历的创伤事件的性质，尽可能逼真地再现其情境，再现创伤情境时应对情境进行等级划分，从压力和刺激值较小的场景开始呈现，对患者的基本心理指标（自评压力和悲伤水平）和生理指标进行监测（心率、血压、脉搏），直到观察到患者的各项指标趋向稳定，即可以忍受该情境的状况下再更换压力级别更高的场景，直到全部创伤场景都被患者习惯化。患者能够表达自己对此事件的情绪并且不再回避该创伤事件的情境，能够重新认识和建构此事件的心理体验和认知，达到缓解 PTSD 症状的最终目的。

相关训练。在对患者进行虚拟现实技术干预的过程中教授患者学习放松和从认知上重新认识创伤事件。

效果评估。治疗结束后，由未参与治疗（也可以是治疗师本人）的治疗师对患者的治疗效果进行评价，患者自我陈述治疗过程的情绪体验和认知变化以及症状的描述，完成主观悲伤量表。

---

① Naomi Josman, Ayelet Reisberg, Patrice L. Weiss, Azucena Garcia-Palacios, and Hunter G. Hoffman, "Bus World: An Analog Pilot Test of a Virtual Environment Designed to Treat Posttraumatic Stress Disorder Originating from a Terrorist Suicide Bomb Attack", *Cyberpsychology & Behavior*, 2008 (6), pp. 775－778.

4　评价与展望

虚拟现实技术结合了现代计算机技术、仿真模拟技术和认知行为的暴露疗法，成为治疗创伤后应激障碍的一种新的有效的方法。

4.1　虚拟现实技术治疗创伤后应激障碍的优势

虚拟现实技术根据PTSD患者所经历的创伤事件的具体情境，进行模拟还原，使得患者能够在逼真的情境中重新唤起当时的情绪反应和认知体验，能够获得机会宣泄不良情绪和痛苦，重构对此事件的认知，进而消除PTSD症状。高度浸入式的虚拟现实技术能够几乎完全模拟创伤情境，能够让患者体验到“真实情境”的复现。

虚拟现实技术能够通过电子手段模拟创伤情境，而非把患者真正暴露于创伤情境中，这样增加了患者自身的安全性和其内心对安全感的需要，而且在治疗过程中，咨询师能够严格控制虚拟现实的每个场景，保证患者在对一定压力级别的场景能够产生足够的容忍之后才进行下一步场景的变换，这就能保证患者在安全的物理和心理环境下，重新体验创伤事件，促进治疗。

虚拟现实技术是可以操作和控制的，治疗师可以对因素的数量、程度、排列以及虚拟场景的设置进行控制和操作，营造“个人化”的场景，适用于多种不同创伤事件形成的PTSD症状，易取得良好的治疗效果。①

PTSD患者的典型症状之一为回避，即患者极力回避和创伤情境有关的任何线索，而传统的心理疗法对PTSD进行治疗主要是通过让患者尽量生动形象地回忆创伤情境，进而进行治疗，而患者的回避就会表现为选择性遗忘，对创伤性事件没有任何回忆，这严重阻碍了治疗的进程。虚拟现实技术就能够克服这个缺陷，由治疗师通过电子技术还原创伤情境，逐级呈现创伤情境的线索，让患者能够不需要克服回避症状，忍受极大的痛苦就能达到治疗的

---

① 柳菁：《虚拟现实技术应用于心理治疗领域的最新进展》，载《心理科学》2008年第3期，第762—764页。

效果。

4.2　虚拟现实技术治疗创伤后应激障碍的局限

虚拟现实技术的设备非常昂贵，这也是目前为止此项技术不能进行普及的一个重要原因。而且虚拟现实技术要求极高的临场感，只有更加逼真的情境重现才能激发患者的回忆和体验。该疗法对设备和技术的要求非常严格。但是随着科技的进步和仿真技术的发展，虚拟现实技术广泛应用于 PTSD 患者的恢复成为一种趋势。

虚拟现实技术对治疗师的要求较严格，治疗师必须能够评定和控制虚拟场景的压力级别，并且能够根据监测指标对患者的状态进行评估，确定治疗的步骤和进程。

4.3　虚拟现实技术作为新疗法的展望

由于虚拟现实技术对 PTSD 患者的心理治疗的研究尚属于起步阶段，国外的研究者多采用个案研究的方式，其代表性尚未完全被证实，国内的相关研究非常稀少，因此，该技术对创伤后应激障碍的治疗还有待进一步实验研究。

总而言之，虚拟现实技术作为一项新的治疗技术，对于 PTSD 患者的治疗和康复的作用已经开始凸现，并且随着计算机技术和电子仿真技术的发展，虚拟现实技术在未来的心理治疗领域一定有着光明的发展前景。

中国大陆台湾两地大学生地震风险认知的比较研究

王嘉艺[①]　伍　麟[②]

1 引　言

现代社会在快速发展的同时，也随之带来了危险：汽车代步的便捷与尾气的污染，电脑查阅资料的方便与电脑辐射的伤害……这些问题渐渐被人们所关注。人们对风险的认识也越加敏感。“风险”一词已逐渐加入到我们要考虑的日程上来。

自上个世纪70年代开始，有关风险认知（risk perception）方面的研究逐步发展起来。不同研究方向的学者从经济学、社会学、文化论、心理学等不同角度对风险认知进行了研究。本研究是从心理学角度进行的跨地域的对比研究，首次尝试调查因地域原因造成的风险本身的差异是否会影响被试对风险认知的判断。

1.1　风险认知的内涵

风险的定义多种多样，从心理学角度概括可以包括三个维度：（1）风险

---

① 王嘉艺，吉林大学哲学社会学院，e-mail：wangjy10@ mails. jlu. edu. cn。
② 伍麟，吉林大学哲学社会学院，e-mail：wulin@ jlu. edu. cn 。

集中于个人对概率的偏好并试图解释为什么个人不把自己的风险判断建立在预期值之上。① (2) 人们对于在决策中从概率的信息中得出推论的能力存在不确定性的直觉加工。(3) 背景变量对决定个人风险估计和评价具有非常重要的作用。②

而风险认知则是用来描述人们对风险的态度和直觉判断的，广义上包括人们对风险的一般评估和反应。③ 不同的心理学家对风险认知的定义并不相同，但总体分为两个方面。一方面的学者认为，风险认知强调不幸事件的发生概率，包括不幸事件发生的可能性及其产生的后果的大小两方面④。而另一方面研究的学者认为，风险认知不仅包括损失，还应包括收益，即风险认知是收益与损失权衡之后的结果。⑤

本研究考察地震这一风险因素，收益并不明显，所以本研究采用对风险认知的第一种定义，即不幸事件发生的可能性、其产生后果的大小及事件发生的严重性这三个方面信息的综合考察。

1.2 风险的类型划分

许多国外的学者将环境风险划分为自然风险和人为风险两大类。⑥ 人为风险指的是社会发展下的科技产物所带来的风险，例如，药品使人们可以摆脱疾病的困扰，但是却可能存在或多或少的副作用。而自然风险则是指自然环境下存在的自然灾害等风险。自然环境源源不断地给人提供各种资源，而

---

① Pollatsek A., and A. Tversky: "A Theory of Risk", *Journal of Mathematical Psychology* [J], 1970, 7, 540 - 553.

② Sheldon K., Domnic G., *Social Theories of Risk* [M], Praeger, 1992: 139.

③ 刘金平、周广亚、黄宏强：《风险认知的结构、因素及其研究方法》，载《心理科学》2006 年第 2 期，第 370—372 页。

④ 谢晓非、徐联仓：《风险认知研究概况及理论框架》，载《心理学动态》1995 年第 2 期，第 17—22 页。

⑤ Fischhoff B., Slovic P., Lichtenstein S, "How Safe Is Safe Enough? A Psychometric Study of Attitudes Towards Technological Risks and Benefits", *Policy Sciences* [J], 1978, 9, 127 - 152.

⑥ Wiegman O., Gutteling J. M, " Risk Appraisal and Risk Communication: Some Empirical Data from the Netherlands Reviewed Basic and Applied Psychology [J], 1995, 16 (1, 2): 227 - 249.

与此同时自然灾害也在危及人们赖以生存的环境。自然风险与人为风险的主要区别在于，自然风险的不可控性更为强烈，而人为风险的不可控性对比自然风险则略微下降。

本研究提出一种新的研究视角，从另一个方向入手，按照风险在某地域发生的频率将风险划分为地域性风险和非地域性风险。地域性风险的发生概率、可能造成的人员伤害和经济损失，根据地区的不同，均存在较大差异；而非地域性风险则不存在这一明显特征。例如：台风所造成的人员伤害和损失受地理位置的影响严重，台湾一带处于太平洋板块与亚欧大陆板块交界处，常年遭受台风侵袭，而大陆内地地区板块稳定，几乎没有遭受过台风灾害，则台风就是地域性风险；而车祸，在台湾和其他地区发生的概率在统计学意义上没有差异，所以称为非地域性风险。

本研究采用这一分类思路，将风险分为地域性风险和非地域性风险，将两个存在地域性差异的地区——台湾省淡水镇、吉林省长春市——进行对比调查研究，考察地域性风险与非地域性风险在两地的差异，并考察按照地域将风险划分的可行性。

1.3 风险程度的指标

如何衡量风险的大小，如何评价一个风险因素的风险程度是进行研究必须考虑的问题。

对此，不同学者采用了多种衡量指标。Starr（1969）提出揭示优先法，对每一个风险因素的评定采用“每小时暴露的风险”作为指标。[①] Fischhoff B.，Slovic P.，Lichtenstein S.（1978）则提出表述优先法，将每个风险因素“每年产生的总风险”作为指标进行评定。但均未作出详细的数值限定。

为了使问卷更易于理解，风险程度更易衡量，本研究采用0—9的十级评定。0到9，风险程度不断增加。根据以往的研究，请被试从下列三个方面考虑风险因素的风险等级：（1）对社会生活影响程度的大小；（2）风险性后果

① Starr C.，“Social Benefit Versus Technological Risk”，*Science*［J］，1969，1232－1238.

的严重程度；（3）风险性后果出现的可能性大小。①

1.4 风险认知中的对比调查研究

跨地域的风险认知研究并非首次，在风险认知的研究历史上甚至有多次跨国研究。其中，通过美国和匈牙利的学生之间的对比研究发现，不同地域的风险评判差异很大②。他们的差异主要存在于不同风险之间，例如：匈牙利的学生认为铁路、划船风险较高，而美国学生则认为化学辐射风险较大，但是总结产生差异的原因，更多归结于文化的差异，尤其是差异是由于不同国家对学生进行的不同教育引起的，而并非风险本身的性质造成的。

台湾和大陆的文化背景本是同源，但是在多年的发展过程当中已经形成了不同的文化模式，就社会面貌和文化信奉而言均存在差异。这种文化的差异也给本研究的访谈提供了可参考的内容，对进一步深入探讨是否存在地域性风险及地域性风险形成的原因提供了依据。

1.5 问题的提出与研究设想

风险认知领域的研究源于帮助决策者制定符合人民意愿的决策。但是在实际生活中，我们发现，相同的风险对于不同的地区有着不同的意义。同样是核电站，处于核电站附近的人们对于其风险的感知往往与其他地区不同，而这个不同究竟应源于何处，依照什么内容进行决策显得尤为重要。作为决策者，掌握了风险发生的原因，对于决策是非常重要的。

本研究根据风险的地域性分类，对大陆吉林省长春市和台湾省台北县淡水镇两个不同地区进行对比调查研究，考察风险的地域性特征存在与否。比较两地差异，并探求两地差异的原因是本研究的一个主要目的。

以往的研究限于对多个不同风险因素的调查对比，由于内容的不同，导致风险因素的内部可比性较小，本研究采用统一风险因素的多重维度进行对

---

① 谢晓非、徐联仓：《公众风险认知调查》，载《心理科学》2002 年第 6 期，第 723—724 页。

② Englander T. , K. Farago, P. Slovic, and B. Fischhoff, “A Comparative Analysis of Risk Rerception in Hungary and the United States”, *Social Behaviour: An International Journal of Applied Social Psychology* [J], 1986, 1: 55 - 66.

比，提高了内部维度的可比性。各维度间的内部对比也是本研究的一个重要目的。

本研究基于以下几个依据设计研究变量：

（1）本研究采用调查问卷的形式考察风险因素间的差异，考虑到相同风险因素按照不同分类存在多个不同维度的问题，本问卷使用多个分类进行调查提问。

（2）变量的题目综合考虑到地域性和非地域性特征，在选用同种因素的同时，找出其地域性风险维度与非地域性风险维度。

（3）由于个体心理存在首因效应、近因效应等问题，所以多个分类中变量的先后顺序将慎重考虑不能因为前面题目的作答而影响后面题目的作答。

（4）本研究基于研究假设结合访谈法的形式，深入了解要考察的内容。

2　问卷调查研究

2.1　研究方法

本研究主要采用问卷调查法，可以同一时间收集大量的研究数据，同时结合访谈法，深入了解两地的具体情况，更加准确地获得信息。

2.1.1　问卷设计

本研究采用多维度、多变量的问卷设计。自变量1，不同地区：大陆吉林省长春市和台湾省台北县淡水镇；自变量2，不同分类下的风险因素：无分类，按类别分，按程度分。每种分类又包含不同数量的题目。

因变量为风险认知评价。

2.1.2　分析工具及材料

（1）工具

数据采用 spss16.0 进行分析统计，同时收集人口学变量、性别及年级。

采用十等级评定，双数评级有利于被试做出倾向性的选择。

从0到9，风险逐渐增加。指导语如下：

下面列出了不同分类下的地震，请您对下列内容的风险程度进行十等级评定。0到9，风险程度不断增加。当您觉得风险较大时，请在5到9中进行选择，当您觉得风险较小时，请在1到4中进行选择。

风险等级评定图例如下：

0	1	2	3	4	5	6	7	8	9
没有风险	风险极小	风险很小	风险略小	风险不大	风险适中	风险略大	风险很大	风险极大	极其危险

（2）材料

Slovic P.，Kraux，Lappe 和 Major（1991）在全美性调查中发现相同风险类别下的不同风险事件的风险程度也不尽相同。① 例如，人们对于药物的风险评定可能大致相同，但是对于药物下一级的镇定剂、泻药、胰岛素又有着不同等级的风险认定。本研究采用这种分类技术，将研究中采用的地震这一风险因素进行多种分类的划分，做进一步的处理，考察同一风险因素下不同风险种类的风险等级。

本研究采用地震这一风险因素进行不同类别的多维度划分：

从地震的类别上进行划分，国家地震局将地震划分为7个类别（表1）：

表1　地震的类别性划分

类别	长春	淡水	性质
构造地震	偶尔经历	经常经历	地域性
火山地震	未经历	未经历	非地域性
陷落地震	未经历	未经历	非地域性
爆破地震	偶尔经历	偶尔经历	非地域性
陨石冲击地震	未经历	未经历	非地域性
地下核爆炸地震	未经历	未经历	非地域性
矿井坍塌地震	未经历	未经历	非地域性

从地震程度上划分，可分为3个维度（表2）：

① Slovic P., Kraus N., Lappe H., Major M., "Risk Perception of Prescription Drugs: Report on a Survey in Canada", *Canadian Journal of Public Health* [J], 1991, 82, S15 – S20.

表2　地域的程度划分

程度	长春	淡水
轻微	偶尔经历	经常经历
中等	极偶尔经历	偶尔经历
严重	未经历	极偶尔经历

2.1.3　被试

被试为大陆吉林省长春市和台湾省台北县淡水镇两地的在校大学生，共计发放问卷150份，有效问卷140份，其中长春68份，淡水72份 ，所有问卷男53份，女87份。

2.2　结果

2.2.1　描述性统计分析

按地区划分描述统计数据如表3：

表3　地区描述统计分析

	地区	N	Mean	SD
地震	长春	68	7.09	1.600
	淡水	72	6.69	1.171
构造地震	长春	75	6.96	1.563
	淡水	75	6.00	1.636
火山地震	长春	75	7.15	1.806
	淡水	75	6.87	1.671
陷落地震	长春	75	6.55	2.029
	淡水	75	6.04	1.520
陨石地震	长春	75	6.08	2.335
	淡水	75	7.20	2.112
爆破地震	长春	75	4.16	2.106
	淡水	75	5.15	1.714

续表

	地区	N	Mean	SD
地下核爆炸地震	长春	74	6.41	2.427
	淡水	75	6.01	2.010
矿井崩塌	长春	75	5.89	2.064
	淡水	75	5.39	1.770
轻度	长春	75	3.15	1.737
	淡水	75	2.75	1.480
中度	长春	75	5.56	1.222
	淡水	75	5.21	1.211
重度	长春	75	8.16	1.128
	淡水	75	8.08	1.010

将表1中的数据绘制线形图，如图1：

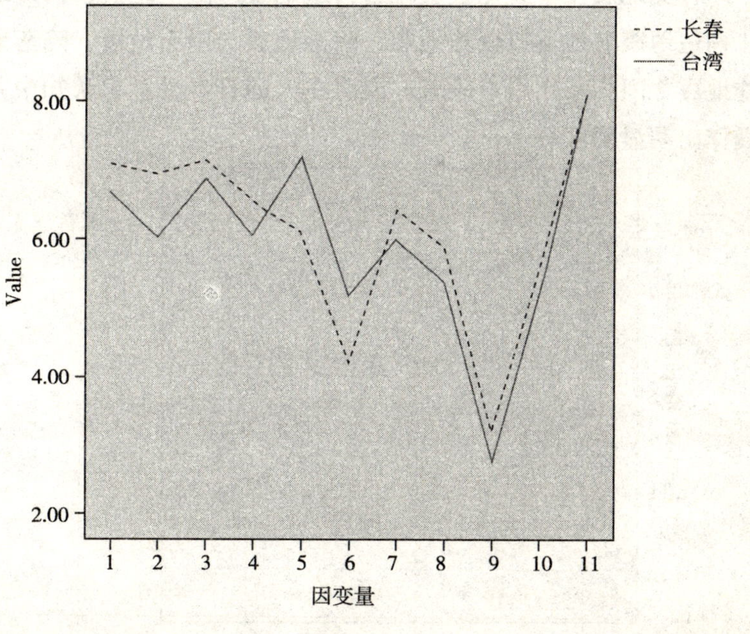

2.2.2　地震类别 * 地区的方差分析

按照类别将地震进行划分，以地震类别与地区作为自变量，将性别和年级作为协变量进行因素分析发现：不同种类的地震与不同的地区之间交互作用显著：$F(6, 870) = 8.856$，$p = .000 < .05$，即地域与不同种类地震的风险评定之间作用显著；且不同种类的地震在不同地区上的主效应显著：$F(6, 870) = 6.676$，$p = .000 < .05$，证明不同类别的地震对不同的地域有影响。

由于交互作用显著，则进一步进行简单主效应检验。

在性别上的简单主效应检验结果中发现：构造地震、陨石地震及爆破地震的简单主效应显著，分别为 $F1(1, 148) = 13.500$，$p = .000 < .05$，$F2(1, 148) = 9.491$，$p = .002 < .05$，$F3(1, 148) = 9.905$，$p = .002 < .05$，说明不同的地域在这三种地震风险的评价上表现出明显差异；而其他四种地震风险并未体现出显著差异。

在不同种类地震的简单主效应检验结果中发现：长春及淡水地区在不同种类的地震上的简单主效应均显著：F 长春 $(6, 438) = 29.275$，$p = .000 < .05$；F 淡水 $(6, 444) = 16.335$，$p = .000 < .05$。

对不同种类地震作事后比较发现：构造地震与陷落地震，构造地震与陨石地震，构造地震与地下核爆炸地震，陷落地震与陨石地震，陷落地震与地下核爆炸地震之间相互作用不显著，说明在人的日常潜意识认知中并未对这几种地震作出明显的区分。

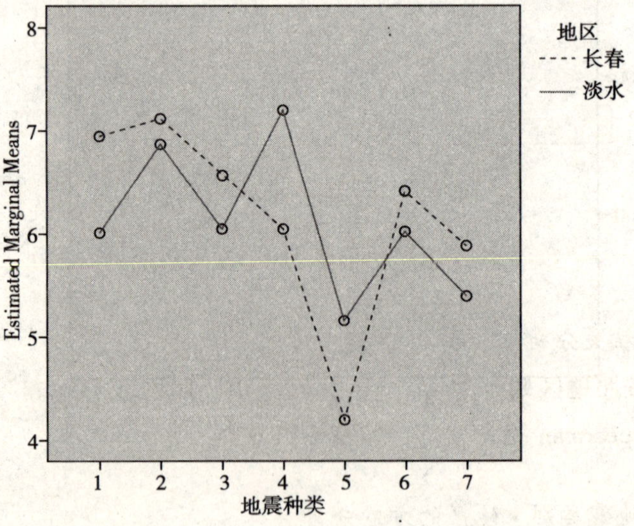

图 2

2.2.3 地震程度＊地区的方差分析

按照程度将地震进行划分，以地震程度和地区作为自变量，将性别和年级作为协变量进行因素分析发现：不同程度的地震与不同的地区之间交互作用不显著：F（2，292）＝0.535，p＝.586＞.05，即地域与不同程度地震的风险评定之间不存在显著影响；且不同种类的地震在不同地区上的主效应显著：F（2，292）＝77.833，p＝.000＜.05，证明不同程度的地震对不同的地域有影响。

由于交互作用不显著，则进一步进行不同程度地震之间多重事后比较发现，轻度、中度、重度三种地震之间相互作用显著。结合上述结论可知，不同地域的人均对不同程度的地震风险有显著的差异判断，但是这与区域的不同并无关系。

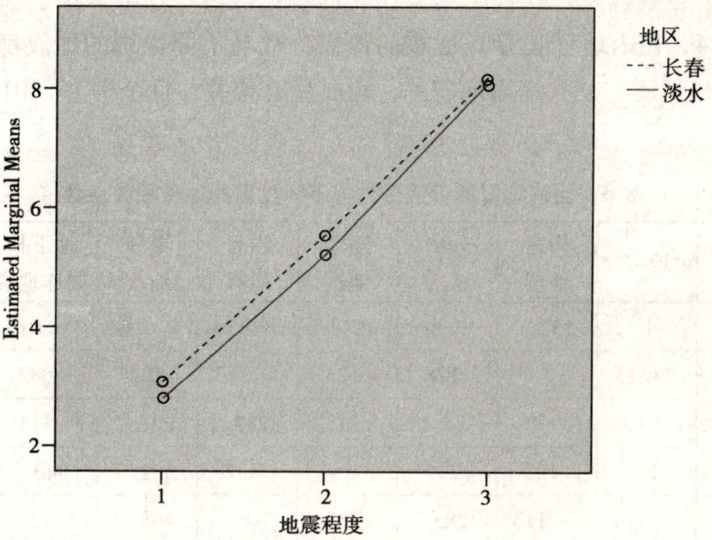

图3

2.2.4 相关分析

将数据按照地区划分为 a. 长春，b. 淡水，用维度“地震”与不同分类下的地震做 spearman 相关分析，如表4和表5：

表4 长春地震的评级分数与不同类别的地震相关系数

	地震	构造地震	火山地震	陷落地震	陨石地震	爆破地震	地下核爆炸地震	矿井崩塌
地震	1	.323**	.291*	.203	.354**	.258*	.262*	.213
构造地震	.323**	1	.222	.356**	.353**	.174	.225	.271*
火山地震	.291*	.222	1	.420**	.606**	.417**	.605**	.149
陷落地震	.203	.356**	.420**	1	.570**	.489**	.463**	.556**
陨石地震	.354**	.353**	.606**	.570**	1	.558**	.609**	.257*
爆破地震	.258*	.174	.417**	.489**	.558**	1	.677**	.464**
地下核爆炸地震	.262*	.225	.605**	.463**	.609**	.677**	1	.320**
矿井崩塌	.213	.271*	.149	.556**	.257*	.464**	.320**	1

如表4，在内地（长春）地震的评级分数与不同类别的地震都有较高相关，除陷落地震与矿井崩塌地震外，均成显著相关，且个别为.001的高显著相关。

表5 台湾地震的评级分数与不同类别的地震相关系数

	地震	构造地震	火山地震	陷落地震	陨石地震	爆破地震	地下核爆炸地震	矿井崩塌
地震	1	.332**	.070	.199	–.114	–.027	–.018	.079
构造地震	.332**	1	.178	.125	–.113	.019	.082	.117
火山地震	.070	.178	1	.215	.283*	.134	.113	.228*
陷落地震	.199	.125	.215	1	.132	.382**	.340**	.446**
陨石地震	–.114	–.113	.283*	.132	1	.455**	.127	.254*
爆破地震	–.027	.019	.134	.382**	.455**	1	.529**	.422**
地下核爆炸地震	–.018	.082	.113	.340**	.127	.529**	1	.306**
矿井崩塌	.079	.117	.228*	.446**	.254*	.422**	.306**	1
** p<0.01								
* p<0.05								
a. 地区 = 淡水								

如表5，在台湾（淡水）地震的评级分数与不同类别的地震相关性很低，只与构造性地震有显著相关。

3 讨 论

3.1 风险存在地域性差异

根据以上分析可以发现，地区和不同种类的风险之间存在显著差异。由问卷设计表1和表2可知，构造地震属于地域性地震，如上分析可得，构造地震对于不同地区的民众，风险程度的评级是不同的。根据表3数据可以发现，对构造地震的风险程度的评价，长春地区的民众普遍高于淡水地区的民众。经过进一步的访谈了解到，台湾地区是构造地震高发区，民众对地震的认识和熟悉程度均高于长春地区的民众，所以对于风险的评定普遍下降。

此外，陨石地震及爆破地震的风险评定，经分析发现，两地民众对此的评价也显著不同，淡水地区民众高于长春地区民众（表3）。由事后比较发现，陨石地震与构造地震在统计意义上相互作用不显著，说明民众对这两种地震在其潜意识认知中并未作出明显的区分。后经深度访谈了解到，淡水民众对于陨石地震和爆破地震非常不理解，而长春的民众则能够理解此两种地震，在形式上构成了地域性地震的特点，从而在问卷反馈上得出了地域性的差异。

另一方面，对于不同程度风险的地震，两地的民众反应趋于一致，人们判断不同程度的地震确实存在差异，但是并没有出现地域性特征。这是由于地震本身的风险性质导致的，证明非地域性风险不具有地域差异。虽然不同地区的人们对于地域性地震的认识显著不同，但是对于地震这一风险的严重程度的认识并没有差异。这也进一步说明了地域性风险存在地域差异。

3.2 从不同分类下的地震评级考察地震的风险结构

如表3可以发现，两地民众为地震的整体评级并没有很大的差异，且差异并不显著，见表6（$F(1, 138) = 2.785$，$p = 0.097 > .05$）。但是，从表4和表5可以发现，不同地域民众对地震的风险等级的总评价，与不同分类下的地震有着不同的关系，即不同地域下的地震风险，有着不同的风险结构。

从表4可以看出，内地（长春）地震的风险等级与不同类别的地震都有较高相关，除陷落地震与矿井崩塌地震外，均成显著相关，且个别风险为高显著相关。这说明内地的民众对于地震风险的认识是包含不同类别的地震风险在内的统一整合式的模式。而从表5可知，台湾（淡水）地震的风险等级与不同类别的地震相关性很低，只与台湾淡水经常经历的地震，即构造性地震有显著相关，说明台湾地区的民众对于地震风险的认识是贴近生活的风险的评定，而不是统一的整合式的模式。这可能是地域性风险之所以存在差异的原因：风险高发区的民众从生活出发评定，而风险低发区的民众从知识出发评定。

表6　方差分析结果

	地震				
	SS	df	MS	F	p
组间	5.423	1	5.423	2.785	.097
组内	268.748	138	1.947		
总体	274.171	139			

3.3　研究的不足与展望

本研究仅考察了稳定的地域性风险，而对于突发的地域性风险没有涉及。就地震而言，汶川地震就属于突发性地域风险。受到这种突发性风险波及的人群必定有其特殊的心理特征。但是限于研究条件的不足，本研究没有办法进行这方面的对比研究，希望以后的研究可以补充这一部分的不足。

4　结　论

风险存在地域性特征。地域性风险对于不同地域的民众风险的评定存在显著差异。利用这一点，决策者可以对不同地域的人们进行有针对性的决策。

但不是所有的风险都可以进行地域性划分，程度型风险没有地域特征，与人们的经验和知识程度有关。

人们习惯于用自己的经验和知识解构生活从而得出结论。风险高发区的民众从生活出发，运用自己的生活经验进行评定，而风险低发区的民众从知识结构出发进行评定。这可能是造成风险地域性差异的原因之一。这与生活于不同的地区所产生的生活经验密切相关，其中也包括学校的教育及社会文化的不同。更深一层的原因还有待进一步的研究。

大学生教室座位偏好的初步探究

苑　蕾[①]　吴建平

1　引　言

西方的环境心理学领域早就开始了对大学生教室座位的研究，可以追溯到1932年，Waller通过研究发现，坐在教室前排的学生较后排的学生更独立和热情，而后排的学生更叛逆。[②]

在此后的几十年里，西方学者从不同的角度，揭示了教室座位偏好的特点与影响。对于座位选择偏好的研究，有的集中于选择的前后排的差异和男女的差异。例如，Farnsworth，P. R.（1993）发现：男女生在教室座位选择上有着显著的不同，较男生来说，更多的女生喜欢坐在前排。而教室的座位偏好与成绩有着显著的相关性，与偏爱后排的学生相比，喜欢坐前排的学生成绩更好。[③] 有研究在更加广泛的水平上探讨了教室的物理认知的各个变量与学生心理活动及成绩表现的差异。例如Carol S. Weinstein

---

① 苑蕾，北京林业大学人文学院心理学系，e-mail：yll_ 316@hotmail. com。

② Waller. W.，*The Sociology of Teaching*［J］，New York：Wiley，1932.

③ Farnsworth，P. R.，"Seat Preference in the Classroom"［J］，*The Journal of Social Psychology*，1933（4）：373－376.

（1979）在 The Physical Environment of the School：A Review of the Research 中探讨了教室环境变量（座位位置、教室设计、密度、私密性、噪音和窗户的存在与否）对于学生行为、态度和成绩的影响。[①] 此外的一些研究，还将教室座位的选择与课堂参与度、对于老师的评价、缺勤率和成就动机等联系起来。

个人空间作为环境心理学的一个重要的研究领域，可以被定义为一个围绕在人们身体周围的可移动的无形的区域，这一区域具有排他性。它界定了人们彼此之间以多近的距离交往，它随着人们的移动而移动，随着人们所处情景的改变而扩大或缩小。相反，领地性是相对固定的区域，具有可见的界限。领地性更多地反映群体行为，个人空间更多地反映个体行为。[②]

学习环境的最佳空间的研究利于实现目标的个人空间。研究者一开始将研究重点放在老师与学生处在多大的交往距离上学生表现得更好，之后研究又逐渐将方向转移到教室座位的最佳安排上。近期的研究者又分别在私密性与领地性的不同领域下研究教室座位偏好。Pedersen1994 年的研究将教室座位偏好与环境心理学中的私密性相结合。[③] 通过 Marshall 的私密性偏好量表（PPS）与问卷调查的方式发现：喜欢坐在教室后排的学生在不毗邻性和独居性上都要显著地高于前排。这一结论很好地证明了教室座位选择与环境心理品质的相关关系。

1.1 问题提出

本研究将参考以往研究提出的理论和维度框架，通过实验设计、问卷编制、发放、回收以及对于数据的分析，探讨教室座位偏好的物理特点与心理品质（包括领地性和私密性）、学习习惯以及性别和学科的关系。

---

① Carol S. Weinstein，“The Physical Environment of the School：A Review of the Research [J]”，*Review of Educational Research*，1979（4）：577 -610 .

② Paul A. Bell，Thomas C. Greene，Jeffery D. Fisher：《环境心理学》（第 5 版），朱建军、吴建平译，中国人民大学出版社 2009 年版，第 239 页。

③ Darhl. M. Pedersen，“Privacy Preferences and Classroom Seat Selection” [J]，*Social Behavior and Personality*，1994（4）：393 - 398.

1.2 研究假设

根据前人研究结果与理论分析，本文提出三个研究假设。

假设一：大学生在选择与其他人的座位距离时，会受到对方性别以及与对方熟悉度的影响。

假设二：大学生的座位偏好与学习习惯以及环境心理中的领地性和私密性有关。

假设三：大学生的座位偏好存在显著的性别和学科差异。

2 大学生教室座位偏好的实验研究

2.1 实验设计

本实验分为两部分。第一部分要求被试在不受他人选择的影响下选择自己在教室中偏好的座位。第二部分采用2＊3 的重复测量的因素实验设计，要求被试根据对方同学的不同身份，选择自己偏好的座位，主要考察被试座位选择与他人座位的距离。因素一为性别，分为同性和异性两个水平。因素二为熟悉度，分为陌生、熟悉但关系一般、熟悉且关系要好三个水平。结果显示被试在六种不同实验条件下的座位偏好。

2.2 实验方法

2.2.1 被试

在一堂社会心理学的公共选修课上随机抽取89 名北京林业大学的本科生，男生47 人，女生42 人。大一58 人，大二23 人，大三8 人。其中，21 人在高中分科时学文科，68 人学理科。

2.2.2 实验材料

实验材料为两幅模拟教室真实场景的教室座位平面图（如图 1、图 2 所示）。图 1 是一个由 10 行、15 列组成的教室座位图。其中，15 列被分为左中右三个部分，每个部分为一桌，共有 5 个座位。图片中其他的元素包括：位于教室左边的三个窗户，位于教室右边的前后门，老师所在的讲桌在教室的正前方。其中，每个座位都被由一个大写英文字母和两个阿拉伯数字为角标的编号标出，例如 A01。图 2 的基本元素与图 1 相同，区别在于图 1 是一个空教室座位图，图 2 的一部分教室座位已经有人占领，在图中用灰色的方块表示。

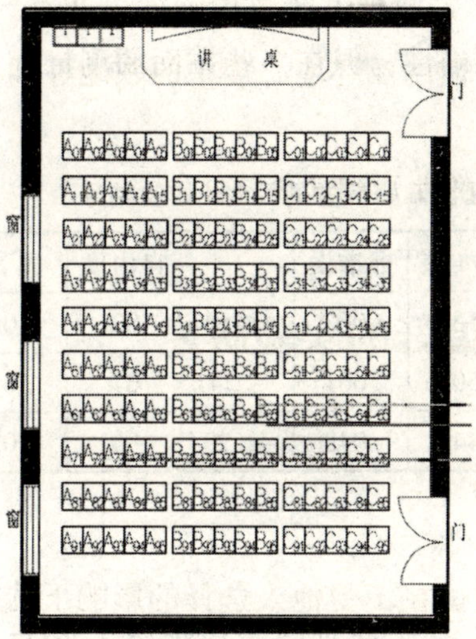

图 1　教室座位

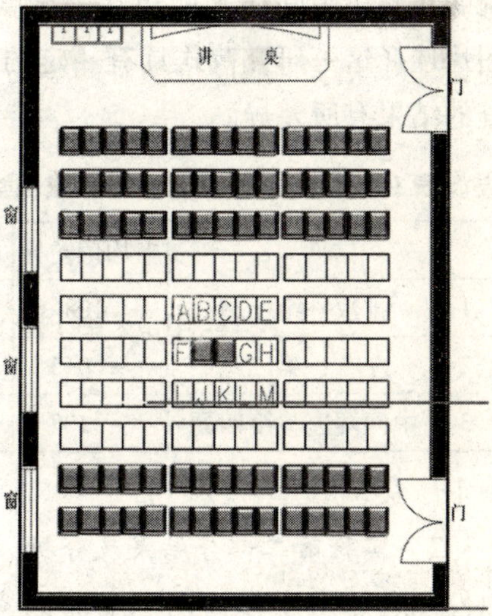

图 2　教室座位

2.2.3　实验步骤

实验在二教的一个大教室中进行。对被试进行同时的大范围重复测量，同一被试接受所有处理水平的实验。在实验开始前，向被试说明实验的目的、过程、要求和保密原则。在幻灯片上放映与实验材料相似的图片，为其讲解实验材料的各个组成元素，讲解标示座位的角标含义，并展示放大的图片细节，以确保他们能够充分地认知图片，减少由于对材料的误解造成的实验误差。在回答了所有被试的问题，以确保所有被试理解实验材料和过程之后正式开始实验。

2.3　实验结果

2.3.1　实验第一部分结果及分析

对于实验第一部分所得数据结果进行重新编码。将被试的选择分解为排数、左右、两边或中间三个维度，例如 C05 被分别定义为排数为 1、右侧以及两边。将这一结果与大学生教室座位物理性偏好问卷第一、二、四题分别进行配对t检验，所得结果如表1所示。排数与第一题和左右与第二题的差异都未达到显著性水平，可以认为结果来自于同一整体，同一被试在两次选择的一致性较好。但是中间或两边与第四题的差异达到了0.05的显著性水平，说明在测量中间还是两边这一维度上，两种方法所得的结果并不一致。说明图片选择这一研究范式具有一定的准确性，但在一些方面的测量上与问卷调查的结果有所差异。

表1　图片选择与大学生教室座位物理性偏好问卷的配对t检验结果

		平均值差异	标准差	标准误	t	自由度	显著性
对子　1	排数—第一题	.108	.563	.062	1.754	82	.083
对子　2	左右—第二题	-.015	.503	.061	-.241	67	.810
对于　3	中间两边—第四题	-.107	.440	.048	-2.234	83	.028

2.3.2　实验第二部分结果及分析

以性别和熟悉度作为两个实验因素，其中性别因素包括两个水平（同性、异性），熟悉度包括三个水平（陌生、熟悉但关系一般、熟悉且关系要好），对89名被试的数据结果进行重复测量的方差分析，所得结果如表2所示。

表2　六种实验条件下的重复测量方差分析的结果

因素	自由度	平方和	F	显著性
因素一	88	33.625	13.033	.001
因素二	87	392.845	83.438	.000
因素一 * 因素二	87	5.946	2.751	.067

数据结果显示因素一与因素二对于被试的座位选择都存在显著的主效应，但是两因素的交互作用并不显著。说明大学生在进行座位选择时会分别考虑到性别或是熟悉度的影响，而不会同时考虑两因素的共同作用。

3　大学生教室座位物理性偏好及学习习惯问卷

3.1　问卷编制及结果

通过对个别同学的访谈结果和以前相关研究报告的分析和总结，编制了包含九个题目的大学生教室座位物理性偏好问卷和包含七个题目的学习习惯问卷。在正式施测时，共发放问卷 217 份，回收有效问卷 198 份，回收率为 91%。其中男生 95 人，女生 103 人。文史科 69 人，理工科 129 人。四个年级的人数比例为：29%、13%、47%、11%。

3.1.1　大学生教室座位物理性偏好问卷

大学生教室座位物理性偏好问卷共分九个题目，分别考察大学生座位偏好的前—后、左—右、中间—两边，座位与门、墙、窗、边、老师的距离，以及对于不同课程和老师的喜爱程度是否会影响到学生的座位选择。

结果显示，有 42.7% 的学生选择坐在前排，49.4% 选择坐在中间排，7.9% 选择坐在后排；47.2% 喜欢坐在左边；12.4% 喜欢靠门的座位；57.3% 的人相对于教室中间，更喜欢教室两边的座位；21% 的人喜欢靠墙的座位；46% 的人喜欢距离窗子近的座位；38.2% 的人喜欢距离老师近的座位；53.9% 的人喜欢坐在边上；79.8% 的人认为对于不同课程和老师的喜爱程度会影响到他们的座位选择。

3.1.2　学习习惯问卷

学习习惯问卷共包含七个题目，分别从不同方面反映大学生学习情况。具体包括：出勤率、回答问题情况、听讲投入度、预习情况、学习遇到困难时的求助情况、上学期学积分以及对于目前学习情况的满意度。

结果显示，49.4% 的学生自述出勤率接近 100%，46.1% 接近 80%，只有 4.5% 低于 70%；只有 1% 会非常主动地回答问题，3.4% 经常主动回答问题，58.4% 偶尔主动回答问题，而 37.1% 从未主动回答过问题；4.5% 的人认为自己上课听讲非常投入，66.3% 比较投入，27% 不太投入，2.2% 不投入；有 4.5% 的人会经常在课前进行预习，18% 有时预习，62.9% 偶尔预习，14.6% 从不预习；有 33.7% 的人在学习遇到问题后会经常主动地求助于老师或同学，53.9%的人有时求助，12.4%的人偶尔求助；32.6%的人非常满意自己现在的学习情况，55.1%的人比较满意，12.4%的人比较不满意。

3.2 大学生教室座位物理性偏好与学习习惯的相关

将大学生教室座位物理性偏好的九道题与学习情况的七道题进行相关分析，结果如表3所示。物理性偏好的九道题中有五道题分别与各自学习情况的七道题显示出不同程度的显著相关。

表3 大学生教室座位物理性偏好与学习情况的相关

	前后1	靠门3	中间－两边4	靠墙5	距离老师7
出勤率10	.351**	－.218**	.188**		
回答问题11	.207**				.267**
听讲12	.382**				.355**
预习13	.152*	－.142*			.222**
学习求助14		－.162*		－.188**	
学积分15	.286**				.169*
学习满意度16	.143**				

注：*表示 $p<.05$，**表示 $p<.01$。

座位排数与七道题中的六道（出勤率、回答问题积极性、听讲投入度、上课前预习、学积分和学习满意度）都存在显著的正弱相关，证实了在我们的刻板印象中关于学习认真的学生喜欢坐在前面，学习不努力的喜欢坐在后排的现象。

4 大学生教室座位偏好环境心理品质量表

4.1 题目资料的收集与量表的编制

本量表在前人研究的基础之上，综合访谈结果编制问卷。预想的维度包括三个方面：定义领地性、宣称领地性和私密性。

4.1.2 量表的小范围测试及修改

问卷初步编制后，对于大三的69名大学生进行现场测试，解释了一些语句表述的问题。另外，请指导老师和心理测量学老师对问卷的项目编制、语句表述、效度等方面提出修改意见，完毕后的量表共包含13道题目。

4.2 量表的大范围施测

在北京林业大学的一堂公共课上以及宿舍里随机发放问卷141份，回收有效问卷129份，回收率91%。被试包括男性67份，占有效数据的51.9%，女性62份，占有效数据的48.1%。大一学生58人，占45%，大二学生23人，占17.8%，大三学生28人，占21.7%，大四学生20人，占15.5%。理科学生87人，占67.4%，文科学生42人，占32.6%。

4.3 量表的信度检验

经过spss15.0统计软件的数据分析，大学生教室座位偏好环境心理品质量表的内部一致性信度（Cronbach's alpha）为0.715，分半信度（Guttman Split-Half Coefficient）为0.651。

4.4 量表的效度检验

4.4.1 表面效度检验

本量表的表面效度采用专家判断法，指导老师对测验项目与所涉及的内容范围进行符合性判断。

4.4.2 结构效度检验

对大学生教室座位偏好环境心理品质量表的题目进行因素分析，均采用主成分分析法。大学生教室座位偏好环境心理品质评估结果分析：KMO值为0.712，巴特利特球体检验，结果显著（Approx Chi-Square =369.778，df =78，$p=0.000$），可以作因素分析。理论上各维度之间具有相关关系，因此采用斜交旋转法（Delta =0，Kappa =4），产生的特征值大于1的因素3个，累计解释方差的51.178%。陡坡检验图见图3：

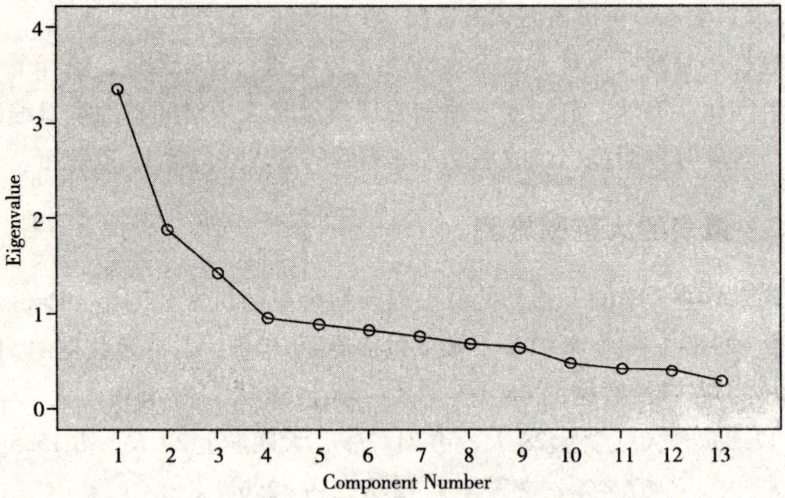

图3　因素分析碎石图

虽然由碎石图可以看出拐点处的特征值已经比较接近1，在这种情况下萃取三或者五个因素都是可以的。但是强行萃取四个或以上的因素会造成某些因素只包括两项内容，不符合因素分析每个因素包含题项的最低标准，在这种情况下只萃取了三个因素。因素分析的具体结果如表4所示：

表4　因素分析概要

题项	因素1负荷量	因素2负荷量	因素3负荷量	共同性
陌生人9	.779			.611
被入侵7	.652			.471
划分座位5	.637			.503
减少焦虑12	.554			.411
不适感4	.543			.551
不入侵10	.512			.265
固定座位1		.712		.568
占座8		.667		.509
怕抢座位3		.653		.585

续表

题项	因素1负荷量	因素2负荷量	因素3负荷量	共同性
隔着坐6			.812	.718
紧挨同学2			.770	.630
四周无人11			.606	.499
被影响13			.397	.332
特征值	3.339	1.884	1.430	
解释变异量	25.685	14.496	10.997	

对于量表进行建构效度分析，考察其内部一致性程度，得出各项之间均存在显著的较高相关性，证明量表的内部一致性较高。

4.4.3 效标效度检验

大学生教室座位物理性偏好问卷客观地反映出了大学生座位选择的物理偏好，比如座位的前后、距离门的远近等。而研究一中座位选择的平均距离反映出被试与他人座位距离的偏好，可作为座位私密性的客观性指标。所以大学生教室座位偏好环境心理品质量表的效标效度检验采用大学生教室座位物理性偏好问卷和研究一中座位选择的平均距离为效标。考察前者与后两者的相关情况。

5 人口学差异比较

5.1 性别差异

5.1.1 实验研究的性别差异

将性别因素作为协变量与实验中的性别（同性、异性）及熟悉度（陌生、熟悉但关系一般、熟悉且关系较好）两个因素一起进行方差分析，结果显示实验中的因素一性别（即同性、异性）与被试的真实性别有显著的相互作用，而实验中的因素二熟悉度与被试的真实性别没有显著的相互作用。因素一、因素二以及性别三者之间也不存在显著的相互作用，这说明男女生在面对熟悉度相同的同性或异性同学时的座位选择会出现不同。

对实验的六种情况进行独立样本 t 检验，结果显示：当女生面对与自己关系较为亲密的男生时，虽然自己与对方的熟悉度较高，但仍然会很在意对方与自己的性别差异所造成的影响，而选择坐得稍微远一些。对于男生，这种顾虑相对少。这一点与我们的刻板印象中男女生对于异性与自己座位距离的不同偏好相吻合。

5.1.2 大学生教室座位物理性偏好的性别差异

用性别分组，对大学生教室座位物理性偏好进行独立样本 t 检验，所得结果说明女生相对于男生来说，更加偏爱靠前的、在教室右侧的、距离前后门比较近的座位。

5.1.3 大学生教室座位偏好环境心理品质问卷的性别差异

对于大学生座位选择环境心理品质问卷测量进行男女差异的检验，所得结果如表 5 所示，发现男女生在因素二宣称领地性的维度上存在显著的差异（$t = -2.575$，$p = 0.011$）。从平均值之差说明女生比男生更喜欢表现出宣称领地的行为，这与生态学从前的研究中男性比女性更易表现出领地行为的结论有异议。其实这也进一步证明了大学生座位选择环境心理品质问卷中领地性应该被划分为两个维度，分别包括定义领地和宣称领地。男生更加倾向于在行为上定义领地，而女生更倾向于在言语上宣称领地。

表 5　性别与大学生教室座位偏好环境心理品质量表的独立样本 t 检验

	t	自由度	显著性	平均值差	标准误差异
总分	-1.383	127	.169	-1.744	1.261
因素一	-1.281	127	.202	-1.012	.790
因素二	-2.575	127	.011	-1.096	.426
因素三	.644	127	.521	.364	.566

5.2 学科差异

5.2.1 实验研究的学科差异

以学科为分组，对于实验的六种情况进行独立样本 t 检验。学科差异在条件三（同性熟悉且关系要好）、条件五（异性熟悉但关系一般）和条件六

(同性熟悉且关系要好）上存在显著的差异。个人以为文理科认知方式的差异对学生座位选择距离产生影响，但是具体的作用机制还需进一步研究和探讨。

5.2.2　大学生教室座位物理性偏好的学科差异

以学科分组，对于大学生教室座位物理性偏好问卷的结果进行独立样本 t 检验，结果未发现教室座位物理性偏好存在较为显著的学科差异。

5.2.3　大学生教室座位偏好环境心理品质量表的学科差异

以学科分组，对于大学生教室座位偏好环境心理品质量表的结果进行独立样本 t 检验，结果如表 6 所示，在因素二宣称领地的维度上存在较为显著的学科差异（$t = 2.139$，$p = 0.034$）。这一差异恰巧与性别的差异相同。

表 6　学科与大学生教室座位偏好环境心理品质量表的独立样本 t 检验

	t	自由度	显著性	平均值差	标准误差异
总分	1.326	127	.187	1.784	1.346
因素一	1.104	127	.272	.931	.844
因素二	2.139	127	.034	.979	.457
因素三	-.208	127	.836	-.126	.604

6 讨论

研究一的实验，利用图片选择的方式了解大学生的座位偏好，同时与研究二中的大学生教室座位物理性偏好进行配对样本的 t 检验，以了解这两种测量方法所得出的结论的一致性。对于以图片为实验材料和测量工具的研究，需要研究者主观的定义，比如哪几排属于前排的范畴，距离窗户多近可以被形容为偏爱靠窗的座位。这同时也是这一研究范式的难点之一，需要以后的研究者给予更多的考虑。在这种情况下，本文只将被试在实验中所得的答案拆解为三个维度：前后、中间两边、左右，之后与大学生教室座位物理性偏好的相关题目进行配对 t 检验。其中前后和左右这两个维度的一致性良好，而对于中间还是两边的偏爱的结果同一被试两次的答案却有着显著的不同。

可能的原因是图片展示还是与真实的教室场景有所差异，造成对于被试认知水平的唤起不足。

在研究一的 2×3 的实验中，主要试图研究座位偏好的个人空间属性。性别和熟悉度作为影响个人空间的两个重要变量被引入到实验中。其中，性别差异分为同性或异性两个水平，熟悉度差异分为陌生、熟悉但关系一般、熟悉且关系要好三个水平。研究结果发现性别和熟悉度这两个实验因素有较强的主效应，但是交互作用并不显著。这说明大学生在座位选择上认为，对于对方的性别的考虑很重要，对方与自己的熟悉度的考虑也很重要，但是并不会同时考虑这两个因素的影响。

在研究二中，大学生教室座位物理性偏好的九道题中的五道都与学习习惯的某些方面有着一定程度的相关。座位选择的左右与学习情况没有显著的相关，事实上在我的假设中它会更多与学习方式有关，而学习方式并不会有好与坏之分，更重要的是每个人与自身学习方式的拟合度，适合自己的方式就是好的。

研究三证实了大学生座位偏好环境心理品质中领地性和私密性的存在。虽然由碎石图可以看出拐点处的特征值已经比较接近 1，在这种情况下萃取三或者五个因素都是可以的。但是强行萃取四个或以上的因素会造成某些因素只包括两项内容，不符合因素分析每个因素包含题项的最低标准，在这种情况下只萃取了三个因素。探索性因素分析后归纳的三个因素被定义为：定义领地性、宣称领地性和私密性。这三个因素与理论预想的因素基本吻合。值得注意的是不管是在量表编制中还是最终的因素分析结果，领地性都被分为两个不同的因素，这同时也与以前的研究结论相符。

研究四试图证明不同性别和学科的大学生在研究一、研究二和研究三中的差异。将性别作为协变量与实验的数据进行重复测量因素分析，得出性别与因素一同性或异性有显著的相互作用。对实验的六种情况进行独立样本 t 检验，发现男女生在第六种实验情况（异性熟悉且关系要好）下显示出显著的男女差异。女生在这种情况下选择与对方坐的座位距离要显著地远于男生的选择。

7 结 论

座位距离偏好的实验研究证明假设一：大学生在选择与其他人的座位距离时，会受到对方的性别以及与对方熟悉度的影响。

大学生教室座位的物理性偏好和学习情况问卷施测结果证明研究假设二：大学生的座位偏好与学习习惯有关。

大学生教室座位偏好环境心理品质量表具有较高的信度、表面效度、结构效度和效标效度。因素分析结果证明了大学生教室座位偏好环境心理品质中定义领地性、宣称领地性和私密性的存在。这证明了研究假设二：大学生的座位偏好与环境心理中的领地性和私密性有关。

考察实验研究、大学生教室座位的物理性偏好问卷和大学生教室座位偏好环境心理品质量表的人口学差异结果发现：男女生在异性熟悉且关系要好的实验情况下显示出显著的男女差异。女生相对于男生来说，更加偏爱靠前的、在教室右侧的、距离前后门比较近的座位。男女生在大学生教室座位选择环境心理品质量表的因素二宣称领地性的维度上存在显著的差异，女生比男生更喜欢表现出宣称领地的行为。在座位选择的距离和大学生教室座位偏好环境心理品质上存在显著的学科差异，但这种差异在教室座位物理性偏好上并不显著。这证明了研究假设三：大学生的座位偏好存在显著的性别和学科差异。

附录 大学生教室座位偏好研究问卷

亲爱的同学，您好！我正在进行一项关于大学生教室座位偏好的心理学调查研究。希望您能抽出一点宝贵的时间完成这份问卷。请您对于问卷中的问题如实填写。您所回答的一切信息都将被严格保密，请不要有所顾虑。请按照题目的要求作答。答案没有对错之分，请按照您的第一感觉作答。谢谢！

性别：	①男　　②女
年级：	①大一　②大二　③大三　④大四
你在高中分科时所学的是：	①文科　②理科

一、根据你在幻灯片中被呈现的两幅图回答下列问题：

图一：你在第一图中选择的座位编号是（　　）

图二：①你在第二图中第 1 种情况（同性陌生同学）下选择的座位编号是（　　）

②你在第二图中第 2 种情况（同性熟悉但关系一般的同学）下选择的座位编号是（　　）

③你在第二图中第 3 种情况（同性熟悉且关系要好的同学）下选择的座位编号是（　　）

④你在第二图中第 4 种情况（异性陌生同学）下选择的座位编号是（　　）

⑤你在第二图中第 5 种情况（异性熟悉但关系一般的同学）下选择的座位编号是（　　）

⑥你在第二图中第 6 种情况（异性熟悉且关系要好的同学）下选择的座位编号是（　　）

二、请在符合您情况的选项上画圈○或打钩√

1. 你在平时上课的时候更加喜欢坐在教室的哪一排？

A. 前排（教室的前 1 到 4 排）　B. 中间排

C. 后排（教室的后 1 到 4 排）

2. 如果将教室从中间分为左右两边，你更喜欢坐在哪一边？

A. 左边　B. 右边

3. 靠前后门的座位对你更有吸引力吗？

A. 是的　B. 不是

4. 我们二教的教室一般分为左中右三个部分，你更喜欢坐在中间的座位还是两边的座位上？

A. 中间　B. 两边

5. 你是否偏爱靠墙的座位？

A. 是的　　　　　　　　　　B. 不是

6. 你是否喜欢坐在距离窗子近的座位上？

A. 是的　　　　　　　　　　B. 不是

7. 你在上课时是否喜欢坐得离老师近一点？

A. 是的　　　　　　　　　　B. 不是

8. 你是否会偏爱靠边儿的座位？

A. 是的　　　　　　　　　　B. 不是

9. 对于不同课程和不同老师的喜爱程度是否会影响到你的座位选择？

A. 会　　　　　　　　　　B. 不会

10. 请你估计一下自己的平均上课出勤率：

A. 100%　　B. 80%　　C. 70%　　D. 60%　　E. <60%

11. 一般来说，你上课回答问题的情况可以被形容为：

A. 非常积极回答　　　　　　B. 经常主动回答

C. 偶尔主动回答　　　　　　D. 从未主动回答

12. 一般来说，你上课听讲的投入程度可以被形容为：

A. 非常投入　　　　　　B. 比较投入

C. 不太投入　　　　　　D. 不投入

13. 你在上课之前会将课上要涉及的内容提前看一下吗？

A. 经常　　　　　　B. 有时

C. 偶尔　　　　　　D. 从不

14. 如果你在学习上遇到了问题会主动求助于他人（老师或同学）吗？

A. 经常　　　　　　B. 有时

C. 偶尔　　　　　　D. 从不

15. 请问你上学年的大致学积分是多少？

A. >95　B. 95 ~ 90　C. 90 ~ 85　D. 85 ~ 80　E. 80 ~ 75　F. <75

16. 你对自己现在学习状况的满意程度如何？

A. 非常满意　　　　　　B. 比较满意

C. 比较不满意　　　　　　D. 不满意

三、对于以下的这些语句，你觉得在多大程度上符合你的情况。请在 1 到 5 的水平上给自己打分，1 代表很不符合，2 代表较不符合，3 代表难以确定，4 代表比较符合，5 代表非常符合。答案没有对错之分，请按照您的第一

感觉作答。

	很不符合	较不符合	难以确定	比较符合	非常符合
1. 我在上课时几乎总是坐在固定的座位区域（前排、中间排或后排）	1	2	3	4	5
2. 上课时，我喜欢和自己要好的同学挨着坐	1	2	3	4	5
3. 在一个大教室中，我更担心别人会抢我经常坐的座位区域	1	2	3	4	5
4. 当我不得不坐在一个不同于我经常坐的座位区域上时，我会感到不舒服	1	2	3	4	5
5. 我喜欢在教室中用书包或是书本等东西划分自己的座位空间	1	2	3	4	5
6. 即使是与自己十分要好的同学，我也希望在上课时至少与他（她）中间隔着一个座位，或者是坐在他（她）的前桌或后桌	1	2	3	4	5
7. 当别人“入侵”到我在教室中为自己定义的座位空间时，我会对他或她产生不满的情绪	1	2	3	4	5
8. 我喜欢早到教室去占到我经常坐的座位区域	1	2	3	4	5
9. 当我由于某种原因（比如迟到了）不得不和一个陌生的同学挨着坐的时候，我会感到不舒服	1	2	3	4	5
10. 如果可以的话，我会试图不去坐别人经常坐的座位区域	1	2	3	4	5
11. 我不喜欢在上课时坐在一个四周没有人的座位上	1	2	3	4	5
12. 在考试时，坐在我平时坐的座位区域上会减少我的焦虑感	1	2	3	4	5
13. 我认为上课时与其他人坐得太近的时候，他们的某些行为会影响到我上课的状态	1	2	3	4	5

虚拟的复愈性环境

——开心农场的复愈性价值

陈晓庆[①]

1 引 言

开心农场是一款以种植为主的社交游戏，用户可以扮演一个农场的经营者，在自己的农场里开垦土地、种植蔬菜和水果，完成从购买种子到耕种、浇水、施肥、喷农药、收获再到出售果实的整个过程。自 2008 年 11 月在著名的社交网站——开心网上线以来，开心农场就以迅雷不及掩耳之势，迅速占领校内网、QQ 空间等国内著名网络社交平台，最高活跃用户超过 1600 万人。几乎是在一夜之间，全国人民都以十万分的热情投入到种菜偷菜的行列当中，连见面打招呼的方式都换成了“今天你偷了吗?”，并出现了各种各样让人啼笑皆非的“偷菜门”事件：洛阳某公司职员因上班偷菜被老板炒鱿鱼，温州某政府公务员上班种菜被辞退，也有人因为偷菜而闹得夫妻反目、恋人分手，甚至南京的一名医生也因为深夜偷菜而延误了抢救事件，导致一名五个月大的婴儿死亡。当然，这就不仅仅是让人啼笑皆非了。这些事件也从另外一个侧面表明开心农场在普通人群中的流行程度。种菜偷菜已经从一

① 陈晓庆，北京林业大学人文学院心理学系，e-mail：oldheaven1987@163.com。

款单纯的网络小游戏，演变为一种引人注目的社会现象。

一个社会现象的形成原因，除了有当时的社会文化背景之外，还包括置身其中的人群以及其他诸多因素。对于开心农场的广泛流行，可以看到，上述外在内在的几个因素是交织在一起的。本文试图从 Kaplan 的注意恢复理论出发，来理解开心农场这一社会现象。

2 复愈性环境的理论研究

复愈性环境（restorative environments）的概念最早由美国密歇根大学的 Kaplan 和 Talbot 提出，①，他们研究了两个星期的野外生活对人心理的影响，发现野外生活对多数人都具有恢复性的功能。复愈性环境是指对人类不断消耗的身心资源和能力有恢复和更新效果的环境设置。复愈包含各种身心资源与能力的更新，整个过程建立在普遍适应性需要的基础之上。能观察到的复愈过程，如情绪上的积极转变、自主唤醒水平的下降、完成定向注意任务情况的改善，以及其他的变化等等，都依赖于个体对所需资源的利用。②

关于复愈性环境的理论，主要有 Kaplan 夫妇的注意恢复理论（attention theory）和 Ulrich 的心理进化理论（psycho-evolutionary）。这里主要对 Kaplan 的注意恢复理论作详细介绍。

2.1 Ulrich 的心理进化理论

心理进化理论由 Ulrich 于 1983 年提出。该理论认为，人类已经长时间、绝对地适应了自然，因此，当处在会影响智力、意义、行为的自然环境之中

---

① Kaplan, S., Talbot, J. F., "Psychological Benefits of a Wilderness Experience", in I. Altman & J. F. Wohlwill (Eds), *Human Behavior and Environment: Advance in Theory and Research: Behavior and the Natural Environment*, New York: Plenum Press, 1983 (6), pp. 163 – 203.

② Harting T., Staats H. Guest, "Editors' Introduction: Restorative Enviroments", *Journal of Enviromental Psychology*, 2003, 23 (2), pp. 103 – 107.

时，人类会产生积极的情绪生理反应。[①] Ulrich 强调对环境刺激的首要和直接反应是情绪，而这并不需要由认知来进行调节，此外，对这些环境的偏好是天生的、不需要学习的倾向和积极反应，是长期进化的结果。

2.2　Kaplan 的注意恢复理论

同为复愈性环境的重要理论，Kaplan 的注意恢复论更加强调环境对人类认知层面心理资源的影响。Kaplan R. 和 Kaplan S. 在其早期研究中区分了定向注意（directed attention）和自发注意（involuntary attention）这两个概念——当大量信息从城市、人造的环境中涌入到我们的大脑的时候，就发生了主动注意。这种注意要求投入大量的精力，会让人的神经中枢抑制机能过度使用，从而产生疲劳感。[②] 而自发注意则是在进行有内在吸引力或满足个体内部需要的事情时自然引发的注意状态。在对自然环境的关注与欣赏中，使用的就是自发注意，这对人精神疲劳的恢复有着明显效果[③]，自然环境对人专注的能力有着积极的影响。

Kaplan 在其注意恢复理论中，对复愈性环境作了详细阐述，指出了衡量一个环境是否有复愈能力的四个重要维度，分别是距离感（being away）、丰富性（extent）、吸引力（fascination）和兼容性（compatibility）。[④] 其中，距离感是复愈的首要条件，指离开个体常规的生活环境，远离需要使用定向注意的事物，使注意恢复成为可能。丰富性指环境有足够的内容和结构，可以占据人的头脑很长一段时间，为定向注意的恢复创造足够的时间。吸引力则是不需要努力，环境中的信息便能获得个体的注意。兼容性则是环境的设置支持个体的爱好与目标，同时个体的决定也适应环境的需求。

---

① Ulrich, R. S., Simons, R., Losito, B. et al, "Stress Recovery during Exposure to Natural and Urban Environment", *Journal of Experimental Psychology*, 1991 (11), pp. 201 - 230.

② Tennessen C. M., Cimprich B, "Views to Nature: Effects on Attention", *Journal of Environmental Psychology*, 1995, 15 (1), pp. 77 - 85.

③ Ulrich, R. S., Simons, R., Losito, B. et al, "Stress Recovery during Exposure to Natural and Urban environment", *Journal of Experimental Psychology*, 1991 (11), pp. 201 - 230.

④ 赵欢、吴建平：《复愈性环境的理论与评估研究》，载《中国健康心理学杂志》2010 年第 18 期，第 117—120 页。

3　开心农场：一个虚拟的复愈性环境

从 Kaplan 的注意恢复理论出发，可以看到，农场游戏在这四个衡量环境复愈能力的维度上都是可圈可点的。同样也应该注意到，开心农场并不同于真实的农场环境，不同于真实的自然环境——它是虚拟的、网络化的。由于目前复愈性环境的研究大多在实验室当中进行，研究者大多利用图片、视频等媒介来代替实地的操作，因此可以认为，自然的画面或仅仅只是对自然的想象就可以达到复愈性的效果。已有研究证明，风景、植物、动物、水的照片有着和实物一样的影响力。

不仅如此，开心农场的虚拟性特点，还增加了其在兼容性方面的得分。据调查，开心农场的玩家主要是公司白领、学生等群体，这些人的日常生活与网络是密不可分的，对他们来说，相对于真实的自然环境，虚拟的农场是更加容易接近的。

3.1　距离感：遥远的田园梦

在中国社会近几年来的发展中，“城市化”与“高房价”绝对是重要的关键词。随着越来越多的人涌入城市，房价一路水涨船高。能拥有一套商品楼中的几室几厅，成为大多数人的奋斗目标，甚至是终生梦想。

然而，钢筋水泥中的一套公寓并不能成为人的精神家园。几千年的农耕文化让每个中国人的心里都埋藏着一个田园梦，是陶渊明的东篱南山，是王维的山水诗，也是网民们戏谑的“农夫，山泉，有点田”。而在房价一路飙升的今天，这样的梦想是普通人所无法承受的。随着城市化进程的加快，农耕生活也慢慢离我们越来越远。

正是这样内心的向往与实际的疏离，造就了农场游戏的巨大吸引力。在开心网、人人网、QQ 空间，无论你是贫是富，是老是少，只需要开通一个账号，就可以拥有自己的农场，可以种植自己想要的作物——水稻、辣椒、莲藕、黄瓜、苹果等等，还可以随意装扮自己的房子、狗窝、路牌等物品，只要你辛勤劳动，定时浇水施肥除病害，就能获得丰收。这样的活动对城里人来说是非常新鲜的，也难怪近年来，农家乐、田园采摘会那么火爆。正是与日常生活之间的距离感，使得开心农场魅力非凡。同时，在游戏的过程中，玩家的定向注意得到了休息，注意资源得到了恢复。

除了房屋、田地以外，田园梦的另外一个重要因素就是邻里关系。在城市，生活压力加大，闲暇时间减少，房屋的格局又使得邻里之间的交往困难重重，再加上人与人之间信任感的降低，“邻居”、“街坊”这样的词变得越来越陌生了。而在开心农场中，点击右上方的链接，就能进入好友的农场，在那里，玩家可以给好友帮忙浇水、除虫，可以“顺手牵羊”一把，——前者可以挣取经验值，后者可以挣取金币，——也可以给好友打招呼留言。在很多农场玩家那里，登陆农场、拜访好友的农场已经成为每天的必行例事。这样的感觉就像是亲密的邻里关系，就像是邻里之间的“串门子”，是在城市的冷漠环境中所没有的。

3.2 丰富性

开心农场的丰富性主要体现在它的游戏内容上。在种植对象上，不仅有各种粮食作物，如水稻、小麦、玉米，也有蔬菜如莴笋、番茄、萝卜，也有水果如香蕉、西瓜、葡萄，还有各种鲜花如玫瑰、薰衣草、非洲菊，玩家可以根据自己的喜好进行选择；在活动上，除了能够对自己的农场进行操作以外还可以拜访好友的农场，选择是播种、浇水、除草、灭虫、收获还是卖出果实，还可以到好友的农场里使坏，在地里偷偷放虫子、种杂草，收获的鲜花还能包装之后伴随卡片送出。

不仅如此，很多款开心农场还陆续推出了同系列游戏如 QQ 牧场、餐厅等等。玩家在农场收获的牧草可以放在牧场里喂养小动物，而牧场里捡到的动物便便也可以制作成肥料帮助缩短农场作物的生长时间，在农场和牧场里收获的产品还可以拿到餐厅出售。这样就给了玩家更加广泛的选择面，有执着于扩大自己的产业、增加金币的玩家，有沉迷于升级的玩家，有每天不亦乐乎装扮自己农场的玩家，有不断试验新作物放养新的动物的玩家。总之，开心农场本身的丰富性满足了玩家的不同需求，使玩家可以全身心地投入到游戏当中，也为定向注意的恢复创造了足够的时间。

3.3 吸引力

除了农耕文化背景下的田园梦，自然本来就是人类天生就偏爱的环境，大量研究证明，与人造环境如城市、建筑相比，人们会更喜欢那些包含自然元素的环境，比如树木、花朵、流水等。

除此以外，对玩家来说，农场游戏最大的吸引力还在于“偷”，以至于有玩家掐表定间、半夜三更摸黑上网也要及时收菜、防止被偷，同时也要努力偷到更多别人的菜。对于养了看门狗、狗粮充裕的玩家，还要担心自己偷菜不成反被狗咬。偷窃，这种在现实中遭人鄙视的行径，在开心农场被一众玩家发扬光大，甚至流传出各种版本的偷菜经，比如《偷老板菜的下场》。正是因为在现实中被严厉禁止，当人们真的去偷菜时，其中的惊险刺激会让人释放更多的压力。

需要注意的是，此偷并不同于彼偷，偷菜并不会导致人道德水平的下降，而真的在现实中去偷盗。相反，因为张三偷了李四的菜，李四又跑去偷张三的菜，或者张三跟王五约好了一起去偷李四的菜，这其中的关系能够增强好友之间的沟通交流，也让人在平凡枯燥的生活中能有一个共同的感兴趣的话题。

3.4 兼容性

农场游戏与玩家在现实生活中的兼容性，除了上面提到的开心农场的虚拟性特点，还有就是它投入时间分散、操作简单的特点，这与现代人忙碌的学习生活非常合拍。就像开心农场的开发运营商“Five Minutes”团队的理念一样：如果你工作比较忙，或者你学业比较紧，那么你会很难抽出太多的时间去玩大型网游；但是无论如何，你都会发现，你还是有一个空闲的“五分钟”。他们的使命就是用游戏去精彩你生活中的每一个五分钟，而这一个精彩的“五分钟”又精彩了你的学习、工作和生活。可以说，在开心农场吸引人的同时，其兼容性也是该游戏大肆流行的一个重要原因。

4 总 结

从2008年上线到如今，开心农场的大流行的确可以给我们很多启示。在房奴时代来临的今天，在人们抱怨城市里人情冷漠的时候，农场游戏确实给人提供了一个虚拟的复愈性的环境，同时也是人们压抑情绪的一个出口，让人可以得到暂时的栖息与恢复。在这一点上，开心农场的出现确实是有它积极的社会意义的。但同时，我们也应该看到，注意资源的复愈要和游戏成瘾区分开来，过度沉迷于游戏不仅对注意的恢复没有帮助，反而还会影响人的正常生活和工作。因此，如何让开心农场更好地发挥其注意复愈的作用，也是一个需要探讨的话题。

环境复愈性与环境偏好：联系与区别

张　帆[①]　吴建平

随着信息时代的到来，人们越来越多地被各种各样的信息所包围，生活节奏加快，竞争更加激烈，消极情绪不断增加。在这种时候许多人希望能够找到一个好的地方来放松和恢复身心疲惫的状态。这种具有恢复功能的环境设置被心理学家们称为复愈性环境或者恢复性环境（Restorative environment）。近年来关于复愈性环境的研究已成为环境心理学的研究重点。与此同时，研究者还发现了另外一些环境，它们往往是人们喜闻乐见的，我们看到或置身于这样的环境之中时会感到美丽和振奋，心理学家把这种对于环境的特殊感情叫做环境偏好（Environment preference）。

复愈性环境的概念最早由密歇根大学的 Kaplan 和 Talbot 提出。他们将其定义为能使人们更好地从心理疲劳以及压力相伴的消极情绪中恢复过来的环境。[②] 围绕着复愈性环境的特点和功能，Kaplan 夫妇提出了注意力恢复理论（Attention restorative theory，ART）。同时，Kaplan 夫妇还构建了环境偏好组织模型[③]，来探讨什么样的环境是人们所喜欢的。

---

① 张帆，北京林业大学人文学院心理学系，e-mail：1270709229@ qq. com。

② 苏谦、辛自强：《恢复性环境研究：理论、方法与进展》，载《心理科学进展》2010 年第 1 期，第 177—184 页。

③ ［美］保罗・贝尔等：《环境心理学》（第 5 版），朱建军、吴建平译，中国人民大学出版社 2009 年版，第 38—45 页。

环境偏好和复愈性环境都是现在环境心理学的研究重点，但这两个概念之间存在着一定关联性和相像，有时给研究者造成一定的困难。从理论的应用角度来说，环境偏好理论和注意力恢复理论与人的健康息息相关，对于环境建设者的设计工作起到一定的指导作用。因此，澄清二者关系，让大家在应用理论解释实际问题时能够有更加清晰的思路就显得尤为重要。基于这样的考虑，作者在阅读了大量文献的基础上进行此篇综述，主要以 Kaplan 理论模型为基础展开，探讨复愈性环境与环境偏好二者的联系与区别。

1 理论内容

1.1 注意力恢复理论

ART 理论认为，在日常的工作或者学习中，人们必须经常保持注意力的集中和认知清晰的状态，这会大量耗费我们的定向注意（directed attention）资源；而在某些环境中，我们却可以得到这项宝贵资源的恢复。Kaplan 夫妇认为，这种环境即为复愈性环境，它包括四个特征，即距离感（Being Away）、丰富性（Extent）、吸引力（Fascination）及兼容性（Compatibility）。

距离感（Being Away）并非指物理距离，它更侧重心理层面的体验，要求环境设置让个体产生远离日常环境，避开使用定向注意（directed attention），使注意力的恢复成为可能。吸引力要求环境中的物体能引起个体的自发注意，从而使定向注意得到恢复。吸引可以分为硬性吸引（hard fascination）和软性吸引（soft fascination）。前者即由体育、娱乐活动等引发，能够占据个体的全部注意；后者常用来表示一种温和的吸引体验，这种体验往往由美学的刺激产生。实验证明，自然环境能够使个体有充分的反思（reflection）机会，从而使定向注意得到更好的恢复。① 兼容性指环境能够支持个体的爱好与目标，同时个体的决定也适应环境的要求，这是双向的过程。丰富

① Herzog T. R., Black A. M., Fountaine K. A., et al, "Reflection and Attentional Recovery as Distinctive Benefits of Restorative Environments", *Journal of Environmental Psychology*, 1997 (17), pp. 165 – 170.

性包括关联性（relatedness）或一致性（coherence）和范围（scope）。关联性指的是环境中的各元素相互关联，让个体感到这个环境是一个更大的整体。范围不仅包括个体能够感知到的环境，还包括这个环境给个体的想象空间。因此，物理规模的大小并不是决定性的，具备足够的内容和结构的环境，就可以让人感到很丰富。

1.2 环境偏好模型

环境偏好模型同样包括四个维度：一致性（coherence）、易识记性（legibility）、复杂性（complexity）和神秘性（mystery）。

一致性包括能使一个环境更易组织、比较和建立的因素，一个区域内的重复元素、平稳的结构以及一些易于辨别的成分都能增加一致性。特别是，在一个一致的环境中，引人注意的元素应该是极为重要的，否则一致性会下降。[①] 复杂性更精确的说法是变化性（diversity）或丰富性（richness），人们曾经认为它是最重要的美学反应，它指环境中各种要素的数量，且复杂性与偏好成正比。以上二者主要是针对环境的二维性质，而易识记性与神秘性则指环境作为三维空间的性质。前者是环境空间的功能性，就是环境是否易于辨认和理解，内容易于分类。[②] 在高易识记性的环境，人们往往容易形成认知地图（cognitive map）。与一致性不同，易识记性更强调三维空间，如在空间中运动时感知到。神秘性指环境中有些隐秘的信息，并吸引着人们去寻找这些信息。它与新颖性（novelty）的区别在于，它并不要求新的事物，反之新颖性高也不代表神秘性高。

1.3 两个模型的区别与联系

即使是研究环境偏好或者复愈性环境的学者也会难以区分两个模型的八个维度，Kaplan 就曾指出，Hartig 在 1996 年编制复愈性量表时可能混淆了偏

---

① Kaplan S.，"Perception and Landscape: Conceptions and Misconceptions"，*The National Conference on Applied Techniques for Analysis and Management of the Visual Resource*，Incline Village，Nevada，1979（4），pp. 23－25.

② ［美］保罗·贝尔：《环境心理学》（第 5 版），朱建军、吴建平译，中国人民大学出版社 2009 年版，第 38—45 页。

好和复愈模型的因子。[①] 因此，对以上概念的区分有助于研究者更清晰地掌握两个模型的概念和特征，不至于在研究中出现错误。同时我们也看到了两个模型八个维度间的联系。其中关系最密切的一组是一致性和丰富性维度，前者属于后者的一部分；同时易识记性也被认为是丰富性或者兼容性的一个因子，但其归属存在争议，Hartig 在 1997 年进一步修改自己的原有量表时，原本将其归为丰富性维度，但统计结果将其归为兼容性。

此外，在问卷的编制过程中，很多学者将偏好作为复愈性环境问卷的预测校标，探讨复愈性理论中对偏好的预测作用最强的维度。如 Herzog 等人[②]编制的问卷中，吸引和兼容的预测性最好，Laumann 等人[③]的问卷也产生了相同的结果。

综上笔者认为，ART 理论和偏好模型的八个维度之间存在着一定程度的联系，正是这种联系使复愈性对于环境偏好有了一定的预测作用。其中易记识性与一致性是偏好模型中与 ART 理路的共同要素，但相比 ART 理论的内涵，偏好模型的因子的含义似乎更浅显。

2　关于二者关系的实验研究

研究者发现，有时个体喜欢的环境也是具有复愈性的环境。[④] 尤其是有研究证明了人们偏爱自然而非城市环境，[⑤] 而前者更能促使人们注意力的

① Hartig T., Kaiser F. G., Bowler P. A., "Further Development of a Measure of Perceived Environmental Restorativeness", *Institute for Housing Research*, 1997, 5 (1), pp. 1 - 23.

② Herzog T. R., Maguire C. P., Nebel M. B., "Assessing the Restorative Components of Environments", *Journal of Environmental Psychology*, 2003 (23), pp. 159 - 170.

③ Laumann K., Garling T., Stormark K. M., "Restorative Experience and Self Regulation in Forest Environment", *Journal of Environment Psychology*, 2001 (21), pp. 31 - 44.

④ Korpela, K., & Haritig, T., "Restorative of Qualities of favorite places", *Journal of Environmental Psychology*, 1996, 16 (3), pp. 221 - 233.

⑤ Staats, H., Kieviet, A. and Hartig, T., "Where to Recover from Attentional Fatigue: An Expectancy-value Analysis of Environmental Preference", *Journal of Environmental Psychology*, 2003, 23 (2), pp. 147 - 157.

恢复①，复愈性更强。这些研究结果进一步提示了二者间的关系。

2.1 研究范式

研究二者关系的比较完善的实验范式是：首先测定被试认知或者情绪的基线值，然后将被试引入到注意力损耗或者一定唤起的情绪状态并测定此时的基础值；再给不同组被试呈现自然及城市环境的图片、视频（图片及视频中避免人的出现），此时测量被试对环境的评价及被试的情绪、注意力恢复状况等等，最终对比两个不同环境给人的影响及人们对其的偏好。这种试验方法的过程有些漫长，而且实验的始终都对被试的投入水平要求较高，操作起来有一定的困难，而且各种数据往往都是靠被试的主观感受得到的，但它的优点是比较严密精巧。

2.2 研究进展

Purcell 等人②首先给被试呈现 5 种环境（工业区、房子、城市街道、山丘、湖），每个环境包括两个例子，然后让被试在包括复愈性（利用 Hartig1997 年 PRS 量表）、偏好和熟悉性三个方面对环境打分，最终对比不同环境的得分。他的实验证明了复愈性与偏好的高相关性，二者的相关系数达到 0.81，而其他两个相关只在 0.3 左右；而且人们对于偏好环境和环境复愈程度的排列顺序完全一致，但与熟悉性有所出入。

也有学者认为复愈性在不同环境和不同偏好度的联系上起到调节作用③。他们首先用 POMS 量表测量了被试的情绪基线，然后给被试放恐怖片来激发被试情绪反应并重评情绪状况；之后被试被随机分为两组，分别看在城市或者自然环境中拍摄的录像并评价环境、情绪，最后实验者还对被试的注意力进行了测试（d2 注意力测试）。他们的结果也证实了情感复愈性的调节作用。

---

① Hartig T., Staatsb H., "The Need for Psychological Restoration as a Determinant of Environmental Preferences", *Journal of Environmental Psychology*, 2006（26）, pp. 215 – 226.

② Purcell T., Peron E., Berto R., "Why Do Preferences Differ between Scene Types?", *Environment and Behavior*, 2001（1）, pp. 93 – 106.

③ Van den Berg A. E., Koole S. L. & Van der Wulp N. Y., "Enviromental Preference and Restorative: Environmental Preference and Restoration:（How）Are They Related?", *Journal of Environmental Psychology*, 2003（23）, pp. 135 – 146.

调节作用的说法在一些其他实验中也得到证实。①②

Hartig 和 Staats③ 运用一系列的实验来解释二者关系，其中最后一个实验设计更为严密。首先他们的被试有部分是刚上过课的，有部分是没有上课的，然后检查被试的注意疲劳是否有差异，同时被试完成与复愈性理论有关的量表；之后被试被随机分配看在城市和自然中行走时拍摄的照片，看完后他们再去回答一组有关偏好（这里偏好被定义为是在某种环境中行为的态度）的量表。他们的结果是，人们不论疲劳与否，都会更加喜欢自然环境，且自然与城市的得分差异在疲劳组更大，这是因为更加疲劳的人认为在森林中对注意力恢复得更好。他们认为复愈作用可能是偏好的动机根源；个体内部偏好的变化可能是源于对注意力需求的不同。④

综上，笔者认为复愈性对于不同环境和人们对其偏好起着部分调节作用。其模型如下图所示。需要注意的是，除了复愈作用，环境的其他因素，如人们对环境的熟悉性、场所认同等特性也可能是调节变量。

图 1　不同环境、复愈作用、环境偏好的关系

3 区 别

根据复愈性环境和环境偏好的理论模型和实证研究结果，笔者将其区别

① Ulrich, R. S. , *Behavior and the Natural Environment*, New York: Plenum Press, 1983, pp. 85 - 125.

② Kaplan, S. , "Aesthetics, Affect and Cognition: Environmental Preference from an Evolutionary Perspective", *Environment and Behavior*, 1987 (19), pp. 3 - 32.

③ HartigT. , Staats H. , "The Need for Psychological Restoration as a Determinnant of Environment Preference. ", *Journal of Environmental Psychology*, 2006 (26), pp. 215 - 226.

④ Tress B. , Tress G. , et al. , *From Landscape Research to Landscape Planning: Aspects of Integration, Education and Application*, Netherland: Springer, pp. 279 - 293.

概括为以下几个方面：

首先，复愈性环境指的是环境在人的认知上的功能，对它的研究主要是关注环境带给人的认知和生理包括一些情绪上的改善；而环境偏好指的是人对环境的情感反映。因此，在测量的指标上，复愈性环境更关注一些客观指标，除了注意力恢复理论对于人的注意力改善情况的测量，还包括一些生理指标，如 Ulrich 利用心电图（ECG）、脉搏传导间期（PTT）、自发性皮肤传导反应（SCR）、肌张力（EMG）等指标证实了特定环境的减压效果。①

而在理论方面，除了理论维度上的不同外，二者的区别还在于理论上对它们的解释。对环境的复愈性的理论解释是进化论取向的。从猿进化为人，我们的祖先在与自然的互动中经历了几千万年；工业化的发展和科技的进步不过是近百年来的变化。而面对生活方式的巨大改变，城市居民常出现焦虑情绪和自主唤醒水平持续偏高，处于较高的压力水平。更为关键的是，在自然环境中，压力产生与压力缓解这两个过程常同时进行，密不可分，并且依据个体对情景的认知呈现出不同的强度；而在城市环境中，人类还没有发展出与之相适应的生理、心理特点。② 但对于偏好模型来说，虽然也有很多学者认为人们有先天的偏好基础，但是也有研究显示，人的自身经历、社会规范和文化价值也会对环境偏好产生一定的影响。③

表 1　复愈性环境模型与环境偏好模型的对比

	功能	作用效果	其他
复愈性环境模型	认知、生理	客观（主观）	理论维度、解释
环境偏好模型	情感	主观	

① Ulrich R. S., Simons R. E., Losito B. D., et al., "Stress Recovery during Exposure to Natural and Urban Environments", *Journal of Environmental Psychology*, 1991, 11 (3), pp. 201-230.

② 赵欢、吴建平：《复愈性环境的理论与评估研究》，载《中国健康心理学杂志》2010 年第 1 期，第 117—121 页。

③ Hartig, T., Evans, G. W., Jamner, L. D., et al., "Tracking Restoration in Natural and Urban Field Settings", *Journal of Environmental Psychology*, 2003, 23 (2), pp. 109-123.

4　研究意义与展望

4.1　环境偏好研究

复愈性对偏好的作用可能使一些跨文化的研究结果遭到质疑。有研究认为，人们总是偏爱自然而非城市环境，且这种偏好有着跨文化的一致性。[①]但正如 Hartig 指出的，这种一致性是城市人之间的一致，而相比于城市，生活在农村中的人对于环境的复愈性方面的要求并不那么强烈，而复愈性则是环境偏好的前提，那么农村人口是否也会对自然环境表现出相似的偏好？研究者在进行跨文化一致性的研究中并未进行这样的比较。

此外对于环境偏好的研究大多数集中于讨论什么样的环境能够让人喜欢或者探讨不同的人之间环境偏好的区别，而没有注意到个体对环境的偏好也会处在变化中。而复愈性对于环境和偏好的调节作用提醒我们可以寻找个体在不同注意疲劳的条件下的环境偏好倾向，从而为不同场合的环境设计提供更好的参考。

4.2　复愈性环境研究

复愈性理论的研究往往集中于探讨城市和自然的区别，虽然最近的研究也发现博物馆[②]或者修道院[③]都可以作为复愈性环境，但是这些都不能算是都市人习以为常的环境。而关于环境偏好的研究则显示，除了自然环境，人们也会把咖啡馆、自己的家等地方当做自己最喜欢的场所。这反映了人们偏好的环境也可以是一些人为的环境，这些环境同样能让人感到放松，得到注意力的恢复。同样的，针对复愈性环境的研究也应该更加贴近生活，探究更多

---

① Tress B., Tress G., et al., *From Landscape Research to Landscape Planning: Aspects of Integration, Education and Application*, Netherland: Springer, pp. 279 – 293.

② Kplan S., Bradwell L. V., & Slaker D. B., "The Museum as a Restorative Environment", *Environment and Behavior*, 1993, 25 (6), pp. 725 – 742.

③ Korpela K. M., "Adolescents' Favorite Places and Environmental Self-regulation", *Journal of Environmental Psychology*, 1992 (12), pp. 249 – 258.

元的复愈性环境，增强理论的实际应用价值。

4.3 二者关系的相关研究

Korpela① 强调复愈性的过程与场所认同（place identity）的相互作用，而他的研究又是在人们“最喜欢的地方（favorite places）”进行的。这启发我们将场所认同这一因素加入不同的环境、复愈性环境理论、环境偏好理论的关系中，探讨人与环境作用过程的更完整机制。

---

① Korpela K. M.，Hartig T.，“Restorative Qualities of Favorite Places”，*Journal of Environmental Psychology*，1996（16），pp. 221－233.

环境保护与生态问题研究

近20年国内关于噪声与噪声的心理影响研究进展

——基于中国学术期刊全文数据库（CNKI）文献的一种分析

侯振虎①

随着中国城市化进程的加快，环境噪声污染日趋严重，噪声已逐步成为影响人们身心健康的公害之一。我国对于噪声的研究起步较晚。在20世纪70年代以前，我国的噪声研究侧重于工业噪声，研究领域主要集中在消声、吸声、隔声等方面。②③ 进入70年代，中国科学院声学研究所等单位对全国70多个城市的环境噪声进行了调查，并在此基础上提出了一些评价指标和噪声环境标准。④ 但这一时期我国的城市环境噪声研究仍停留在普查阶段，噪声治理研究尚处在试点范围。改革开放以来，我国对城市环境噪声污染的研究步入了快速发展期，尤其是在城市环境噪声危害方面，我国学者已经开展了一定研究。姚玉红、彭斌等在总结以往研究成果的基础上，从听觉系统、神经系统、心血管及其他器官系统等方面综述了城市环境噪声对人体功能的

---

① 侯振虎，内蒙古农业大学人文社会科学学院社会心理研究所，e-mail：houzhenhu@yeah.net。

② 周克元：《噪声控制技术的现状及其发展方向》，载《环境科学动态》1987年第3期，第5—8页。

③ 王文奇：《阻声消声元件的实验研究》，载《环境污染与防治》1986年第4期，第30—34页。

④ 方丹群：《我国噪声控制的发展》，载《环境污染与防治》1986年第6期，第7—10页。

影响。[①] 王铁军阐述了工业噪声对人的危害，并提出了防护办法。[②] 朱蓓薇等介绍了噪声对动物的肝、免疫机能、大脑及神经功能、心血管、生殖等生理机能的影响，[③] 等等。但到目前为止，从发表的文献来看，国内关于噪声的研究更多的是集中在对噪声的特点、噪声的标准、噪声的防治等方面，而对噪声的心理影响方面的研究显得较为薄弱。学界关于"噪声的心理影响"研究状况的总结评价性文章还比较少见，而且以往的"综述"与"回顾"多为对研究文献的定性分析，罕见定量分析。对于研究的研究，即对噪声与噪声心理影响的研究状况从一个特定的视角进行总结和反思，是一件十分有意义的事情。为此，本文采用定量的方法，对1990—2009年CNKI数据库里的关于噪声研究方面的文献进行整理、分析，以期对国内噪声研究的情况，特别是噪声对心理影响研究的状况有一个清晰而整体的把握，发现其中存在的问题以及需要改进的地方，并呼吁心理学、环境科学与工程这两大专业领域的研究工作者携手合作，共同为深化环境噪声对心理影响的研究作出贡献。

1 对噪声概念的界定

在现代社会，人们有时对噪声怀着一种复杂的感情，它既是工业社会的副产品，与近代以来工业化的发展紧密相连，又成为影响人们身心健康的无形杀手，这种在环境中普遍存在的现象已成为世界各国日益关注的问题。

《说文解字》认为：噪，扰也。扰即意味着噪声是对别人的扰乱。不过，当时的"噪"写作"譟"，更多的当是指言语对别人的扰乱。后来，范围逐渐拓宽，诸如车声、鼾声、流水声、动物的鸣叫等。除《说文解字》对噪声

---

① 姚玉红、彭斌等：《城市区域环境噪声对人心理和生理功能影响研究进展》，载《现代预防医学》2000年第4期，第571—572页。

② 王铁军：《噪声对人体健康的危害及个体防护》，载《工业安全与防尘》2000年第4期，第40—42页。

③ 朱蓓薇等：《噪声对动物生理机能的影响》，载《环境保护》2000年第10期，第43—45页。

的解释外，关于噪声概念的解释还有多种，最简单的定义是：不需要的声音。[①] 也有学者将噪声定义为：噪声是令人厌恶的、不可控制的、不可预知的声音。[②]

从法律规定的角度来看，噪声是指在工业生产、建筑施工、交通运输和社会生活中所产生的干扰周围生活环境的声音。《中华人民共和国环境噪声污染防治法》第二条对环境噪声和环境噪声污染作了界定和说明。环境噪声，是指在工业生产、建筑施工、交通运输和社会生活中所产生的干扰周围生活环境的声音。环境噪声污染，是指所产生的环境噪声超过国家规定的环境噪声排放标准，并干扰他人正常生活、工作和学习的现象。

若从心理学的角度来看，人们对噪声的认定在很大程度上受个体心理感受的左右和影响，具有一定的主观性和差异性，因人、因时、因地而异。相同的声音在不同的时间、地点以及对不同的对象可能会产生完全不同的感受。比如，校园里在放广播，当你对广播中的内容感兴趣的时候，会听得兴致勃勃，但是当有一天，你心情烦躁，而且广播中正在播放你最讨厌的一首歌时，那个声音对你来说可能就是无比讨厌的噪声了。所以，评价一种声音是否为噪声，要以是否满足当时人们的需要为依据，由人们的主观判断来决定。

为此，本文将从环境与生态心理学的视角来对噪声加以界定，即噪声是指引人烦躁或不愉快的，对人的学习、工作和生活产生干扰甚至危害人体健康的无意义声音。

2 研究方法与程序

本文主要采用文献计量分析法对基于CNKI数据库里的国内20年来关于噪声的研究成果进行了梳理和统计。在文献资料搜集的过程中，主要从心理学、环境学和声学三大学科领域对噪声研究的文章进行了搜集和整理，并特

---

① World Health Organization, Environmental Health Criteria 12: Noise Geneva, WHO, 1980.

② Bechtel R. B., etal., *Handbook of Environmental Psychology*, New York: J. Wiley & Sons, c2002, pp. 499 – 508.

别查阅和关注了噪声对心理影响方面的文献。在CNKI数据库上，通过采用“噪声”、“噪音”、“噪声、心理”等关键词进行文献检索及查阅。根据期刊的质量与代表性，最初在心理学专业领域选择的期刊主要有《心理学报》、《心理科学》、《心理科学进展》、《心理发展与教育》、《应用心理学》、《心理学探新》、《中国心理卫生杂志》、《中国临床心理学杂志》、《中国健康心理学杂志》等九种。在环境科学与工程专业领域选择的期刊主要包括二十三种“环境工程”类的期刊及四十多种“环境科学与资源利用”类的期刊，在实际整理的过程中发现一些期刊与噪声的研究相关较低，因此在统计时将这些期刊予以剔除。在环境工程类期刊中剔除掉的有《工业水处理》、《水资源环保》、《自然灾害学报》等十六种。在环境科学与资源利用类期刊中剔除掉的有《工业水处理》、《海洋环境科学》、《湖泊科学》、《中国给水排水》等十六种，剩下二十四种。最终，根据期刊的代表性与权威性再次筛选涵盖“环境工程”类和“环境科学与资源利用”类两大专业领域的十四种期刊作为文献来源期刊，并对这十四种期刊上关于噪声的研究成果进行了统计。在具体统计的过程中，对文章进行了筛选，进一步剔除了与本文内容要求相关很低的文章。在声学专业领域选择的期刊主要有《应用声学》与《声学技术》。

3 国内关于噪声研究成果的整体状况

在国内，对噪声的研究到目前为止已经取得了大量的研究成果。仅统计1990—2009年期间知网期刊上收录的论文就有91472篇。实际上，不但在期刊上发表了大量的关于噪声研究的文章，同时，也出版了大量的专著来深入阐述关于噪声的相关内容，如孙承詠等人撰写的《环境科学概论》(2009)、曲向荣的《环境学概论》(2009)、吴彩斌的《环境概论》(2005)、何强的《环境学导论》(2004)、钱易等人的《环境保护与可持续发展》(2000)等著作中都有关于噪声的介绍。而从本文研究所选取的期刊来看，在1990—2009年期间，在心理学领域期刊上发表的与噪声有关的文章共有26篇，这26篇文章的分布情况为：《心理学报》上3篇、《心理科学》上12篇、《应用心理学》上4篇、《心理科学进展》上2篇、《中国临床心理学杂志》上1篇、《中国心理卫生杂志》上3篇、《中国健康心理学杂志》上1篇，但在

《心理科学进展》上发表的两篇文章即刘雪峰等人（2009）的《认知闭合需要研究述评》和陈立翰（2008）的《单侧化准备电位的含义和应用》与本文要求的相关性很小而在具体分析中被剔除。

在环境科学与工程领域期刊上发表的与噪声有关的文章共479篇，这479篇文章的分布情况详见表1。

表1　噪声研究在环境科学与工程期刊上的数量统计（单位：篇）

噪声研究论文发表期刊	1990—2000年的论文发表数		2001—2009年的论文发表数	
	噪声	噪声对心理的影响	噪声	噪声对心理的影响
环境科学	14	2	8	1
环境科学学报	4	1	7	1
环境科学研究	9	0	5	0
中国环境科学	9	2	11	1
环境与健康杂志	36	6	22	5
生态环境学报	0	0	1	0
环境保护	43	0	6	0
环境工程	93	0	36	0
环境科学与技术	6	0	22	2
环境污染与防治	22	1	19	1
农业环境科学学报	0	0	3	0
中国环境监测	43	0	36	0
长江流域资源与环境	0	0	0	0
中国人口、资源与环境	0	0	1	0

声学期刊上发表的与噪声有关的文章共500多篇，其中发表在《应用声学》上的共有239篇，1990—2000年发表的文章数为129篇，2001—2009年发表的文章数为110篇，但在这239篇文章中只有两篇文章把噪声与心理放在一起进行了研究，即沈峭（1990）连续发表的《噪声对人的影响（Ⅰ）——噪声测量和噪声对语言通讯的影响》及《噪声对人的影响

(Ⅱ)——噪声对非听觉系统的效应》;在《声学技术》上关于噪声的研究共有300多篇,更多的是对如何利用一些技术来减少噪声方面的探讨,而没有关于噪声对心理影响方面的研究。

从以上对噪声研究的总体概况的整理可以看出,国内关于噪声的研究,不仅早已引起了环境科学与工程领域和声学领域专家的广泛关注,而且也引发了心理学领域的专家对这一问题的关注。这种情况的出现可能与国际上环境心理学迅速发展的影响有关。不过,三大领域对这一问题的研究并不平衡,内容上也各有侧重。

4 对两大类专业期刊上关于国内噪声研究数量与内容的统计分析

为了能更系统地掌握国内20年来在噪声对心理影响方面的研究情况,我们有必要对每一年所发表的文章数量、不同期刊的分布情况、主要涉及的研究内容、文章被引用的次数及采用的研究方法等进行进一步的统计整理。需要说明的是,在具体统计中,主要针对发表过噪声对心理影响文章的期刊进行了多角度整理,而没有发表过噪声对心理影响的文章的期刊没有作进一步的整理,且由于《应用声学》期刊中只涉及两篇噪声对心理影响的文章,因此,对其也没有进行统计分析。在心理学领域中,选取的心理学期刊主要包括《心理学报》、《心理科学》、《应用心理学》、《中国临床心理学杂志》、《中国心理卫生杂志》、《中国健康心理学杂志》;在环境科学与工程领域中,选取的期刊主要包括《环境科学》、《中国环境科学》、《环境科学学报》、《环境与健康杂志》、《环境科学与技术》、《环境污染与治理》。

4.1 两大类专业期刊上国内噪声研究的数量与具体分布

统计显示,从1990—2009年在《心理科学》、《心理学报》、《应用心理学》、《中国临床心理学杂志》、《中国心理卫生杂志》、《中国健康心理学杂志》各检索到有关噪声的研究论文分别为12篇、3篇、4篇、1篇、3篇、1篇,共24篇;从《环境科学》、《中国环境科学》、《环境科学学报》、《环境与健康杂志》、《环境科学与技术》及《环境污染与治理》中各检索到有关噪声的研究论文分别为25篇、23篇、13篇、69篇、30篇、43篇，共203篇（详见表2与表3）。

表2 1990—2009年心理学期刊上关于噪声研究论文数量的统计（单位：篇）

时间	心理科学	心理学报	应用心理学	中国临床心理学杂志	中国心理卫生杂志	中国健康心理学杂志
1990	0	0	0	0	0	0
1991	0	1	0	0	0	0
1992	0	1	0	0	0	0
1993	0	0	0	0	0	0
1994	0	0	0	0	0	0
1995	2	0	0	0	0	0
1996	2	0	1	0	1	0
1997	0	0	1	0	0	0
1998	0	0	0	0	0	0
1999	0	0	0	0	0	0
2000	1	0	0	0	0	0
2001	1	0	0	1	0	0
2002	0	0	2	0	0	0
2003	0	1	0	0	2	0
2004	0	0	0	0	0	0
2005	0	0	0	0	0	0
2006	1	0	0	0	0	0
2007	3	0	0	0	0	1
2008	0	0	0	0	0	0
2009	2	0	0	0	0	0
合计	12	3	4	1	3	1

表3 1990—2009 年环境科学与工程期刊上关于噪声研究论文数量的统计（单位：篇）

时间	环境科学	中国环境科学	环境科学学报	环境与健康杂志	环境科学与技术	环境污染与治理	合计
1990	1	0	0	3	1	3	8
1991	1	0	0	3	1	2	7
1992	1	0	1	5	1	2	10
1993	2	0	1	6	0	2	11
1994	4	4	0	4	0	3	15
1995	1	1	0	2	0	3	7
1996	2	5	2	7	1	2	19
1997	3	0	0	3	0	0	6
1998	0	0	1	1	1	3	6
1999	0	0	0	4	1	3	8
2000	1	1	0	4	0	0	6
2001	1	2	0	4	1	2	10
2002	0	2	3	4	1	6	16
2003	2	1	0	1	4	1	9
2004	0	2	0	3	0	2	7
2005	1	1	0	2	8	2	14
2006	2	3	3	2	2	2	14
2007	0	0	0	7	2	1	10
2008	3	1	1	3	4	2	14
2009	0	0	1	1	2	2	6
合计	25	23	13	69	30	43	203

根据上表，我们可以发现：心理学类的专业期刊上，年均发表 1.20 篇关于噪声的研究性文章，而在环境科学与工程类的期刊上则年均发表 10.15 篇。这不仅与我国环境科学与工程专业发展的成熟有关，也与目前我国在心理学领域中环境心理学的发展不足有关，它十分清楚地提醒我们应进一步加强对环境心理学的专业扶持与建设。

4.2 两大类专业期刊上国内噪声研究的内容与主要方法

从内容上来看，在《心理科学》上的12篇文章中4篇是讲在强噪音的背景下恐惧情绪的产生对身心变化的影响，如刘素珍、赵华等人（1996）发表的《恐惧情绪对大鼠学习记忆的影响》；2篇是讲噪声诱发心理应激对大白鼠的自由基损伤及大白鼠组织中睾酮水平的影响，如侯公林（2001）发表的《噪声诱发心理应激对大白鼠组织中睾酮水平的影响》；1篇是关于在不同背景噪音干扰下数字短时记忆的研究，如张乐、梁宁建（2006）发表的《不同背景噪音干扰下的数字短时记忆研究》；其余5篇是噪声不同方面内容的介绍。在《心理学报》上的3篇文章主要是噪声与脑事件相关电位的研究，如林庶芝、沈政（1991）发表的《噪声鉴别的脑事件相关电位研究》。在《应用心理学》上的4篇文章主要是研究噪声作为一个可操纵的变量对人的语音信号和听觉信号的影响，如张彤、郑锡宁等人（1997）发表的《语音告警信号语速研究》。在《中国临床心理学杂志》上的1篇文章主要是研究稳定噪声条件下对纺织女工的情感状态的研究，即张燚、郭玺（2001）发表的《稳态噪声条件下纺织女工情感状态的研究》。在《中国心理卫生杂志》上的3篇文章主要研究噪声对工人情绪的影响及在噪声背景下对大鼠记忆的影响，如李俊杰（1996）发表的《噪声对工人情绪影响的测试》。在《中国健康心理学杂志》上的1篇文章主要是研究噪声对人的身心健康的影响，即舒莉、吴建平（2007）发表的《噪声与人的身心健康》。

在环境科学与工程期刊上对于噪声的研究内容可以概括为六大方面：一是噪声对心理的影响；二是噪声对身体的影响；三是不同地点的噪声研究；四是对噪声的预测；五是对噪声的检测和防治对策；六是其他内容方面的研究（由于有的文章具有一定的交叉性，故下表中的显示数据可能比实际文章篇数要多，详见表4）。

表4　噪声研究内容的类别分布统计（1990—2009年）（单位：篇）

论文发表的期刊	噪声对心理的影响	噪声对身体的影响	不同地点的噪声研究	噪声预测	噪声的检测与防治	其他内容
环境科学	3	2	7	6	4	7
中国环境科学	3	1	5	1	5	6

续表

论文发表的期刊	噪声对心理的影响	噪声对身体的影响	不同地点的噪声研究	噪声预测	噪声的检测与防治	其他内容
环境科学学报	2	1	1	3	4	2
环境科学与技术	2	1	5	1	13	8
环境与健康杂志	11	10	8	4	9	27
环境污染与防治	2	0	8	6	15	12
同类型研究合计	23	15	34	21	50	62

表4显示，在环境科学与工程类的六种期刊上，从1990年到2009年涉及噪声对心理影响的文章共23篇，占所查文章的11%，而更多的研究是倾向于对噪声的预测、防治及对不同地点的噪声进行的调查。同时，根据统计数据我们可以发现，人们已经逐渐认识到环境噪声给心理带来的不同程度的影响，但这方面的研究总体上还是比较欠缺。在这23篇文章中主要涵盖了噪声对心理影响的内容。例如，在《环境科学》上，王绍汉、蔡琳娜等人（1990）发表了《教室噪声卫生标准的研究——交通噪声对师生教学与健康的影响》① 一文，他们通过问卷调查得出结论：交通噪声干扰了教师讲课信息的传递，分散了学生的注意力，诱发学生的情绪急剧变化，影响了学习效果、损害了心理健康；付长英、吴贞一（1994）的《煤矿环境噪声对居民健康影响的调查》② 认为，在50dB（A）以上的环境中生活、工作、学习的居民神经系统和听力均有不同的损伤，而且损伤程度与居住年限有密切的关系；朱艺婷、崔国庆等人（2008）的《低频环境噪声对思维判断能力的干扰影响》③ 认为，在噪声干扰的条件下，多数被试的思维判断能力较无噪声干扰时有所下降、错误率上升。在《中国环境科学》上，刘美莲、李月梅等人（1996）的《噪声对脑、心脏、肝脏元素影响的研究》④ 认为，强噪声环境对脑、心脏会产生严重障碍影响；张邦俊、翟国庆（2000）的《视觉感受对噪

① 载《环境科学》1990年第4期，第7页。
② 载《环境科学》1994年第1期，第75页。
③ 载《环境科学》2008年第4期，第1147页。
④ 载《中国环境科学》1996年第4期，第286—287页。

声烦恼度的影响》[①] 认为，在噪声源可见时，噪声烦恼度比噪声源不可见时的烦恼度要大；贾丽、卢向明等人（2008）的《用社会声学调查方法研究居住区噪声烦恼阈值》[②] 认为，低频噪声对居民的情绪的影响要比估计的严重。在《环境科学学报》上，王季卿（1996）的《中小学教室内噪声和师生反应的调查》[③] 认为，噪声对学生的注意力、记忆力、思维能力等都会产生一定的影响；翟国庆、王巧燕等人（2008）的《间歇噪声主观烦恼度研究》[④] 认为，间歇性噪声与人的烦恼程度之间存在一定的相关性。在《环境科学与技术》上，张业明、鞠亮等人（2005）的《对噪声信息污染的探讨》[⑤] 认为，噪声会对人们的正常生活和工作学习产生不利的影响，造成心理压抑、免疫力下降或诱发多种疾病等；焦鹏、蔡良才（2008）的《军用机场飞机噪声主观烦恼度研究》[⑥] 认为，机场飞机噪声对工作人员的工作思路、工作情绪等产生影响。在《环境与健康杂志》上有11篇噪声与心理影响的相关文章，是发表数量相对较多的期刊。例如，孟昭恒（1992）的《交通噪声污染对身体健康影响及控制措施》[⑦] 认为，交通噪声对人的阅读、思考能力有显著的影响；李舒梅、钟显青（1993）的《环境噪声对中学生大脑工作能力影响的探讨》[⑧] 中认为，在较大噪声的干扰下学生易产生学习疲劳，会产生作业能力与记忆能力下降的现象；吴婧、赵丹宇（2007）在《临街住宅区环境噪声及对居民健康的影响》[⑨] 一文中提出，环境噪声会对居民的睡眠、情绪、工作或学习效率产生较大影响，同时噪声还会在一定程度上使居民听力下降、头痛、头胀、昏晕、耳鸣、多梦、嗜睡、心慌、记忆力减退、疲乏无力、高血压加剧等等。在《环境污染与防治》上，张邦俊、胡芬等（1994）的《绿化带对交通噪声的衰减及对主观反应的影响》[⑩] 认为，绿化带对交通噪声引

---

① 载《中国环境科学》2000年第4期，第384页。
② 载《中国环境科学》2008年第10期，第959页。
③ 载《环境科学学报》1996年第2期，第246页。
④ 载《环境科学学报》2008年第8期，第1703页。
⑤ 载《环境科学与技术》2005第28卷增刊，第80—81页。
⑥ 载《环境科学与技术》2008年第9期，第51—52页。
⑦ 载《环境与健康杂志》1992年第4期，第192页。
⑧ 载《环境与健康杂志》1993年第8期，第118页。
⑨ 载《环境与健康杂志》2007年第10期，第793—794页。
⑩ 载《环境污染与防治》1994年第1期，第33页。

起的烦恼度心理影响有一定的改善。

从方法上来看，在心理学领域关于噪声与心理影响的研究主要采用了调查法、实验法等方法，更多的是把噪声作为一个操纵变量来研究，考察其对人与动物心理产生的不同影响，如刘素珍、赵华等人（1995）在《心理科学》上发表的《恐惧发生与预防的实验研究：Ⅱ、强噪音下不同处理背景动物身心变化的观察分析》，李俊杰（1996）在《中国心理卫生杂志》上发表的《噪声对工人情绪影响测试》，刘素珍等人（1996）在《心理科学》上发表的《恐惧情绪对大鼠学习记忆的影响》，张乐、梁宁建（2006）在《心理科学》上发表的《不同背景噪音干扰下的数字短时记忆研究》。而在环境科学与工程领域，主要采用了实验法、剂量作业法、成对比较法等方法，更多的是看不同工作地点、不同类型的噪声会对心理造成的不同程度的影响，如王绍汉等人（1990）在《环境科学》上发表的《教师噪声卫生标准的研究——交通噪声对师生教学与健康的影响》，黄超、王红怡（2002）在《环境与健康杂志》上发表的《噪声污染对居民健康的影响》，吴婧等人（2007）在《环境与健康杂志》上发表的《临街住宅区环境噪声及对居民健康的影响》，翟国庆等人（2008）在《环境科学学报》上发表的《间歇噪声主观烦恼度研究》，朱艺婷等人（2008）在《环境科学》上发表的《低频环境噪声对思维判断能力的干扰影响》等。

因此，从研究内容和方法上来看，两者对噪声的心理影响的研究既有共同之处，又各有侧重。

5 对两大类专业期刊上发表的关于噪声研究论文的被引次数分析

文献学研究表明，大量（75%左右）被引文献出自少数期刊，而其余少数被引用文献则分散在大量期刊上，这就是所谓的加菲尔德学术期刊引文集中定律。[①] 虽然我们不能完全依靠被引次数来衡量文章的质量和学术影响力，

① 何小清：《引文分析法及综合性社会科学期刊评价——综合性社会科学期刊1998年被引排序与分析》，载《中国社会科学》2001年第4期，第194页。

但至少文章的被引次数可以在一定程度上反映它的学术传播与影响状况。在心理学的期刊上，被引用频次最高的期刊为《心理科学》上的文章，被引次数最高的一篇文章为侯公林等人（2000）的《心理应激对大白鼠自由基损伤的影响》，被引用16次；其次是刘素珍等人（1995）的《恐惧发生与预防的实验研究：Ⅰ、强烈噪音下恐惧行为的动物模型》，被引用6次；再次是刘素珍等人（1995）的《恐惧发生与预防的实验研究：Ⅱ、强噪音下不同处理背景动物身心变化的观察分析》及张乐等人（2006）的《不同背景噪音干扰下的数字短时记忆研究》，均被引用4次。被引用占第二位的期刊是《中国心理卫生杂志》，该刊上的文章，欧阳伟等人（2003）的《噪声对大鼠学习记忆中海马区NOS阳性神经元表达的影响》，被引用15次；李俊杰（1996）的《噪声对工人情绪影响测试》，被引用1次。被引用频次占第三位的期刊是《心理学报》，该刊上的文章，如林庶芝等人（1991）的《噪声鉴别的脑事件相关电位的研究》，被引用3次。被引用频次占第四位的期刊是《应用心理学》，该刊上的文章，如张彤等人（1997）的《语音告警信号语速研究》，被引次数为2次。最后是《中国健康心理学杂志》，该刊上的文章，如舒莉、吴建平（2007）的《噪声与人的身心健康》，被引用1次。

在环境科学与工程期刊上，被引用频次最高的期刊是《环境与健康杂志》，该刊上吴铭权（2006）的《室内噪声的危害与控制》被引高达20次；程世祥等人（2000）的《办公室噪声对人群健康的影响》被引13次；李才广等人（1990）的《飞机噪声对学龄儿童的神经行为效应》被引6次；李景舜等人（2000）的《舞厅环境对从业人员健康的影响》被引5次等等。第二是《中国环境科学》及《环境污染与防治》，在《中国环境科学》上发表的张邦俊等人（2000）的《视觉感受对噪声烦恼度的影响》被引14次；刘美莲等人（1996）的《噪声对脑、心脏、肝脏元素影响的研究》被引4次；在《环境污染与防治》上发表的张邦俊、胡芬等人（1994）的《绿化带对交通噪声的衰减及对主观反应的影响》被引14次；贾继彦等人（2002）的《教室声环境的主观反应及烦恼度阈限值的探讨》被引7次。第三是《环境科学学报》，王季卿（1996）的《中小学教室内噪声和师生反应的调查》被引4次。第四是《环境科学》，付长英等人（1994）的《煤矿环境噪声对居民健康影响的调查》被引3次。《环境科学与技术》期刊上的文章没有被引用。

从文章的被引次数可以看出，总的来说被引文章的次数呈上升的趋势，这表明人们已逐渐地认识到了噪声对心理的不同程度的影响。同时，在一定程度上，也可以看出关于噪声研究论文的学术影响力正在不断上升。

6　对学术界进一步加强和改进我国噪声心理影响研究的建议

从文献的统计数据可以发现，相对于噪声研究而言，国内对噪声的心理影响研究显得极为薄弱。目前虽然取得了一些研究成果，但还是存在一些问题。

对于今后的噪声研究工作，一是应该用一种全新的观点来看待“噪声”作为一种研究对象和内容的学科归属问题。对噪声的研究，不仅是环境科学与工程学科的研究对象和研究内容，它当然也是心理学、声学的研究内容之一。在噪声问题的研究上，完全可以把环境科学与工程专业和心理学专业结合起来，因为他们有着共同的研究对象——噪声的心理影响。只有这样，才能推动噪声研究走向更加科学、更加丰富、更加深入的道路。

二是心理学与环境学两大学科在噪声的心理影响研究方面，应该走向研究视角的融合和学科知识的整合。从以往的研究来看，心理学的学者们更多的是用心理学的视角来看待噪声问题，更多的研究是探讨噪声给人们的身心带来的负面影响，而缺少对噪声问题本身的探讨，缺乏对噪声的全面认识。而环境学方面的专家也会更多的用环境学的视角来看待噪声问题，为此他们更倾向于噪声的特点、噪声的标准、噪声的检测与防治等方面的研究，而对噪声的心理影响认识重视不够。

三是对噪声的研究应注意跨学科的结合，促进噪声研究的综合化。心理学、环境科学与工程这两大专业领域的研究工作者应该携手合作，共同为进一步深化“环境噪声的心理影响”研究作出更大的贡献。在国外，关于环境心理学研究已有多年的历史并取得了丰硕的成果，他们把噪声与心理学、医学、建筑学等多学科结合起来向着更广泛与深入的方向发展，而国内在这方面的研究相对较少。从统计分析的结果可以看到，心理学研究者们比较重视噪声对心理的影响，而环境学研究者在这方面的研究相对较少，他们认识到了噪声问题本身的存在，却往往容易忽略噪声之中的直接受害者——人的切身感受。今后在噪声的研究中可以综合考虑环境的物理条件与人的生理结构以及人的认知、情绪、动机等诸多因素，从而有助于我们建立噪声对人影响作用的外在评估性指标与内在感受性机制。

人与环境：心理场论的启示[①]

田 浩[②]

人与环境的关系一直是心理学的基本理论问题，随着环境及生态问题的日益突出以及20世纪70年代环境心理学的兴起，人与环境的相互影响越发受到关注。然而，受制于主流心理学研究方式的环境心理研究内隐着客观主义思维，在人与环境的关系上陷入二元论、元素论、静态论的困境，研究呈现抽象化、简约化的特征，这在很大程度上影响了现代环境心理研究的进步。

在心理学历史上，多个心理学流派都曾关注环境与人的关系问题，并都对此问题给出了相应的理解。而在这中间，著名社会心理学家勒温（K. Lewin）以“人与环境的心理学”概括自己的理论体系，开创了“心理场论”的研究。勒温提出了他的行为公式 B = f（P，E），这一公式涵盖勒温关于人及其心理、环境、心理与环境关系的理解，可以说，心理场论的全部内涵都可以从这一公式引申出来。心理场论提出的心理事实、心理场、心理环境等概念，涉及对人、环境、人—环境关系的深刻理解，以其整体性、动力性、具体性等特点独树一帜，对现代环境心理研究具有很大的启示意义。本文试图挖掘勒温心理场论的理论内涵，梳理其对人、环境、人与环境关系的理解，并讨论其对现代环境心理研究的理论价值。

---

① 北京林业大学青年科技启动基金项目。

② 田浩，北京林业大学人文学院心理学系，e-mail：tianhaoxx@126. com。

1　心理的个体性与开放性

勒温的行为公式B=f（P，E）指出，要了解和预测一个人的行为表现需要从人和环境两个函数入手。在关于人及其心理的理解方面，勒温提出了心理事实的概念，并把心理事实与物理事实进行比较，指出了心理事实的独特性。勒温指出，心理事实与物理事实的区别主要是：物理世界是一个动力封闭空间的统一体，而心理世界是多个动力非封闭空间的统一体。[①] 也就是说，心理事实与物理事实在两个方面有所不同：一个与多个、封闭与非封闭。

首先，在物理世界中，诸多物理事实都遵循相同或相似的规律和原理，因而我们可以把整个物理世界看成一个整体，可以把它们用一个原理或规律统一起来，而不必考虑其差异性。比如，在物理研究当中，一个木块和一个铁块遵循完全相同的运动规律，可以把它们视为相同物体。而在心理学研究当中，个体之间的差别很大，而且这种差异对心理学研究非常重要，是无法忽略的。所以，心理学研究中除了探索一般的心理行为规律，还必须有诸如智力、人格等个体差异方面的研究。勒温指出了心理活动的这种个体性，并且在研究中也努力考虑这种个体性。他强调，即使我们了解了群体的一般规律，也无法推测具体情境中的个体行为，因此，在研究人与环境的关系时，需要把群体研究与个案研究结合起来，个案研究有其独特的研究价值，无法用群体研究替代个案研究。

其次，物理世界可以看做动力封闭的（dynamically closed）世界，我们可以把一个物体划分在一个空间之内，考察这个物体的内在特征和本质属性，而不必考虑或者可以忽略其他物理存在对其的影响。而心理事实在动力上是非封闭的，我们必须考虑个体大脑以外的事实的影响，或者说，离开心理的对象和内容，心理活动就无法存在。其实，另一位德国心理学家布伦塔诺也

① ［德］K. 勒温：《拓扑心理学原理》，竺培梁译，浙江教育出版社1999年版，第65页。

指出了心理活动的类似特征。[1] 布伦塔诺认为，心理活动具有内在对象性，心理活动本身必然有指涉的对象，心理活动本身不是自足的，而是开放的，看与听等心理活动必须有看和听的对象才可以存在。

关于研究对象的设定是一个学科的基本理论问题。因此，心理现象具有何种基本特征，与其他学科尤其是物理学、生理学的区别在哪里，会对研究的基本形态产生重大影响。主流心理学假定了心理现象存在内在的本质，心理学研究以发现这种本质为依归。在环境心理研究当中呈现了类似的特征，人与环境被视为二分的两个实体，研究的任务则在于考察二者的因果关系。然而事实上，由于心理活动的个体性和开放性，人们对于相同环境的理解和认识存在巨大差异，不同环境背景下的个体也呈现不同的心理特征，因此，环境心理研究需要考察不同个体意识和认知中的环境，也需要了解不同环境背景下的个体心理。

2　心理环境的概念

从勒温的行为公式可以看到，人的行为表现是由人及其所处环境共同影响和决定的，这里关键之处就在于对环境的理解。心理场论中的环境概念既不是客观的外界环境，也不同于格式塔心理学家考夫卡所讲的行为环境，而是指心理环境。

首先，心理环境并非纯粹的客观环境。正如前文所述，环境并不是独立于人而存在的客观实体，环境对人的影响部分地取决于人如何理解环境。行为主义心理学假定人没有内在心理过程或不必考虑人的心理过程，因而单纯地研究刺激和反应之间的关系，把人视为被动反应的机器。其间的环境心理研究也遵循类似的假设，很少考虑人是如何理解认识环境的。从行为主义心理学的发展历程看，这种假设存在巨大的理论问题，导致新行为主义不断修改其假设，并最终导致行为主义心理学向认知心理学的转变。因此，环境心理研究必须考虑个体对环境的认识和理解。

---

① 郭本禹：《布伦塔诺意动心理学述评》，载《心理学报》1998 年第 1 期，第 106—112 页。

其次，心理环境也不同于行为环境。格式塔心理学家考夫卡提出了行为环境的概念，他把环境分为地理环境和行为环境，地理环境指的是现实中存在的客观环境，而行为环境指的是人所意识到和了解到的环境。考夫卡认为人的行为主要受行为环境的影响和制约，个体如何知觉和理解环境是其行为的决定因素。显然，行为环境概念强调的是主观意识中的环境。然而在勒温的心理场论看来，行为环境的概念并不足以说明全部问题，因为环境并非都是通过意识和知觉过程影响个体的。

勒温认为，环境对个体的影响有两种方式，即知觉式影响（influence by perception）和躯体式影响（gross somatic influence）。[①] 知觉式影响指环境通过意识对个体产生作用，即意识中的环境对个体的影响。而躯体式影响则是不通过知觉或意识过程，但事实上能够对个体产生影响的方式。在勒温的心理场论看来，以主体是否意识到为标准确定环境以及环境的影响具有很大的局限性，忽略了对个体有实际影响的那些环境因素。因此，心理环境不是以个体意识为标准，而是动力意义上的划分。所谓心理环境，乃是指对个体有实际影响的那些事实。外界事件如果对个体产生实际作用，那么就成为心理环境的内容，即把效果性作为存在或确定的标准。勒温采用实在性为标准，避免了由于个体意识局限性所造成的困难，把外界客观环境、个体意识中的环境和心理环境三者间的关系作了清楚的说明：心理环境不完全包括外界环境，但又不限于意识到的环境。很显然，心理场论所说的环境突破了意识和认知的范围，在理论上避免了客观主义和主观主义两种极端，并且无意之中涉及了潜意识的领域，具有容纳“生态潜意识”思想的可能性。

3　人与环境的关系

环境心理研究旨在考察人及其心理与环境的相互作用，探索人如何理解环境以及环境如何作用于人。然而，现代环境心理研究仍然受制于主流心理学的研究模式，把人与环境进行简单化的二分处理，人的主动性、理解性，

---

① ［德］K. 勒温：《拓扑心理学原理》，竺培梁译，浙江教育出版社 1999 年版，第 18 页。

环境的整体性、具体性被严重忽视，因而导致研究的外部效度很低，缺乏对现实生活的解释力。在勒温的心理场论中，人与环境被置于一个互相影响的场之中，人无法脱离环境而存在，环境也无法脱离人而起作用。显然，人与环境的这种“互为依存性”的关系更加贴近真实世界，更加具有解释力和预测性。心理场论关于人与环境关系的思想可以从以下几个方面进一步分析。

3.1 整体性

勒温的心理场论借用了物理学中场的概念。场是指“相互依存的事实的整体”，在场中存在的事物受到整个场的影响，也受到场内所有其他事物的影响，场内事物的存在和性质均受到其他存在的影响，也就都存在因果关系。勒温指出：“为了理解或预测行为，就必须把人及其环境看做是一种相互依存因素的集合。”在心理学史上，勒温的心理学思想被认为与格式塔心理学关系紧密，这种心理场的整体性特征也很好地体现了格式塔或完形的思想。心理场具有结构性、关系性、系统性，具有格式塔的一切特点。

具体到 B = f（P，E）这个公式来看，其中的“B”显然不同于行为主义心理学所说的简单的行为反应，而更强调包含主体目的、期待、认知等方面的整体行为表现。从人的因素看，“勒温的动力研究强调人与环境的关系和相互作用，突出人的情感、意志和人格，这样研究者所面对的必然是人的整体性或整体的人，而不再单单是人的感知觉或人的某种个别属性，这样格式塔的整体原则便具有了更广泛的意义。”① 从环境因素看，勒温同样重视环境的整体性和系统性，心理场中的环境因素会因相互作用而改变，进而以整体的形式对人产生作用。

应该说，当代环境心理研究以还原论、元素论为主要特点，最为缺乏的就是整体性的方法和思路。人及其心理被分为感知觉、记忆、思维、情绪等若干方面，而其划分的依据及各种心理过程的联系则很少被提及。环境被分为噪音、温度、拥挤等若干因素，而各因素的相互作用同样很少被研究。格式塔心理学强调的整体性很少受到环境心理研究的重视，但如果格式塔心理学所说的“整体大于部分之和”成立的话，则环境心理研究的许多结论就值

① 申荷永：《论勒温心理学中动力》，载《心理学报》1991 年第 3 期，第 306—312 页。

得怀疑。因此，心理场论倡导的整体性研究思路对当代环境心理研究具有重要的理论意义。

3.2 具体性

勒温认为，只有具体的事物，即存在于某一时刻的个别事物才能产生效果。勒温认为，即使认识了心理学的所有规律，人们也只有在确定了独特或特定的情境后，才能确定个体的行为。发现一般规律是心理学的任务，描述具体情境同样是心理学的任务。只有两方面结合起来，把一般规律应用于具体情境，才能推知实际事件。基于这种认识，勒温提出，要确定什么是实在的，什么产生影响，只有具体到某一特定心理过程或特定情境时才有意义，此即心理场论的具体性原则。

当代环境心理学研究习惯于遵循主流心理学研究模式，把人与环境因素的关系进行简约化处理，以抽象的人代替具体的人，以抽象的环境代替具体的环境，以抽象的关系代替具体的关系。科学研究当然需要考虑简约和可行性，但是，简约和抽象要以现实和意义为前提，无法还原的简约和抽象是没有价值的。心理场论提倡的这种具体性原则意在指出环境的具体性和真实性，反对人工的实验环境。这与当代环境心理学或生态心理学的发展趋势不谋而合。例如，R. G. Barker 等人创立的生态心理学反对人为制造的实验环境，强调行为主体所处的现实环境、社会语境等的影响作用。Barker 指出：人类行为从根本上讲都是境遇性的，换言之，你不可能对人类行为作出预测，除非你知道他所处的环境、情境等。另一位环境心理学代表人物 Gibson 也认为人处于与环境相互关联的一个系统当中，因此为了充分说明行为，必须研究行为发生的环境。他有句格言："重要的不是脑袋中有什么东西，而是脑袋在什么东西之中。"①

3.3 系统性与历史性

关于生活空间之内个体与环境间的时间关系，勒温用同时性原则加以论述。勒温指出，以时间为尺度，对事件的因果关系作出解释时，可以遵循两

① 武建峰、魏屹：《认知生态学：认知科学研究的新进路》，载《中国社会科学报》2010 年 10 月第 8 期。

种方式：一种是按系统的因果关系（systematic causality），一种是按历史的因果关系（historical causality）。系统的方式考虑此刻情境，而历史的方式则考虑生活情境。两种解释的区别主要在于，一个基于此刻情境，寻找时间截面中系统内的因素关系，一个则基于追溯历史，从时间流动中寻找事件的发展过程。①

对事件的解释是科学研究的重要任务，而如何解释因果关系又有不同方式方法。勒温以时间性为标准，区分出系统的和历史的两种解释方式。系统的解释方式按此刻情境的动力属性解释事件原因，认为原因存在于此刻心理场之中。而历史的解释方式则侧重于分析个体生活及其环境的历史，依此推测心理与环境的关系。勒温认为两种解释方式都是合理的，都很重要，哪种回答都不能取代另一种。勒温区分出这两种解释方式，并且指出，许多心理学研究在解释事件时混淆了这两种方式。他指出，要谨慎地避免对系统的因果关系作出历史的或半历史的回答。基于这种划分，他进一步指出，只有现在情境才能影响现在事件，过去和将来都对现在没有效果。“历史的影响是间接的，从系统的因果关系看，过去事件不能影响现在事件”。② 也就是说，在确定心理场的内容的时候，只需考虑此刻情境内的心理事实。这就是所谓的同时性原则。

现代环境心理研究遵循主流心理学的因果解释方式，这种方式通常是勒温所提的系统的因果解释，即选取特定时间截面作为一个系统，考察系统内各个因素之间的因果关系，并因而把结果推论到其他，假设这种因果规律是不随时间变化的。而另一方面，也有对于心理发展历史的研究，即历史因果关系的讨论。但是，在主流心理学模式下的环境心理研究缺乏对系统因果与历史因果的有效结合，研究往往缺乏历史和情境脉络，导致研究的抽象性，远离人们的生活世界。而从趋势上看，近年来环境心理学也开始强调生态化、语境化研究，重视历史脉络的考察。因此，心理场论提出的系统—历史因果关系对现代环境心理研究具有参考价值。

---

① ［德］K. 勒温：《拓扑心理学原理》，竺培梁译，浙江教育出版社 1999 年版，第 29 页。

② 同上书，第 32 页。

总的说来，勒温的心理场论以人与环境的关系为核心内容，提出了心理环境的概念，强调了人及其心理的个体性与开放性，环境的整体性和具体性，并分析了心理与环境相互作用的系统性与历史性。尽管心理场论偏重理论思考，但正如勒温所说，“好的理论最实用”，心理场论思想对当代环境心理研究的理论建设与实践探索都具有积极的启示意义。

周易中的人文生态学思想[①②]

李　明[③]

易学研究中不乏对天人关系的探索，但鲜见对人文生态学和易学研究的比较。易学思想中蕴含的丰富的环境生态思想特别是人文生态思想，因为语境差别，没有得到充分的发掘。本文试以对周易大传的浅见，对易学中的人文生态学思想略作阐发。

1　生态学、人类生态学与人文生态学概念辨析

生态学（Ecology）是研究生物与环境，及生物与生物之间相互关系的生物学分支学科。随着人类活动范围的扩大与多样化，人类与环境的关系问题越来越突出，因此近代生态学研究的范围，除生物个体、种群和生物群落外，已扩大到包括人类社会在内的多种类型生态系统的复合系统。生态学的视野已经越来越关注到人与自然的关系上来。总体上讲，人类生态

① 本文是中央高校基本科研业务费专项资金资助项目“中国古代林业文献的整理与研究”（RW2010－7）的阶段性成果。

② 本文是中央高校基本科研业务费专项资金资助项目“人文生态心理研究与应用”（BLRW200933）的阶段性成果。

③ 李明，北京林业大学人文学院心理学系，e-mail：clearmind@126.com。

学依然把人作为一个生物种群来看待，探索的是人类与自然环境之间在自然层面的物质和能量的交换。这在本质上把人类定位为以求生本能适应环境的被动机体。这尚不是我们探讨的人文生态学，但为人文生态学的诞生奠定了基础。

于维民先生认为：人文生态学是人伦哲学和生态科学相互渗透、整合而成的一门边缘学科，是研究人类生命优质化进程与生态系统关系的一门科学。[①] 这样的人文生态学，才能充分发掘文化传统中的哲学和伦理思想。其实，早在20世纪二三十年代，帕克等芝加哥大学的社会学家们就在城市史学领域发表了很多人文生态学的作品，如帕克在1928年发表了《人的迁徙和处于边缘文化中的人》，1952年发表了《人文社区》；罗德里克·麦肯齐在1933年发表了《都市社区》等著作。直至60年代，帕克等社会学家仍在不断有文章发表，如帕克在1961年发表了《人文生态学》，1967年发表了《城市：对城市环境中人的行为调查的建议》；1970年又与伯吉斯共同发表了《社会学科学导论》。麦肯齐的著作在60年代发表的就更多了，集中收集在阿莫斯·霍雷编辑的《罗德里克·麦肯齐论人文生态学》一书中。这些著作包括《人文社区研究的生态学方法》、《人文生态学的视角》、《人口学、人文地理学和人文生态学》、《都市社区的兴起》和《街道：对俄亥俄州哥伦布市地方生活的研究》等。[②] 只是这些研究比较局限于城市历史研究的领域。

人文生态学应当研究人类思想传统的积累和演变，以及文化之间的互动对于人类与环境之间关系的影响作用。人类各大思想传统中都隐含了人与自然之间正当的互动的理想期待。至于历史上是否曾经出现过那种和谐共生的状态，历史学家们尚存争议，但这些思想传统对今天的启发意义却是学界的共识。这种启发主要表现在，传统思想中隐含的生态哲学和自然伦理，对于今天的人类生活方式具有价值取向上的指导意义。

---

① 于维民：《人文生态学：科学理性与人文智慧的合璧》，载《甘肃社会科学》1997年第6期，第16—32页。

② Peter McGahan, *Urban Sociology in Canada*, Toronto: Butterworths, c1986, Bibliography.

2 象传中的顺、正、交通的思想

周易《象传》分上下两篇，是对卦名、卦辞的注释。《象传》本来独立成篇，列于经后，今通行注疏本分列六十四卦。据传是孔子所作，据高亨先生考证，认为非出一人之手。《象传》对于理解卦名、卦辞的含义是基本门径。从《象传》中也可以看出易经传递的人文生态哲学思想。首先是随顺自然，与自然和谐相处的思想。

乾坤两卦的理解是理解周易的切入点。此两卦的《象传》集中体现了和谐与随顺的思想。比如乾卦：

《象》曰：乾道变化，各正性命，保合大和，乃利贞。

这段引文是对“利贞”的解释。利贞，就是有利于贞问之事。倘若按照人文生态学研究的领域来发问，就是人类如何与自然处理关系才会平安。“乾道”就是天道，天道变化的结果是使得万物各得其性命之正。自然界的各种存在者，都具有自身最佳的状态。所谓性命之正，就是这种最佳的存在状态。万物如果各自成就自身最佳的状态，形成的是有序的生态自律状态。万物之间相互扶助，相互支持，达到最高的和谐状态，也就是“泰和”、“太和”。达到这种状态，人文生态学的设问就可以得到圆满的解答了。

以上是乾卦的《象传》中提供的结果。如何达到这种结果呢？坤卦的《象传》提供了方法原则。坤卦：

《象》曰：至哉坤元，万物滋生，乃顺承天。

这是说，万物都是靠坤的原则才能达到“正”的生存状态。易的精神就是“生生”，所谓“生生之谓易”。按照坤的原则生存，才能顺承天赋。前文讲，必须顺受其正，才能达到太和状态，从而处理好人文生态学提出的问题。此处，坤卦《象传》说明了万物应以坤的原则作为途径。坤的原则，也就是坤的德，“厚载物”。坤的原则就是包容。《象传》提供的生态伦理就是对万物的包容。如何才能做到对万物的包容呢？需要依靠沟通。

《象传》非常重视沟通、交通的重要作用，分别在泰卦和否卦中作了解释：

泰卦《象》曰：天地交而万物通也。

否卦《象》曰：天地不交而万物不通也。

天地交通，万物才能各正性命，才能达到和谐共生的状态。天地不交，万物不通，自然环境与人文环境的能量和信息不能交换，就会有危险。何谓天地万物的交通呢？就是不以人为的方式，隔断本来具有的共感状态。人不会把自己从环境中隔离出来而生活在技术建构的环境当中，不会把人所选择的动物、植物等等具有与自然环境之间动态信息和能量交换的存在，根据人的意志隔离出来。隔离出来就不能交通了，也就不可能达到顺受其正，和谐共生的状态。为了强调天地交通的重要性，《象传》在归妹卦中进一步指出：

归妹卦《象》曰：天地不交，而万物不兴。

至此，《象传》所描述的人文生态学思想的框架就形成了。这是《象传》人文生态学思想的理想状态和实现的原则。这对于实现太和状态仍然是不够的。

3 象传中的养、感、恒久思想

《象传》还提出了一个重要的原则，那就是要能持久。仅仅提出和谐共生的基本原则和方法，没有长时间的坚持，没形成常态的生命实践，也还是无法达到太和的状态。因此，《象传》提出了颐养的思想：

颐卦《象》曰：天地养万物，圣人养贤以及万民。

首先，《象传》的作者认为，天地本来的品德就是养育万物的。如果不被干扰，天地自然对万物的影响总体上是趋向积极的、成长性的。如果人类不能体会到这一点，对自然抱有征服或者改变的意图，其实反而会破坏这种天然的状态。如何避免这种风险呢？要根据人的群体文化特征来决定。如果人类的群体文化是质朴的，那么不需要有任何的干预就会自然保持那种敬畏自然的状态。否则的话圣人就需要通过贤能的人来影响人，通过养育万民，来传递这个消息。本来万民会随顺天命而自养，但当文化鼓励的欲望误导了人民，就需要有贤人的努力来平衡。圣贤回复这种平衡的方法是“感”：

咸卦《象》曰：天地感而万物化生，圣人感人心而天下和平。观其所感，而天地万物之情可见矣。

可见，万物化生的前提是天地之间的感通。天下和平的前提是圣人对万民人心的感通。感通是万物和谐共生的基本条件。天地何以颐养万物，靠天地的交感。这种感应，是天然的能量平衡系统。五行运化的运动状态，就是这种感通的表现。此处不作展开。圣人何以能够颐养万民？靠的是对民心的感通。从这个感通的过程中，就可以清楚地看到天地万物各自的特征和需要。从而恢复自然本来的平衡就成为可能。从而，《彖传》中的人文生态学所主张的不是单纯以人类理性为核心的、高高在上的、人类中心的对自然的认识和改造，而是将自然视为一个有生命的开放复杂系统，以切身的感通经验作为颐养生态的动力。这才是正确的方向。此外，《彖传》进一步指出这样的努力仍需要以恒久的积累才能最终实现：

恒卦《彖》曰：圣人久于其道，而天下化成。观其所恒，而天地万物之情可见矣。

这是非常明显的人文生态学思想。少数深切体会到感通和颐养的人长时间地坚持一种生活实践方式，会出现形成普遍的习惯，这样人与自然之间的关系才能最终实现和谐转变。从这个持久的过程中，可以看到天地万物的基本特征和变化规律。目前各种生态主义的思潮都主张将思想落到实处，也有不少人身体力行。当然，生态伦理的思潮如果从周易《彖传》的宇宙高度来理解这种生态实践，而不是从特定的群体认同出发，维护小范围的名义之争，生态文明的转变才能真正实现。这当然还需要一个时机的问题。周易《彖传》所主张的人文生态学思想，对顺时的思想也作了阐释。

4 象传中的顺时思想

《彖传》中的人文生态学思想重视顺时的作用，这涉及整个生态文明转变的成败。正确可行的思想和实践，只有出现恰当的时机才有意义。不恰当的时机出现的恰当的思想和实践，在实际上仍然是不恰当的。人文生态学所提出的问题，如果要得到有效的解决，必须从顺时的角度去思考损益的问题。周易《彖传》中指出：

损卦《彖》曰：损益盈虚，与时偕行。

这是说减损和增益，盈余和满虚，都受时位因素制约，过刚应予减损，过柔应予增益，唯有居于中正才是损益得当。很多生态主义者，行为看上去很激进，很多做法可能违背了这个损益的原则，当然，也就无法取得应有的效果。在当前的境遇中，就应当以当前的适当方式去达到对天人关系的损益平衡。

益卦《彖》曰：凡益之道，与时偕行。

这就是说，凡有所为，也必须遵循与时俱进的常道。脱离了这个常道，是没有办法取得成效的。

《彖传》的顺时思想充满了人文生态学的大智慧，具有很强的现实意义。目前很多生态主义的阵营，比如生态男性主义、生态女性主义等等，都没有很好地领会人文生态学的顺时思想。

5 小 结

正当写作本文的过程中，偶然看到《草原文化的生态魂》一书。这是一部人文生态学著作。可以说这部“洋溢着智性与诗意”的生态学著作体现了植根于中国传统文化的人文生态学智慧。“作者明确提出，中国的农耕文化，得益于内蒙古高原绿色生态屏障的保护，草原文化凝结了草原上各游牧民族的智慧；爱护草原、珍惜生命、与自然和谐相处，是中华民族生存和发展的精神植被，也是我们建设生态文化的重要精神烛光。”① 虽然这部书并没有明确说明《彖传》中提出的顺、正、交通的思想，养、感、恒久思想，顺时思想等，但从《光明日报》的评论可以看出，它体现了作为中华文化源头的周易《彖传》中所蕴含的人文生态学思想。以此消息作为本文的收束，即为了表达笔者的一种理想，在人文生态学的研究中不要跟在西方生态学、人类生态学和城市史学中的人文生态学研究之后亦步亦趋，要从中华文明的传统文献中提炼更高明的人文生态学体系。

① 邢宇皓：《〈草原文化的生态魂〉一书首发》，《光明日报》，2007年4月6日。

环境关心量表（ECS）在中国应用的初步探讨

刘贤伟[①] 吴建平[②]

1 序言

随着全球环境问题的不断恶化，环境运动的不断高涨，对于人与环境之间关系的探讨成为热点，环境心理学也在这样的背景之下应运而生。对于环境关心（environmental concern）的界定，学术界意见不一，研究者根据自己的研究方法和研究目的都会给予环境关心对应的定义。在众多定义中，著名环境社会学家 Dunlap 和 Jones 对环境关心的界定得到了最广泛认同，所谓环境关心是指："人们意识到环境问题并支持解决这些问题的程度，或者指人们为解决这些问题而作出个人努力的意愿"。[③]

Schwartz 提出规范激活理论（norm-activation theory），该理论认为人们在社会生活中将外部不成文的规范内化为个人的规范、道德义务感、社会责任感、信念与价值观，不遵循这些内化了的价值观或信念行事的人，不仅会受

① 刘贤伟，北京林业大学人文学院心理学系，e-mail：shinewe_ lau@ bjfu. edu. cn。

② 吴建平，北京林业大学人文学院心理学系，e-mail：wujianping05@ yahoo. com. cn。

③ Dunlap，R. E. ，& Jones，R. E，*Environmental Concern*：*Conceptual and Measurement Issues*，Westport，CT：Greenwood Press，2002，pp. 482 – 524.

到社会的惩罚，也会受到内心的谴责，因此当个体意识到自己的行为对他人会产生有害的结果时，就可能会产生利他的态度和行为，当个体将这种有害结果的责任归咎于自己时，也会产生利他态度和行为。[①] Stern 和 Dietz 进一步扩展了规范激活理论，认为环境关心和亲环境行为可以看成是由某种内在道德规范所激活的利他态度和行为，进而提出价值基础理论（value-basis theory），即对生态环境问题的态度基于人们最普遍的价值观，这种道德规范建立在关心他人幸福和利益的价值基础之上（例如，当人们意识到破坏环境会对他人产生有害结果，并且如果当个体将环境破坏的责任归因于自己时，就趋向于产生环境关心和亲环境行为）。Stern 进一步指出，关心他人幸福和利益的价值观（利他价值观）仅仅是那些可能会引起环境关心和亲环境行为的价值观中的一个，另外还有两个价值观，关心自己的利益（利己价值观）和关心生态圈的利益（生态圈价值观）。[②] Stern 的价值基础理论为环境关心的心理学研究提供了新的方向。

Schultz 和 Zelezny 在前人的基础之上，给予环境关心以心理学角度的解释，他认为环境关心是一种态度，环境关心建立在不同价值观基础之上并受之驱动。[③] 立足于价值基础理论和态度的心理学研究，Schultz 编制了环境关心量表（environmental concern scales，简称 ECS）。[④] 该量表由三个相互关联的维度构成，分别为生态圈环境关心（biospheric concerns）、利己环境关心（egoistic concerns）、利他环境关心（altruistic concerns）。这三类环境关心受利己价值观、利他价值观和生态价值观的驱动，利己环境关心是指个体关心环境是出于对自身利益的考虑，而利他环境关心是指出于对他人利益的考虑而去关心，相应地，生态圈环境关心就是出于对整个生态圈利益的考虑而关

---

① Schwartz, S. H, "There Universal Aspects in the Structure and Contents of Human Values", *Journal of Social Issues*, 1994 (50), pp. 19 – 45.

② Stern, P. C., & Dietz, T., "The Value Basis of Environmental Concern", *Journal of Social Issues*, 1994 (50), pp. 65 – 84.

③ Schultz, P. W., & Zelezny, L. C, "Values as Predictors of Environmental Attitudes: Evidence for Consistency Across 14 Countries", *Journal of Environmental Psychology*, 1999 (19), pp. 255 – 265.

④ Schultz, P. W., "The Structure of Environmental Concern: Concern for Self, Other People, and the Biosphere", *Journal of Environmental Psychology*, 2001 (21), pp. 1 – 13.

心环境。在北美洲、南美洲、欧洲以及亚洲部分地区的跨文化研究表明，该量表具有较好的信效度。①

在过去的研究中，研究者们基于被试的社会人口学特征（如性别、年龄、受教育程度、收入等），检验它们对环境关心的影响，希望能以此区分出哪一类人更加关心环境，因此探讨环境关心与社会人口学因素之间的关系成为环境关心研究的一个重要方面。②

对于环境关心的心理学研究在中国正处于起步阶段，测量工具相对贫乏，本研究将对环境关心量表进行中文修订和信效度检验，使其适合于在中国本土对环境关心进行测量研究。

2 方 法

2.1 环境关心量表（ECS）

破坏自然环境所导致的后果，使人们越来越关注环境问题，但是人们关心环境的出发点有所不同，有些人关心环境是出于对自身的考虑，有些人是出于对他人的考虑，另一些人是出于对整个生态圈的考虑，这构成3个维度：利己环境关心、利他环境关心和生态圈关心。ECS从3个方面评估了人们关心环境的动机，总量表由3个维度12个词组构成，每个维度各4个词组。要求被访者根据自己的真实想法回答12个词组所代表意义的重要程度。在征询了Schultz本人的意见之后，确定在不删减题目的基础之上对量表进行修订。

量表先由三名心理学专业的研究生翻译成中文，对三份译稿进行对比讨论，整合出中文版量表的初稿。然后由英语专业的三名研究生对初稿进行回译，在综合比较之后确定了题项的中文翻译，并对北京林业大学选修社会心

---

① Schultz, P. W., Gouveia, V. V., Cameron, L. D., Tankhur, G., Schmuck, P., & Franěk, M, "Values and Their Relationship to Environmental Concern and Conservation Behavior", *Journal of Cross-Cultural Psychology*, 2005 (4), pp. 457 -475.

② Buttel, F. H., "New Directions in Environmental Sociology", *Annual Review of Sociology*, 1987 (13), pp. 465 -468.

理学课程的本科学生进行了小范围试测。根据试测结果、试测参与学生的反馈以及心理系三名教授的意见，最终形成中文版环境关心量表。与原量表一样，本研究的计分方式仍采用 1—7 的 7 点 Likert 记分，其中 1 代表最不重要，7 代表最重要。

2.2　样本

以北京林业大学社会心理学全校公选课 180 名学生为施测对象，共回收问卷 172 份，其中有效问卷为 168 份，有效率为 93.3%。168 名学生中，男生为 88 人（52.4%），女生为 80 人（47.6%），平均年龄为 19.8 ±1 岁。

2.3　统计工具

采用 SPSS 17.0 进行数据处理与统计分析。

3　结　果

3.1　项目分析

对项目与所属因子总分的相关分析发现，生态圈关心维度四个题项（1、4、7、10 题）与所属因子总分相关系数在 0.747—0.871 之间（$p<0.01$）；利己环境关心维度四个题项（2、5、8、11 题）与所属因子总分相关系数在 0.755—0.839 之间（$p<0.01$）；利他环境关心维度四个题项（3、6、9、12 题）与所属因子总分相关系数在 0.693—0.727 之间（$p<0.01$）。

3.2　结构效度

3.2.1　探索性因素分析

采用 SPSS 17.0 对样本数据进行探索性因素分析。因素分析的适合性检验结果表明，该样本数据的 KMO 值为 0.771，Bartlett 球形检验结果拒绝零假设，因此可以进行探索性因素分析。采用主成分分析法抽取因素，获得特征根大于 1 的因素有 3 个，解释总方差的 62.937%，结合碎石图（见图 1）抽取三个因素。探索性因素分析的具体结果见表 1。

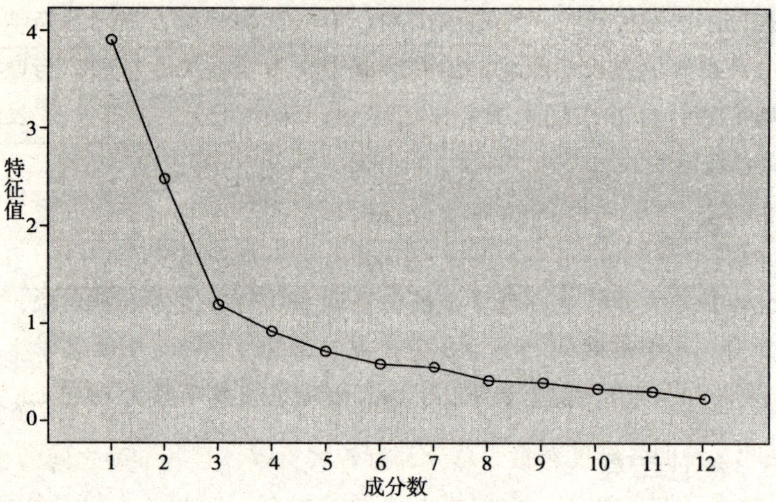

图 1　ECS 探索性因素分析碎石图

表 1　ECS 的因子结构

项目	因子 1	因子 2	因子 3
1	0. 802		
4	0. 774		
7	0. 833		
10	0. 834		
2		0. 655	
5		0. 815	
8		0. 743	
11		0. 792	
3			0. 754
6			0. 688
9		0. 638	
12		0. 766	

3. 2. 2　ECS 各维度之间以及各维度与总量表之间的相关

进一步检验各维度之间以及各维度与总量表之间的相关，结果见表 2。

表 2　环境关心量表各维度之间以及各维度与总量表之间的相关系数

	生态圈环境关心	利己环境关心	利他环境关心	总量表
生态圈环境关心	1			
利己环境关心	0.098	1		
利他环境关心	0.258**	0.499**	1	
总量表	0.602**	0.769**	0.796**	1

注：* $p<0.05$，** $p<0.01$

如表 2 所示，各维度与总量表之间的相关系数在 0.602 到 0.796（$P<0.01$）之间，说明各维度对量表总分都有较大贡献，且各维度之间的相关皆低于与总量表之间的相关，说明维度之间虽然有一定相关，但是彼此相对独立。

3.3　ECS 的信度

采用 Cronbach's α 系数检验 ECS 的信度。ECS 各维度和总量表的信度水平皆达到可接受的水平，量表可靠性较高。量表各维度及总量表的内部一致性系数见表 3。

表 3　环境关心量表各维度及总量表的内部一致性系数

	生态圈环境关心	利己环境关心	利他环境关心	总量表
α 系数	0.837	0.793	0.733	0.807

4　讨　论

修订后的中文版环境关心量表与原量表一样由三个维度构成，分别是利己环境关心、利他环境关心和生态圈环境关心。内部一致性系数和量表的效度水平均符合心理学标准。探索性因素分析显示，与原量表一样，划分为三个维度的构想是切合实际的。对环境关心量表各维度之间以及与总量表的相关检验显示，三个维度与总量表之间呈显著正相关，且均高于各维度之间的相关。在维度之间的相关中，利己和利他环境关心呈显著正相关，利他与生态圈环境关心也呈显著正相关，而利己和生态圈环境关心之间相关未达到显著水平，这符合量表的理论基础：利己关心在一定程度上属于人类中心主义，而生态圈关心属于生态中心主义。[①] 探索性因素分析和相关检验说明量表结构效度是可以接受的。

对于中文版环境关心量表的信度，采用 Cronbach's α 系数检验量表的信度，结果显示各维度以及总量表的 α 系数均达到可接受的水平，且除了生态圈关心维度的 α 系数略低于 Schultz2001 年的研究结果，其余两个维度的信度系数均高于 Schultz 研究结果。这说明该量表在中国大学生中的使用是具有可靠性的。

本研究在翻译修订的过程中，广泛征求了心理学专家以及英语专业学者的意见，尽量使题项能够符合于中国本土文化，同时根据原量表编制者 Schultz 教授的意见没有删除题项。对于个别题项还需进一步讨论修改，如量表中利他环境关心维度的题项“people in my community”，在讨论的过程中，意见不尽一致，原因在于“community”的多重含义。在查阅文献时，作者发现在瑞典的研究中该题项变为了“people in Sweden”[②]，因此在翻译中对于该项的翻译为“中国人”。对于题项的翻译和修订仍需进一步研究探讨。

本研究并未对影响环境关心的社会人口学因素进行探讨，因此在今后的研究中可以使用 ECS 测量不同社会群体，并对中国人的环境关心和社会人口学因素之间的关系作进一步的研究探讨。

综上所述，本研究结果表明环境关心量表中文修订版具有较好的信效度，可以作为环境关心研究的一个重要测量工具。本研究样本是大学生样本，因此具有一定的局限性，在今后的研究中还需在更具代表性的大样本中进行信效度的检验。

---

① Schultz, P. W., “The Structure of Environmental Concern: Concern for Self, Other People, and the Biosphere”, *Journal of Environmental Psychology*, 2001 (21), pp. 1 – 13.

② André, H., Amelie, G., Asgeir, J., & Tommy G., “The Relationships between Awareness of Consequences, Environmental Concern, and Value Orientations”, *Journal of Environmental Psychology*, 2008 (28), pp. 1 – 9.

生态潜意识的存在性初探

王冬冬[①]　訾　非[②]

生态心理学（ecopsychology）以生态环境问题和人类精神健康及二者之间的关系为研究对象[③]，它探讨生态环境问题的心理根源与解决途径以及自然环境对人的心理价值[④]。西奥多·罗杰克（Theodore Roszak）认为，人与自然之间存在密切联系，他结合荣格关于集体潜意识的理论，提出了生态潜意识（ecological unconscious）[⑤] 这个概念。罗杰克相信人与自然之间这种亲密情感联结是人类天生所固有，并且普遍存在的，是集体潜意识的一个组成部分。以生态潜意识假设为基础，罗杰克揭示了生态环境破坏的心理原因：人类心灵深处对于大自然母亲的依恋被政治、经济、欲望等因素所蒙蔽，生态潜意识受到了压抑，使人与自然之间有了疏离感。罗杰克认为生态危机的解决途径就是解除对生态潜意识的压抑，唤醒人类亲近自然的本性，形成与自然和谐的"生态自我"，从而协调人与自然的关系。

---

① 王冬冬，北京林业大学人文学院心理学系、南京师范大学心理学系，e-mail：kimreeves. wdd@ 163. com。

② 訾非，北京林业大学人文学院心理学系，e-mail：fei_ z@ sohu. com。

③ 易芳：《与生态学有关的心理学概念辨析》，载《赣南师范学院学报》2003 年第 5 期，第 52—55 页。

④ 秦晓利：《生态心理学》，上海教育出版社 2006 年版，第 182 页。

⑤ Roszak T. , *The Voice of the Earth*: *An Exploration of Ecopsychology*, America: Red Wheel/ Weiser, 2001, pp. 291 - 296.

生态潜意识假设不仅在罗杰克的理论体系中占有基础性地位，而且在整个生态心理学研究领域中起着重要的理论指导作用。不管是对环境破坏问题的心理根源探究，还是寻找解决环境问题的心理学途径，①② 抑或是利用自然物进行心理治疗如荒野疗法、园艺治疗等，③ 都是默认生态潜意识的存在性或以此为理论根据的。其他一些研究者也曾对这个问题进行探讨，如威尔逊（Wilson）曾提出非常类似于生态潜意识概念的爱生假设（biophilia hypothesis），认为人类具有一种以基因为基础与其他生命相联系的需要和倾向；④ 托马斯·贝里在分析了人类社会各领域的发展历程之后，认为人类的未来之路需要依靠回归自然母亲的怀抱、融入宇宙的大我中来获得自身的持续生存和发展。⑤

那么，生态潜意识是否确实存在呢？对此罗杰克没有给予实证研究。生态潜意识假设作为综合和支撑其理论体系的一个核心思想，更多的是一种理念而缺乏实践的检验。少数的一些研究似乎从侧面支持了这个假设。例如尤尔里奇（Ulrich）发现具有自然风景的窗子对医院患者的术后康复起积极作用；⑥ 哈蒂格（Hartig）发现野外旅行组比非野外活动组在健康恢复过程中表现更好且自我报告满意度更高；⑦ 卡普兰（Kaplan）发现看得见自然风景的办公室能够降低员工的缺勤率并提高工作效率；⑧ 最近华盛顿大学卡恩

① 谭千保：《生态环境问题的心理根源及其出路》，载《心理研究》2008 年第 1 期第 1 卷，第 39—42 页。

② 吴建平：《生态环境控制的心理学途径》，载《内蒙古师范大学学报》（哲学社会科学版）2007 年第 36 期第 6 卷，第 78—82 页。

③ 肖志翔：《生态心理学思想反思》，载《太原理工大学学报》（社会科学版）2004 年第 22 期第 1 卷，第 66—68 页。

④ Wilson E. O. , *The Biophilia Hypothesis*, Washington DC: Kellert & Wilson, 1993, pp. 31 – 41.

⑤ 托马斯·贝里：《伟大的事业——人类未来之路》，曹静译，三联书店 2005 年版，第 207—230 页。

⑥ Ulrich R. S. , "View through a Window May Influence Recovery from Surgery", *Science*, 1984 (224), pp. 420 – 421.

⑦ Hartig T. , Mang M. , Evans G. W. , "Restoritive Effects of Natural Environment Experience", *Environment and Behavior*, 1991 (23), pp. 3 – 26.

⑧ Kaplan R. , "The Role of Native in the Context of the Workplace", *Landscape and Urban Planning*, 1993 (26), pp. 193 – 201.

(Kahn)实验室发现实际与大自然相处比通过电视看到大自然的画面更容易缓解人的压力等等，这些研究从各个角度或多或少地暗示了人与自然之间的心理联结，但这些研究都没有直面“生态潜意识”的存在性问题。

本研究尝试从正面讨论生态潜意识的存在性，并探讨基于生态潜意识假设之上的关于环境保护的心理学方法及利用自然环境进行心理治疗的可行性。本研究将考察两条基本假设：(1)由于生态潜意识的存在，人们在设想其向往的地方时，会首先考虑一些自然环境特征，他们对自然环境的重视程度会显著高于其他因素（如社会环境、人文环境等）；(2)不同性质的人群（如不同性别、不同年龄、不同生活环境等），在自然环境的重视上是有普遍性的，都会更加重视自然环境因素而不是其他因素。这两条基本假设是本项研究考察生态潜意识存在与否的两项指标。如果两个假设都成立，那么我们可以从一定程度上相信生态潜意识是存在的。

1 方 法

1.1 被试

采用定额抽样的方法，以性别和年龄（按18—25岁、26—35岁、36—50岁、50岁以上四个组划分）为条件选取被试。共发放问卷374份，回收有效数据328份，回收率87.7%。其中男性18—25岁42人，26—35岁40人，36—50岁41人，50岁以上42人，女性18—25岁40人，26—35岁40人，36—50岁43人，50岁以上40人。

1.2 研究工具

以“我最向往的地方”为话题对9名被试进行访谈，根据访谈结果，粗略地按自然环境、人文环境、社会环境三个维度总结15条描述环境的语句，每个维度5条，包括：(1)自然环境：a. 有山水、森林、草原、沙漠等各种地理元素；b. 有阳光沙滩、蓝天白云、花草树木等风景；c. 有各种野生动物；d. 有新鲜的空气、植物的芬芳；e. 人烟稀少，远离尘嚣。(2)人文环境：a. 有文明遗址、名人故居、各种博物馆等；b. 有少数民族村寨、特色民俗、风味小吃等；c. 有宫殿寺庙、古代建筑等；d. 有许多传说；富有浪漫气息、神秘感；e. 文学艺术发达，人杰地灵。（3）社会环境：a. 有高楼大厦，经济发达，是购物天堂；b. 政治氛围民主，社会关系和谐；c. 人头攒动，热闹非凡；d. 科技发达，现代化水平高；e. 生活节奏轻松，身心压力小。将这些语句交替编制成问卷，采用李克特五点量表要求被试对每条特征进行重视程度的评价（1 为最不重要，2 为比较不重要，3 为没考虑过，4 为比较重要，5 为最重要）。

同时，收集被试的一般人口学资料，包括性别、年龄、职业、文化程度、收入、目前居住地（大城市，中小城市，县镇，乡村/市郊）和童年早期生活的地方（大城市，中小城市，县镇，乡村/市郊）等7个方面。

将编制好的问卷发放 30 份进行预调查，针对问卷语言和内容安排等进行修改，最后完成正式的调查问卷并施测。

2 结 果

2.1 被试最向往的地方

问卷的开放题部分是让人们填写自己最向往的地方，或描述该地方的特征。结果如表 1 及表 2 所示，出现频率最高的地名有云南、西藏、苏州杭州、海南、小镇等，而描述地方特征最常出现的词有山水、大海沙滩、湖、草原、空气、天空、花草树木等，表明人们对自然风景的向往，以及向往之地作为人寄托心灵释放压力的场所的功能。

表 1 “最向往的地方”频率分布

地名	频率
云南	27
西藏	18
苏杭	16
海南	12
小镇	11

续表

地名	频率
九寨沟	7
桂林	5
乡村	5
成都	4
其他总	63
合计	168

表2　描述“最向往的地方”的主要词句频率分布

描述语句	频率
山水	18
大海、沙滩	16
湖	5
草原	5
空气清新	4
天空	4
花草树木	3
其他总	7
合计	62

这些地名和词句在各个年龄阶段的人群中均有出现，但还有一些选择却仅限于固定的年龄段人群，比如，纽约、曼哈顿、伦敦等国际大城市多为18—25岁及26—35岁这两个年龄段的人所选择，36岁以后的人群基本没有对此表现出显著的兴趣。

2.2　环境因素评价维度划分

对328名被试填写的问卷（15个项目）数据进行因素分析。对相关矩阵进行Bartlett球形检验，结果显著（ = 1085.128，df = 105，P = .000），KMO值为0.680，大于0.5，说明适合进行因素分析，采用主成分分析法和Promax

方差最大斜交旋转。

结果得到特征值大于1的初始因子有5个，解释总方差的62.3%。根据碎石图，从第五个因素以后曲线变平坦。抽取五个因素，根据各因素项目的内容，分别定名为“经济政治”、“自然环境”、“文化氛围”、“风土人情”和“压力”五个环境因素，分别包含4、4、3、2、2个项目。各因素及项目的载荷、共同度见表3。

表3 调查问卷15个项目的公共因素方差和Promax旋转后的因素载荷矩阵

项目	因素1	因素2	因素3	因素4	因素5		
编号	经济政治	自然环境	文化氛围	风土人情	压力	共同度	问卷项目
12	0.796					0.66	科技发达，现代化水平高。
3	0.730					0.57	有高楼大厦，经济发达，是购物天堂。
9	0.714					0.55	人头攒动，热闹非凡。
6	0.633					0.55	政治氛围民主，社会关系和谐。
10		0.850				0.73	有新鲜的空气、植物的芬芳。
4		0.813				0.68	有阳光沙滩、蓝天白云、花草树木等。
7		0.616				0.43	有各种野生动物。
1		0.504				0.46	有山水、森林、草原、沙漠等。
2			0.833			0.72	有文明遗址、名人故居、各种博物馆。
8			0.782			0.71	有宫殿寺庙、古代建筑等。
14			0.558			0.59	文学艺术发达，人杰地灵。
11				0.826		0.77	有许多传说，富有浪漫气息、神秘感。
5				0.730		0.70	有民族村寨、特色民俗、风味小吃。
13					0.759	0.68	人烟稀少，远离尘嚣。
15					0.624	0.54	生活节奏轻松，身心压力小。
特征值	2.580	2.099	1.923	1.394	1.351		
方差解释率	17.198	13.993	12.823	0.292	9.005		

2.3 对研究假设一的检验

本研究第一个假设是：由于生态潜意识的存在，人们在设想其向往的地方时，会首先考虑自然环境特征，他们对自然环境的重视程度会显著高于其他因素（如社会环境、人文环境等）。根据本假设，自然环境因子上的平均得分会显著地高于其他各因子，即在人们设想最向往的地方时，最重视自然环境因素。

采用方差分析，比较被试在五种环境因子上得分的平均值之间的差异，结果发现，自然环境因子的得分是最高的（M = 4.18，SD = .68），接下来依次是压力因子（M = 3.64，SD = .94）、风土人情因子（M = 3.31，SD = 1.1）、文化氛围因子（M = 3.28，SD = 1.0）和经济政治因子（M = 2.53，SD = 1.0），并且，各因素平均分之间的差异显著（$F = 139.31$，$p < 0.01$，$\eta^2 = .65$）。

进一步对数据进行配对样本 t 检验，结果显示，除了文化氛围因子与风土人情因子得分之间不存在显著差异（$t = -0.50$，$p = .615$）之外，其他各对子得分之间均在在 0.01 水平上存在显著差异。人们对自然环境因子的偏好显著高于任何其他四个因子。

2.4 对研究假设二的检验

本研究第二个假设是：不同性质的人群对自然环境的重视具有普遍性，即人类对自然环境的偏好是跨人群的。这在统计学上可表述为两个分命题：(1) 对于每一种人群类型（男性、女性、不同年龄阶段的人），自然环境因子的得分依然显著高于其他各因子；(2) 对比不同性质的人群之间，在自然环境因子上的得分具有一致性，不存在统计学上的差异。下面就这两个命题分别进行检验：

2.4.1 第一个分命题检验

比较两性和不同年龄阶段的被试在环境因子上的得分差异。方差分析的结果如表 4 所示：在不同的性别和不同的年龄段，自然环境因子的得分都是最高的，事后检验（post-hoc）发现，自然环境因子得分显著高于其他每一个因子。

表 4　性别和年龄维度下的重复测量方差分析结果

	因子类型	M	SD	N	F	p
男	自然环境因子	4.14	.71	157		
	压力因子	3.72	.99	157		
	文化氛围因子	3.31	1.08	157	67.17	000**
	风土人情因子	3.19	1.05	157		
	经济政治因子	2.48	1.03	157		
女	自然环境因子	4.23	.65	152		
	压力因子	3.58	.90	152		
	风土人情因子	3.43	1.03	152	78.45	000**
	文化氛围因子	3.28	.95	152		
	经济政治因子	2.59	.90	152		
18—25	自然环境因子	3.98	.76	77		
	风土人情因子	3.45	1.03	77		
	压力因子	3.41	.99	77	28.33	000**
	文化氛围因子	3.04	1.02	77		
	经济政治因子	2.67	.99	77		
26—35	自然环境因子	4.10	.69	80		
	压力因子	3.65	1.07	80		
	风土人情因子	3.38	1.09	80	24.00	000**
	文化氛围因子	3.25	1.02	80		
	经济政治因子	2.60	.94	80		
36—50	自然环境因子	4.36	.55	76		
	压力因子	3.79	.77	76		
	文化氛围因子	3.29	.93	76	72.99	000**
	风土人情因子	3.26	1.01	76		
	经济政治因子	2.21	.89	76		
50 以上	自然环境因子	4.30	.64	76		
	压力因子	3.76	.90	76		
	文化氛围因子	3.59	1.03	76	45.98	000**
	风土人情因子	3.16	1.05	76		
	经济政治因子	2.65	1.00	76		

注：* $p<.05$，** $p<.01$

2.4.2　第二个分命题检验

对比不同性质的人群之间在自然环境因子上得分的一致性，同时也对比不同性质人群之间在其他因子上得分是否存在差异，方差分析的结果如表 5 所示：

表 5　不同人群维度下各因子得分比较方差分析结果

		自然环境因子				经济政治因子				文化氛围因子				风土人情因子				压力因子			
		M	SD	F	p	M	SD	F	p	M	SD	F	p	M	SD	F	p	M	SD	F	p
1. 性别	男	4.13	0.70			2.45	1.03			3.30	1.09			3.16	1.06			3.67	1.00		
	女	4.25	0.65	2.84	.09	2.61	0.89	2.06	.15	3.27	0.94	0.09	.78	3.49	1.03	7.79	.01*	3.62	0.90	0.14	.71
	总体	4.19	0.67			2.53	0.97			3.29	1.02			3.32	1.06			3.64	0.95		
2. 年龄	18—25	4.01	0.76			2.68	0.98			3.02	0.11			3.49	1.03			3.44	0.98		
	26—35	4.10	0.69			2.60	0.94			3.25	0.11			3.38	1.09			3.65	1.07		
	36—50	4.35	0.56	4.89	.00**	2.21	0.90	4.31	.01*	3.28	0.11	4.62	.00**	3.26	1.06	1.32	.30	3.76	0.83	1.86	.14
	50 以上	4.30	0.64			2.64	0.99			3.60	0.11			3.18	1.04			3.72	0.90		
	总体	4.19	0.67			2.53	0.97			3.29	0.06			3.32	1.06			3.64	0.95		
3. 职业	职员	4.07	0.74			2.68	0.99			3.31	0.95			3.71	0.93			3.67	1.07		
	工人	4.34	0.56			2.38	0.93			3.38	1.04			3.02	1.11			3.62	0.96		
	教师	4.31	0.74			2.28	0.62			3.29	0.71			3.05	0.77			3.75	0.70		
	学生	4.01	0.76	2.56	.03*	2.68	0.98	2.44	.03*	3.02	1.03	3.10	.01*	3.49	1.03	2.98	.01*	3.44	0.98	1.19	.32
	退休	4.30	0.64			2.64	0.99			3.60	1.02			3.18	1.04			3.72	0.90		
	其他	4.24	0.53			2.23	0.97			3.12	1.05			3.32	1.17			3.79	0.95		
	总体	4.19	0.67			2.53	0.97			3.29	1.02			3.32	1.06			3.64	0.95		
4. 文化程度	小学及以下	4.50	0.31			4.10	0.38			4.27	1.28			3.40	2.19			4.00	1.22		
	初中	4.17	0.48			2.49	1.03			3.38	0.97			2.84	0.98			3.35	0.99		
	高中	4.37	0.66	2.32	.08	2.60	0.94	4.89	.00**	3.01	1.12	3.21	.02*	3.00	1.15	7.77	.00**	3.48	0.79	3.04	.03*
	大本/大专及以上	4.13	0.71			2.48	0.94			3.32	0.98			3.51	0.96			3.74	0.96		
	总体	4.19	0.67			2.53	0.97			3.29	1.02			3.32	1.06			3.64	0.95		

续表

		自然环境因子				经济政治因子				文化氛围因子				风土人情因子				压力因子			
		M	SD	F	p	M	SD	F	p	M	SD	F	p	M	SD	F	p	M	SD	F	p
5. 月收入	800 以下	4.31	0.58			2.07	0.85			3.33	1.27			3.26	1.06			3.60	1.09		
	800—1499	4.18	0.66			2.55	1.13			3.17	1.08			3.02	1.26			3.66	0.98		
	1500—2999	4.20	0.67	0.52	.67	2.55	0.89	2.59	.05*	3.31	0.92	0.30	.82	3.38	0.94	3.04	.03*	3.60	0.92	0.25	.86
	3000 及以上	4.15	0.73			2.56	0.90			3.31	0.94			3.51	0.98			3.70	0.95		
	总体	4.19	0.68			2.50	0.95			3.28	1.00			3.34	1.05			3.64	0.96		
6. 最近居住	大城市	4.22	0.67			2.59	0.95			3.42	1.01			3.47	1.01			3.72	0.94		
	中小城市	4.17	0.55			2.43	0.98			3.15	0.89			3.24	0.95			3.64	0.90		
	县镇	3.87	0.91	2.41	.07	2.21	0.96	2.58	.05*	2.36	1.03	8.22	.00**	2.20	1.06	12.43	.00**	3.00	0.96	4.41	.01*
	乡村/市郊	4.63	0.53			4.25	—			3.50	1.18			4.00	1.41			3.50	2.12		
	总体	4.19	0.67			2.53	0.97			3.29	1.02			3.32	1.06			3.64	0.95		
7. 童年居住	大城市	4.17	0.72	0.67	.57	2.93	0.84	7.96	.00**	3.58	0.99	8.58	.00**	3.59	1.01	6.37	.00**	3.74	0.90	3.59	.01*
	中小城市	4.13	0.66			2.60	0.94			3.28	0.93			3.50	1.00			3.90	0.83		
	县镇	4.12	0.78			2.35	0.94			2.72	1.04			2.85	1.12			3.35	0.93		
	乡村/市郊	4.25	0.61			2.32	0.99			3.35	0.98			3.26	1.01			3.61	0.99		
	总体	4.19	0.67			2.53	0.97			3.29	1.02			3.32	1.05			3.65	0.94		

注：$^*p<.05$，$^{**}p<.01$

自然环境因子只在年龄和职业维度上存在显著差异，其他四个因子的得分则至少在3个维度上存在显著差异。可见，相较于其他各类特征，不同类型的人群对自然环境的偏好表现出最高的一致性。

表5也显示出自然环境因子得分在最近居住地和童年居住地维度上都没有显著差异，但其他4个因子在这两个维度上均有显著差异，即最近及童年的居住环境没有影响人们对自然环境的偏好，却影响了人们对其他所有环境因子的偏好。这说明人们对自然环境的偏好不是由生活环境（是生活在城市还是乡村）的影响所导致的，这更强烈地证明了自然环境因子的普适性。

进一步按年龄划分对各因子在最近居住地和童年居住地维度下的得分进行比较，结果如表6所示，可以看出各个年龄段人群中，不同童年居住地的被试都没有表现出自然因子偏好的显著差异，说明童年居住环境没有影响所有年龄段人群对自然的重视，但最近居住环境对某些年龄段人群的自然环境偏好产生了影响。这进一步排除了早期生活环境的影响，证明人们对自然的亲近感更有可能存在于集体潜意识中。

表6　各年龄段人群在最近居住及童年居住地维度上自然因子得分比较方差分析结果

		18—25岁				26—35岁				36—50岁				50岁以上			
		M	SD	F	p	M	SD	F	p	M	SD	F	p	M	SD	F	p
最近居住	大城市	4.07	0.66			4.13	0.72			4.49	0.58			4.27	0.67		
	中小城市	4.06	0.72			3.99	0.64			4.25	0.40			4.43	0.39		
	县镇	3.21	1.25	3.44	0.02*	4.31	0.52	0.51	0.60	4.02	0.62	4.40	0.02*	4.38	0.88	0.31	0.74
	乡村/市郊	4.63	0.53			—	—			—	—			—	—		
	总体	4.01	0.76			4.1	0.69			4.35	0.56			4.30	0.64		
童年居住	大城市	3.99	0.56			4.28	0.86			4.35	0.70			4.13	0.79		
	中小城市	3.81	0.81			4.08	0.66			4.40	0.34			4.39	0.50		
	县镇	3.79	0.99	1.95	0.13	4.00	0.78	0.29	0.83	4.50	0.38	0.57	0.64	4.36	0.48	1.19	0.32
	乡村/市郊	4.28	0.64			4.10	0.66			4.27	0.57			4.42	0.54		
	总体	4.00	0.76			4.10	0.69			4.35	0.56			4.30	0.64		

注：$^{*}p<.05$，$^{**}p<.01$

对年龄维度及职业维度下自然因子得分作进一步的多重比较，具体考察自然因子得分在哪些年龄段和职业种类之间存在差异。结果如下：

结合表5，在自然环境因子上，各个年龄段得分从高到低依次为36—50岁（M＝4.35，SD＝0.56）、50岁以上（M＝4.30，SD＝0.64）、26—35岁（M＝4.10，SD＝0.69）和18—25岁（M＝4.01，SD＝0.76）。并且，18—25岁年龄段与36—50岁及50岁以上年龄段之间得分的差异是显著的（p值分别为.001和.006），26—35年龄段与36—50年龄段之间得分的差异也在统计上显著（p＝.016）。总的来说，18岁之后，随着年龄的增长，人们对自然环境的向往有增加的趋势（见图1）。

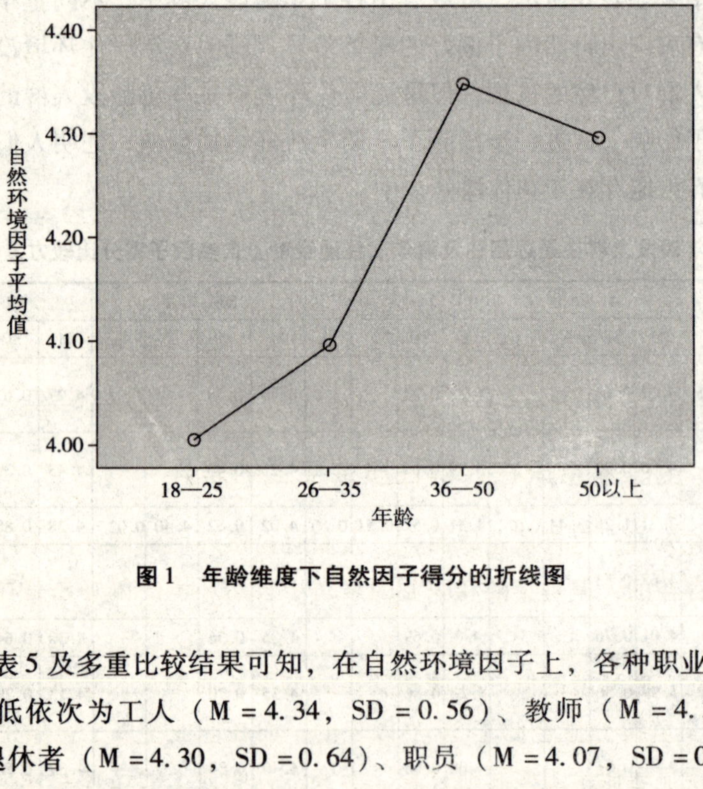

图1　年龄维度下自然因子得分的折线图

结合表5及多重比较结果可知，在自然环境因子上，各种职业类型的得分从高到低依次为工人（M＝4.34，SD＝0.56）、教师（M＝4.31，SD＝0.74）、退休者（M＝4.30，SD＝0.64）、职员（M＝4.07，SD＝0.74）、学生（M＝4.01，SD＝0.76）、其他人（M＝4.24，SD＝0.53）。并且，学生与工人及退休者之间的差异是显著的，工人退休者得分显著高于学生（$p<0.01$）。

3 讨 论

3.1 生态潜意识的存在性

问卷开放题的结果表现出人们心中的向往之地具有寄托精神和释放压力之场所的功能；假设一的检验结果说明在对最向往之地的特征评价中，人们对自然环境的重视程度显著地高于压力因子、风土人情因子、文化氛围因子和经济政治因子，符合第一条假设，即人们对自然环境的重视具有显著性；假设二的检验结果说明不仅在总体上，而且在不同的性别和不同年龄的人群中，人们对自然环境的重视依然具有显著性和一致性。并且，当不同性质的人群之间进行比较时，人们对自然环境的评价最具有一致性，基本符合第二条指标，即不同的人群对自然环境的偏好具有一致性。此外，假设二的检验结果同时也排除了生活环境尤其是童年生活环境因素对自然环境偏好的影响，进一步明确了人们对自然环境的偏好是先天的倾向。

综上所述，可以推测，生态潜意识是存在的，人与自然界之间确实存在一种亲密的、普遍的情感联结，通过唤醒生态潜意识来促进人们保护生态环境的自觉性、运用自然环境进行心理治疗的方法是有现实依据的。

3.2 生态潜意识在人群性质维度上的差异

本研究发现，尽管从总体而言，人们对自然环境的偏好在不同性质的人群中都是存在的，但是年龄和职业因素对于自然环境的偏好还是存在一定的影响。

人们对自然环境的偏好程度随着年龄的增长而增长，以 36 岁为临界点，36 岁以下人群得分显著低于 36 岁以上的；而在职业维度上，学生对自然环境重视程度显著低于工人和退休者。事实上，职业上的这种差异跟年龄是相吻合的，因为在本次调查样本中，学生样本就是 18—25 岁年龄段样本，退休者样本就是 50 岁以上样本，而工人则多集中在 36—50 岁这个年龄段。因此，这两个维度的差异最终可以归结为年龄的差异。

可见，生态潜意识与人的发展之间存在某种关系。18 岁到 35 岁之间，是人发展和实现理想的高峰期，主要任务是取得学业上和事业上的成功（如前所述，问卷开放题结果显示了纽约、曼哈顿、伦敦等国际大城市多为这个年龄段的人群所选择；18—25岁人群在对经济政治因素的偏好程度上的得分是最高的），这个阶段人的成就动机部分压抑了生态潜意识，所以导致对自然环境的重视程度有所降低。而过了事业高峰期后，人的生活重心便转向家庭，36岁以后，人们会为下一代的健康成长和人类的持续发展而考虑更多的东西，比如生态环境；之后人们退休、变老，就会更加意识到人与自然物之间的亲密联系，这个阶段也正是埃里克森心理社会发展阶段理论中成年中期和晚期，此时人格发展的重点是繁衍关照及实现自我。[①] 此外人们常用的“落叶归根”的说法也正暗示了这一点，因此，在36岁以后的阶段中，人对自然环境的重视程度会有所提高。

这种生态潜意识与人的发展之间的关联，是与当今社会中每个成长阶段人的发展任务紧密相关的。这也正是罗杰克关于生态潜意识的观点之一，即社会政治、经济和文化发展对人的发展施加的压力压抑了人类身上一直存在着的生态潜意识，从而导致它表现得不那么充分。

遗憾的是，这次调查的对象不包括18岁以下的人群，因此无法更为完整地考虑人的发展与生态潜意识之间的关系。按照罗杰克的观点，小孩子的生态潜意识表现是最明显的，因为他们还没有被社会的压力所束缚，是最为天真自然的，有着强烈的与大自然亲近的本能需求。是否如此，后续的研究可以对其进行检验，同时弥补本次研究年龄样本上的缺陷。

虽然本次研究的结果基本上支持了生态潜意识存在的假设，但要确定生态潜意识的存在性还为时过早。将来或许可以采用更为严谨的方法（例如，双生子研究），来作进一步的证实。

另外，本研究的样本代表性、调查问卷信效度等也有待改进。在将来的研究中，可以考虑选取本次研究中所缺少的青少年及农村群体进行调查，还可以尝试编制规范的生态潜意识量表以提高研究手段的信效度和规范性。

---

① Erikson E. H., Erikson J. M., *The Life Cycle Completed*, W. W. Norton & Co. Ltd., 1997.

附录

调查问卷

您好！我是北京林业大学学生，正在做一个主题为“我最向往的地方”的调查，希望得到您的支持与配合。下面是我们的问卷内容，大概花费您2分钟时间。非常感谢您的合作！

★一、您最向往的地方是哪里？列出一或多个地名，或简单描述该地方的特征。

答：

★二、对您的向往之地来说，下列15条特征重要吗？请分别进行5等级评分，在相应等级上画圈(1为最不重要，2为比较不重要，3为没考虑过，4为比较重要，5为最重要)。

题号	特征描述	重要程度
01	有山水、森林、草原、沙漠等各种地理元素。	1——2——3——4——5
02	有文明遗址、名人故居、各种博物馆等。	1——2——3——4——5
03	有高楼大厦，经济发达，是购物天堂。	1——2——3——4——5
04	有阳光沙滩、蓝天白云、花草树木等风景。	1——2——3——4——5
05	有少数民族村寨、特色民俗、风味小吃等。	1——2——3——4——5
06	政治氛围民主，社会关系和谐。	1——2——3——4——5
07	有各种野生动物。	1——2——3——4——5
08	有宫殿寺庙、古代建筑等。	1——2——3——4——5
09	人头攒动，热闹非凡。	1——2——3——4——5
10	有新鲜的空气、植物的芬芳。	1——2——3——4——5
11	有许多传说，富有浪漫气息、神秘感。	1——2——3——4——5

12	科技发达，现代化水平高。	1——2——3——4——5
13	人烟稀少，远离尘嚣。	1——2——3——4——5
14	文学艺术发达，人杰地灵。	1——2——3——4——5
15	生活节奏轻松，身心压力小。	1——2——3——4——5

★三、最后请填写以下信息，我们保证仅作为研究分析，不会泄漏任何私人信息！

1. ●您的性别：男　　女　　　●年龄：________
　　　　　　　　　　　　　　●职业：__________（学生填专业）

2. ●您的文化程度（　　）

A. 小学及以下　　B. 初中

C. 高中　　D. 大学（专）本科及以上

3. ●您家庭人均月收入（　　）

A. ≤800　　B. 800—1500

C. 1500—3000　　D. ≥3000

4. ●您目前居住地（　　）

A. 大城市　　B. 中小城市

C. 县镇　　D. 乡村（包括市郊）

5. ●您小时候（最初记忆）居住地（　　）

A. 大城市　　B. 中小城市

C. 县镇　　D. 乡村（包括市郊）

再次感谢您的回答，祝您一切顺利！

隐藏在现代语义结构中的人类中心主义

彭小凡[①] 吴建平

1 问题的提出

环境心理学家发现，人们对自然的基本态度（如“人类中心主义”、“生态中心主义”）决定了人们对环境的知觉、认识和评价。生活在不同文化背景下的人对周围自然有着不同的态度。[②] 对于现在已经成为全世界共识的环境问题，人类之前对自然的偏颇态度即长久以来的人类中心主义是其主要原因。人类中心主义对自然的直接影响表现为人与自然之间的关系的转变。罗马俱乐部曾认为，价值观是导致人与自然关系恶化的关键，价值观的改变是人类走出目前困境的关键因素。人类中心主义作为一种价值和价值尺度，把人类的利益作为价值原点和道德评价的依据，使人类成为价值判断的唯一主体。在人类中心主义的影响下，自然成为人类能动力中的一个劳动工具和征服对象，居于人类的下位。

早在希腊时期就已经出现了人类中心主义的萌芽，哲学家罗泰格拉提出：

---

① 彭小凡，北京林业大学人文学院心理学系，e-mail：pxf8688779@163.com。

② 伍麟、郭金山：《国外环境心理学研究的新进展》，载《心理科学进展》2002年第4期。

“人是万物的尺度，是存在的事物存在的尺度，也是不存在的事物不存在的尺度。”文艺复兴前期，基督教盛行的时代，尽管《圣经》中也有支持人类中心主义的言语，如“要生养众多，遍满地面，治理这地，也要管理海里的鱼，空中的鸟和地上各种行动的活物”（《创世纪》）。但是这一切都被归为上帝所有，而且有限的生产力限制了人类的行动，人类仅能在思想上开始超越自然的统治。文艺复兴之后，膨胀的人类意识开始确立人类的中心地位。笛卡儿的主客二分第一次系统地将人类与自然对立起来，将人从自然的范畴里抽离出来。三次科技革命的飞跃让人类的能动力得到了空前的提高，最终结果就是人类在实践层面开始超于自然的地位，通过对自然资源的掠取和生态环境的改造，用物质手段巩固了自己在自然界中的统治地位，人类中心主义至此发展到了顶峰。

由此可见，人类中心主义的本质是人类与自然关系上的转变，从一开始的弱势地位转变到今天的强势地位。在认知的层面上，正如卢风所指出的那样，人类中心主义表现为一种信念，即“认为人类在认识自然和征服自然方面原则上不存在解决不了的问题，人类认识和凭借科学所形成的科技力量是无往而不胜的”[①]。在行为层面上，人类中心主义表现为人类对自然强烈的能动性，我们借助科技的力量，频频打破原有的生态平衡，根据人类的需要创造出各种产品。

语言作为记载人类思想和文化的载体，同样也表现出人类中心主义的固有特征。笔者在归纳总结生态文明的定义时发现，大多生态文明的定义都是人类中心导向的。例如在2004年《生态文明论纲》中，对生态文明是以这样一种方式表述的：“生态文明，就是人类在某一地理区域中，建立起以物态平衡、生态平衡和心态平衡为基础的高度信息化的新的社会文明形态。”[②]通过分析句子结构我们可以看到，人类扮演了施动者，是以人类的能动力去建立了三个平衡。这种以人类为施动者的句子十分之多，然而实际上，自然本身具有十分强大的能动力，小到每日的天气，大到天灾人祸，人类其实一直经受着自然能动力的影响。自然本身也具备回复平衡的能力，但是我们常常把人类作为生态文明的主要建设者，在文字上忽略了自然本身的强大能动

① 卢风：《主客二分与人类中心主义》，载《哲学动态》1994年第10期。

② 任恢忠：《生态文明论纲》，载《河池师专学报》2004年第3期。

力。除了在生态文明的语言中，各种媒体信息中也都表现出这种语言现象，即人类范畴的词汇大多扮演了施动者的角色，而自然范畴的词汇多作为受动者，例如“维护环境权益”①，“ 提倡给予运河人文关怀，让运河休养生息，恢复运河生态系统的良性循环”②，使自然成为了我们照顾的对象。

这种现象不仅仅是一种用词习惯。根据索绪尔的语言结构理论，语言符号的意义取决于它所处的关系，句子的语义结构比单个的符号更加重要，我们这种人类主导的句义结构实际上是我们潜意识的一种体现。索绪尔指出，在每一个句子中都存在着一定的句段关系，而句段关系指的是话语中要素以语言的线条性为基础结成的关系。③ 句段总是由两个以上的单位组成的，譬如有主语、谓语和宾语的简单句。索绪尔特别强调句段关系中的连带关系，指出句段关系不是两个独立部分的简单相加，而是两个有连带关系的要素的结合，这两个要素要在一个较高的单位里互起作用才获得价值。④ 同时，索绪尔也提出了句段关系下的联想关系，即在话语之外，有某种共同点的要素在人们的记忆里联合起来，构成具有各种关系的集合，贮存在人的头脑中，形成了潜在的记忆系列。⑤ 由此可见，当我们在进行语言表达的时候，要表达的观念唤起的不是一个形式，而是整个潜在的系统。人们在说一句话时，联想集合和句段类型都在起作用。

因此，通过分析句子结构，我们可以看到人类记忆中所储存的语义序列，进而反映出我们潜意识中所储藏的一些信息。当人们在句子中连接自然与人类的关系时，常常以人类施动的为主：当我们在选择主语时，人类范畴的词汇占据了绝大部分，作为发出动作的一方，而自然范畴的词汇多出现在宾语的位置，作为动作的承受者。从语义结构来看，相对于自然，人类多占据主动，让自然作为我们的影响对象。由此笔者假设：在我们潜意识所储存的序列中，人类多作为动作的发出者，居上位，自然居下位，成为动作的承受者，自然的能动性在人类意识中受到了贬低。为了验证这种现象，笔者设计了一

① http：//www. cfej. net/？ thread－18776－1. html.

② http：//www. cfej. net/？ thread－5706－1. html.

③ 参见［瑞士］索绪尔：《普通语言学教程》，高名凯译，商务印书馆1996年版。

④ 侯文瑜：《索绪尔的结构主义语言观》，载《东北农业大学学报》（社会科学版）2007年第6期。

⑤ 喻恂：《索绪尔的符号理论解读》，载《江苏工业学院学报》2008年第12期。

个语义结构的投射测验，探索人们潜意识中自然与人类的关系特点。

2 方法

2.1 被试

108 名被试均来自北京高校的本科生（56 女，52 男），年龄从 18—22 岁，所有被试均具备优秀的语言能力，可以胜任造句任务。实验后都给予一定报酬。其中一部分被试被定义为亲自然组，多来自山诺、绿脉、爱心等类似的社团，参与过与绿色或环保有关的活动，剩下的被试定义为普通组。

2.2 实验材料

实验共包括九个造句题目，每句都会给被试一对线索词，要求被试利用它造一个句子（主谓宾是最基本的成分，但不对更加复杂的句义结构加以限制），一个线索词作主语，另一个作宾语。在每一对线索词中，一个是人类范畴的词汇，一个是自然范畴的词汇。人类范畴的词汇从意义内涵的大小上分为低、中、高三个等级，低等级的有李煜（虚构的人名）、杨磊（虚构的人名）、小陈（虚构的人名）；中等级的有我们、他们、这些人；高等级的有所有人、人类、全世界的人。自然范畴的词汇从意义内涵的大小上分为低、中、高三个等级，低等级的有一只狗、一块石头、一棵桃树；中等级的有一群大雁、湖泊、树林；高等级的有大地、天空、大海。测验方式（造句）经过林业大学心理学专家分析，属于投射的方式，所测内容是潜意识层面的内容。所有词汇均经过心理学专家和生态文明专家的分析讨论，保证所有线索词既能代表自然界的各个层次，也是人们常常接触使用的词汇，不会对造句造成困难。

2.3 测试设计

实验为 1（测试的内容）×2（被试的种类）的被试间设计。线索词组合方式为 3×3，共 9 对，每一个内涵等级的词都与其他等级的词相互配对呈现。在呈现线索词汇时，5 个把自然词汇排在前面，4 个是把人类词汇排在前面，避免启动效应对被试的影响。线索词的内容和呈现方式如表1所示：

表1　线索词呈现

	线索词	
题目1	树林	我们
题目2	杨磊	湖泊
题目3	一群大雁	人类
题目4	李煜	桃树
题目5	一只狗	所有人
题目6	他们	一块石头
题目7	大地	全世界的人
题目8	这些人	天空
题目9	大海	小陈

由主试向被试发放问卷。主试与被试均未被告知测试的目的和方式，属于双盲实验。主试会在造句前明确要求，确保被试将线索词作为主语和宾语使用，而不是作为定语或状语，避免影响实验的计分。

2.4　测试结果中的几个概念界定

（1）施动：施动意为发出动作，实施动作，如“攻击”、“照顾”。

（2）施动者：施动者指发出动作的一方，如“他们领养一只狗”，“他们”一词就是句子的施动者。如果出现被动句，如“小明被狗咬了”，则“狗”被定义为施动者，实施“咬”这个动作。

2.5　测试结果统计方式

在被试造句完毕之后，回收试卷并对造句情况进行计分统计。计分方式分两种，一种为语义得分，另一种为施动次数得分。

语义得分是结合线索词范畴等级的一种计分方式。语义计分有两个维度：人类维度和自然维度，并按照以下方式进行：同级之间的词汇造句时，施动的一方记1分（如“我们砍伐树林”，记人类1分、“树林环绕着我们”，记自然1分）。不同等级之间，若是高等级对低等级施动（如“所有人都欺负这只狗”，人类记1分，“大海淹没了小陈”，自然记1分），高等级一方记1分，若是低等级对高等级施动，则根据等级差距计分，低级施动中等级，中等级施动高等级，施动一方记2分；低等级施动高等级，施动一方记3分（如“杨磊搅动湖泊”，低等级施动中等级，人类记2分，“小陈喜爱大海”，低等级施动高等级，人类记3分，反之自然对人类高等级词汇施动也是如此计分）。每一维度的最高得分为13分，最低分为0分。此得分称之为语言得分。

施动次数得分是记录自然和人类这两个维度的线索词作为施动者次数的一种计分方式，按照以下方式进行：不考虑线索词范畴等级上的差异，只看一个句子中谁是施动者。如在“树林环绕着我们”中，树林是施动者，因此该被试测试结果中的自然维度计1分。此计分方式仅统计两个维度作为施动者的次数，最高分为9分，最低分为0分。

最终每个被试的测试结果由4部分组成：人类语义得分，人类施动次数得分，自然语义得分，自然施动次数得分。

2.6 测验结果的逻辑基础

实验假设，根据逻辑分布，自然与人类的词汇均有同等的机会可以作为施动者去影响另一方，两者语义得分和施动次数都应该差异很小。但由于我们潜意识中所储存的语义结构的定式，自然和人类的得分可能出现较大差异，优势一方（多作为施动者）会更多影响另一方（多作为受动者），表现出能动力上的优越，体现出一种地位上的差异。同时，不同群体（普通群体和亲自然群体）由于对自然态度的可能差异，得分情况也会出现一定的差异。

3 结 果

对获得的数据采用SPSS16.0统计测试计分结果。在分析数据时，剔除不符合指导语要求造句的被试，最后保留88名被试，其中男生46名、女生42名。

3.1 总体得分分布

总体得分上分为语义结构得分和施动次数得分。语义结构得分按照上述计分原则，最后相加得到，并分为人类语义得分和自然语义得分；施动次数得分只统计两个维度分别作为施动者词汇的次数，分为人类施动次数和自然施动次数，分数分布情况如表2所示。

表2 总体得分情况

	N	Min	Max	Mean	SD
人类语义得分	88	4	13	10.261	2.299
自然语义得分	88	0	8	3.706	2.412
人类施动次数	88	4	9	6.867	1.432
自然施动次数	88	0	5	2.15	1.427

对表2中的人类语义得分和自然语义得分进行比较，两者的得分差异显著（$t=14.074$，$df=87$，$p=0.000$）。对表2的人类施动次数和自然施动次数进行比较，两者的得分差异显著（$t=15.487$，$df=15.487$，$p=0.000$），人类语义和施动次数得分都明显高于自然语义和施动次数得分。

由此可见，人类维度和自然维度在语义得分和施动次数上都存在显著差异。结合表2可知，在语义计分方面，被试在人类维度和自然维度的得分离散程度差异很小（SD基本相等），但是分值分布区域差异明显，表现出明显的对人类语义的偏向；在频次计分方面，被试在人类维度和自然维度的得分分散程度同样差异很小（SD基本相同），但是次数分布差异十分明显，以人类施动为主。

3.2 普通群体和亲自然群体的得分分布

对被试总体中的普通组和亲自然组进行得分比较。表3是两组在语义计分上的得分分布，表4是两组在施动次数上的得分分布。

表3 语义得分

	N	Min	Max	Mean	SD
人类语义得分—普通组	72	6.00	13.00	10.7500	1.81349
自然语义得分—普通组	72	0.00	8.00	3.4722	2.38524
人类语义得分—亲自然组	16	4.00	12.00	8.0625	2.48914
自然语义得分—亲自然组	16	1.00	8.00	4.7500	2.32379

表4 施动次数

	N	Min	Max	Mean	SD
人类施动次数—普通组	72	4.00	9.00	7.1389	1.30336
自然施动次数—普通组	72	0.00	5.00	1.8750	1.29938
人类施动次数—亲自然组	16	4.00	8.00	5.6250	1.36015
自然施动次数—亲自然组	16	1.00	5.00	3.3750	1.36015

对表3中的普通组和亲自然组在语义得分上进行独体样本t检验，两者得分在人类维度上差异显著（$t=4.991$，$df=86$，$p=0.000$），自然维度上得分没有达到显著差异（$t=-1.947$，$df=86$，$p=0.055$）。对表4中普通组和亲自然组在施动次数上得分进行独体样本t检验，两者的得分在人类维度上差异显著（$t=4.170$，$df=86$，$p=0.000$），在自然维度上的差异也显著（$t=4.142$，$df=86$，$p=0.000$）。在普通组中，人类语义得分显著高于自然语义得分（$t=15.368$，$df=71$，$p=0.000$），人类施动次数也显著高于自然施动次数（$t=17.179$，$df=71$，$p=0.000$）。在亲自然组中，人类语义得分高于自然得分，但不显著，人类施动次数高于自然施动次数，但不显著。由此可见，普通组和亲自然组在测试表现上存在明显差异。

4 讨论

从测试结果来看，在我们潜意识中所储存的语义结构中，当涉及人类与自然的时候，我们会不自觉地表现出人类施动的现象。当人类与自然要出现在同一个句子的线性结构中时，对于施动者，我们多会联想到人类词汇，对于动作的承受对象，我们多会选择自然词汇。这表明：在潜意识中，我们的语言实际上仍把人类的价值摆在了自然价值的上面，把人类作为更强势的价值来影响自然。人类中心主义并不仅仅会表现在文字的表面意思上，同样也隐含在句子的结构里。

尽管人类中心主义起源于西方的文明，但是在中国近现代史上同样也有相应的发展。在文言文时期，中国的语义结构中的人类中心现象并不明显。这一方面表现为文言文中有明显省略人作主语的习惯，句式十分精简。很多时候，句子只有动词和施动对象，主谓宾结构较少，这是由文言文本身的语言特点所决定的。另一方面则表现为，在很多谈论自然规律的国学典籍中，如《道德经》、《易经》，书中语言常把表达自然、天道的词汇作为主语，如“坤厚载物，德合无疆”，“水善利万物而不争”。整体而言，在这个时期，人类对自然的态度以敬畏和顺从为主，并把它融入封建阶级制度中去。然而在白话文兴起之后，我们的语言文字开始融入西方语言的结构特点，主谓宾句式明显增多。封建制度的推翻，革命热情的高涨让人性得到了空前的解放，中国也开始进入一种彰显人道价值的科学时代，最终随着科技飞速发展奠定了现在中文语境中所隐藏的人类中心主义。

亲自然组和普通组比较后的结果表明，随着现在环保意识的提高，一部分人潜意识中与自然的关系也逐渐发生改变。那些环保意识比较高、重视自然利益的群体，在潜意识中也会增加自然的分量。这可能一方面是由于作为亲自然群体，如社会上的环保人士和相关社团，会更多地接触到环境污染、自然灾害等方面的信息，在看到人类对自然破坏的同时，也大量接受了自然反过来对于人类的不利影响。对于这些信息的关注会在潜移默化中增加自然在该群体潜意识中的能动性，因此亲自然群体会比普通人群更加了解自然对人类的影响能力，从而在潜意识中也会比普通群体更偏向自然。另一方面可能是由于亲自然群体更加热爱自然，感激自然，和普通人相比，亲自然群体在潜意识中更强烈地表现出自然与人类施与受的关系。他们对自然的喜爱和向往把自然与母亲的形象联系起来，让他们更加重视自然的价值。

5 总 结

5.1 结论

现在我们所熟悉的语境在表层的具体信息上已经开始向人与自然和谐相处的方向转变，但是深层的语义结构仍然以人类为中心，在潜意识上继续阻碍我们与自然的平等关系。

具有较高环保意识的人群已经开始在潜意识层面提高了自然的重要性，但仍未达到一个比较理想的状态，人类的价值仍然高于自然。

5.2 研究中的不足与完善的建议

在本次试验中，被试的群体仅限于具有良好语言能力的大学生群体，后续的研究可以拓展被试选取的年龄阶层。

在区分亲自然组和普通组上，由于实施测试条件的限制，亲自然组的被试少于普通组被试，难以保证两个群体的人数相等。在后续的研究中，可以增加亲自然的被试个数。

在此次测验中，亲自然组主要根据学生的社团来进行划分和挑选，因此后续研究也可以进一步充实亲自然组被试的构成，把社会上的环保群体和其他相关团体也纳入测试的设计之中。

5.3 启示

生态文明作为一个全新的文明被提出以后，一直受到学术界的热烈讨论。保护环境维持生态平衡也已经成为各个国家的主要议程。这一切的核心就在于如何建立人与自然的和谐关系，让人类从以前的人类中心主义中走出来。生态学家认为，这种关系的建立必须具备两个基本条件：一是人与自然必须具备“同类”关系，因为只有把自然作为人的同类，人才会像对待自己一样对待它；二是人与自然必须具有共同的价值基础，因为“同类”关系的形成，所依据的就是共同的价值基础，即“价值同源”或“价值同根”。① 要做到“同类”和“共同价值基础”，我们必须真正把自然的价值和人类的价值摆在同一个水平线上，只在表层意思上宣传破坏环境的危害和维持生态的重要性是不够的，我们还应该在潜意识上调整人类与自然的关系，不仅改变我们的行为，也改变我们内在的态度。

因此笔者建议，在进行信息传播的时候，人类应该加重自然的能动地位。在同时涉及自然与人类关系的句子中，多以自然作为施动者，提高人们潜意识中自然的地位，比如“现在森林已经要求我们停止砍伐作业”，“现在的环境正在限制我们的活动范围”。通过在语义结构上提高自然的地位，加速我们与自然和谐关系的建立，更加有效地解决生态危机问题。

① 刘福森：《生态伦理学的困境与出路》，载《新华文摘》2008 年第 20 期，第 31—34 页。

亲环境行为研究综述

王玉珏[1]　成　年[2]　任丽红[3]　吴建平

近年来，中国经济飞速发展，但随之而来的是绿地和生物种类减少、水污染、大气污染等环境问题。面对这些情况，中国政府明确提出了“全民环保”的方针，在行政管理体制上作出了重大调整。然而，对环保行为的提倡如果仅停留在政策的宏观层面显然不够，自上世纪 70 年代以来，国外的环境心理学家就已经开始从个体层面研究公众的环保行为，本文综述了国外亲环境行为研究的主要进展，希望能有助于我国的相关研究，促进我国生态文明的建设。

1　亲环境行为概念

亲环境行为（pro-environmental behavior）是指所有对环境产生较少负面影响的行为，如随手关灯、回收、采用可持续的出行方式等。[4] 亲环境行为

---

① 王玉珏，北京林业大学人文学院心理学系，e-mail：wyjcs15@ 163. com。

② 成年，北京林业大学人文学院心理学系，e-mail：chengnian139@ 163. com。

③ 任丽红，北京林业大学人文学院心理学系，e-mail：renlihong0896@ sina. com。

④ Louise Reid & Philip Sutton & Colin Hunter，“Theorizing the Meso Level：The House-Hold as a Crucible of Pro-environmental Behavior”，*Environment and Behavior*，2010.

可区分为个体性和组织性，由于个人行为导致环境问题产生的比例增加，对个体亲环境行为的研究成为亲环境行为研究的新领域。Stern 把个体亲环境行为分为四类：激进的环境行为（environmental activism），如参加环保组织和游行示威；公共领域的非激进行为，如为环保问题请愿、愿意为环境保护缴纳更多税等；私人领域的环保行为，如使用环保的出行工具；个体通过其所属组织而对环境产生影响的行为，如银行家和开发者在作决策时会考虑到环境标准。①

国外的研究并没有对亲环境行为与环保行为（environmental protection）作严格区分，但本文认为两者存在差异。"亲环境行为"一词最早可能源于"亲社会行为"（pro-social behavior），早年的研究者一直将"环保行为"看成"利他行为"的一种，因此，相比于"环保行为"，对亲环境行为的研究更侧重于从社会困境（social dilemma）的视角展开。所谓"社会困境"，即个体和集体的利益是相互冲突的，当追求个体利益最大化的同时不可避免地要给集体利益带来损害。② 例如缴税行为，如果个体停止支付税款，那么所有由税款承担的支出将丧失来源，继而影响整个社会的正常运转。研究发现，尽管世界各地的人们对环境问题有着较高程度的担忧，但得到践行的亲环境行为却少之又少。③ 究其原因，正是因为亲环境行为面临着集体获得的长期受益与个体获得的短期受益之间的冲突。例如采用公共交通工具，虽然会减少对于环境的损害，但对于个体来说，却增加了很多行为成本或时间成本。同时，如果说个体缴税给集体带来的收益是立竿见影的，那么当个体表现出亲环境行为时，其给集体带来收益却存在时间上的延迟性和空间上的不确定。因此，对于后者来说，个体所知觉到的个体利益和集体利益的冲突相对不明显，个体自然更有理由追求自身利益的最大化，而不是表现出亲环境行为了。

---

① Paul. C. Stern, "Understanding Individuals' Environmentally Significant Behavior", *Environmental Law Reporter*, 2005, pp. 10785 - 10790.

② Henk Staats, "Understanding Proenvironmental Attitudes and Behavior: An Analysis and Review of Research Based on the Theory of Planned Behavior ", *Psychological Theories For Environmental Issues*, 1998.

③ Jaime Berenguer, "The Effect of Empathy in Proenvironmental Attitudes and Behavior", *Environment and Behavior*, 2007, pp. 269 - 283.

2 研究取向

目前对于亲环境行为的研究主要集中在探讨个体如何面对此种社会困境，进而产生亲环境态度及亲环境行为。研究取向分为两种趋势，一种是探究人口学变量对于亲环境态度及行为的影响，另一种是对于亲环境行为背后的社会—心理结构的探究。①

2.1 人口学变量与亲环境行为

关于第一种研究趋势，以往研究主要考察了性别、年龄、社会地位及受教育程度对于个体亲环境态度及行为的影响。就性别来说，一般认为女性较男性更多地承担家庭事务，因此更有可能采取家庭资源回收行为，这一理论也得到一些研究的证实。② 然而其他一些关于亲环境行为的研究却没有发现存在性别差异。就年龄来说，大部分西方研究都证实年轻人较老年人更关注环境和从事环保行为，③ 但也有研究指出，在资源回收方面这种倾向表现得并不明显。④ 同时，具有较高受教育水平的个体也具有更高水平的亲环境行为。⑤ 从社会地位来说，一般认为具有较高社会地位的人会有更多的亲环境行为。⑥ 其他研究也从收入、居住地属性等因素考虑个体亲环境行为的差异，

---

① Shaul Oreg & Tally Katz-Gerro, "Predicting Proenvironmental Behavior Cross-Nationally: Values, the Theory of Planned Behavior, and Value-Belief-Norm Theory", *Environment and Behavior*, 2006, pp. 462 – 483.

② Gonzalo Diaz Meneses & Asuncion Palacio, " Recycling Behavior: A Multidimensional Approach", *Environment and Behavior* , 2005, pp. 837 – 860.

③ 常跟应:《国外公众环保行为研究综述》，载《科学·经济·社会》2009 年第 1 期，第 79—85 页。

④ Nasser Daneshvary & Rennae Daneshvary & R. Keith Schwer, "Recycling Solid-Waste Recycling Behavior and Support for Curbside Textile", *Environment and Behavior*, 1998, pp. 144 – 161.

⑤ Joanne Vining & Angela Ebreo , "What Makes a Recycler?: A Comparison of Recyclers and Nonrecyclers", *Environment and Behavior*, 1990, pp. 55 – 73.

⑥ 常跟应:《国外公众环保行为研究综述》，载《科学·经济·社会》2009 年第 1 期，第 79—85 页。

均无统一结论，究其原因可能有四种：首先，现有研究在对亲环境态度或行为进行测量时，并未采用统一的变量，有的测量的是特殊环境态度或行为，有的测量的则是一般环境态度或行为；其次，很多人口学变量是具有交叉影响的，例如一般来说女性的亲环境态度水平优于男性，但女性参与政治的可能性较小；再者，很多研究忽略了社会背景等情境因素的影响，现有的亲环境行为的研究大多是在美国或者北欧一些发达国家进行的，其结果可能不适用于其他国家或文化；最后，即人口学变量对个体的亲环境态度及行为确实不会产生影响。

总的来说，就现有研究看来人口学变量对于亲环境态度或行为的影响并不是非常显著，正如 Buttel 指出，人口学变量总体来说“在衡量亲环境行为时只能解释中等程度的变异”①。

2.2 社会心理与亲环境行为

目前，研究的趋势逐渐从对外部变量的考察转向对影响亲环境行为的社会—心理结构的探究，通过考察亲环境态度来考察个体的亲环境行为。目前用于解释亲环境态度—行为的两大理论，一是 Ajzen 提出的计划行为理论（theory of planned behavior，TPB 1991），另一种是 Stern 提出的价值—信念—规范理论（value-belief-norm 2000），前者主要用于解释特定环境行为，而后者则针对一般环境行为。② 最近有学者提出了另外一个评估亲环境行为的理论。

2.2.1 理性行为理论与计划行为理论

计划行为理论是在对理性行为理论（theory of reasoned action，TRA，1975 年 Fishbein & Ajzen 提出）进行修正的基础上提出的。理性行动理论指出，亲环境行为由亲环境意向决定，而亲环境意向又由亲环境的态度以及个人的主观规范决定。而个体的某种环境态度，是在个体对于亲环境行为带来

---

① Shaul Oreg & Tally Katz-Gerro, " Predicting Proenvironmental Behavior Cross-Nationally: Values, the Theory of Planned Behavior, and Value-Belief-Norm Theory", *Environment and Behavior*, 2006, pp. 462 – 483.

② Marcel Van Birgelen & Janijaap Semeijn & Manuela Keicher, "Packaging and Proenvironmental Consumption Behavior: Investigating Purchase and Disposal Decisions for Beverages", *Environment and Behavior*, 2009, pp. 125 – 146.

的结果（behavioral belief）及每种结果出现的可能性进行全面评估（evaluation）的基础上形成的；同时，个体的主观规范由规范信念（normative belief）和遵从动机（motivation to comply）决定，即个体会考虑某个特殊个体或群体对亲环境行为的期望程度，同时综合其允许每个群体对其施加影响的程度，进而形成自己的主观规范（如图1）。

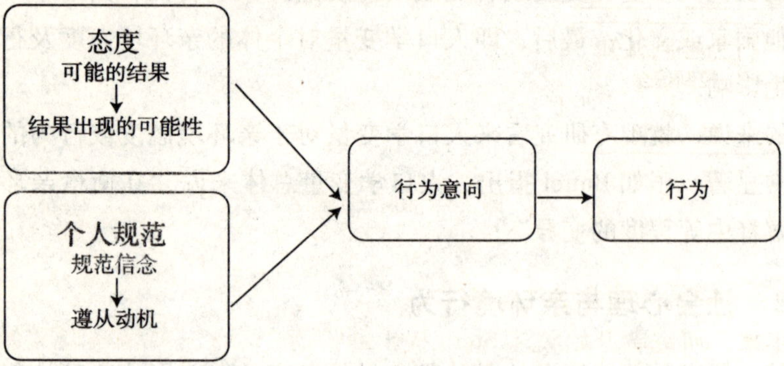

图1　理性行为理论

理性行为理论的前提假设是个体的行为必须是自由控制的，而现实中很多行为却不受个体自由操纵。为了将理论的适用范围扩大，研究者提出了决定亲环境意向的第三个因素，即知觉行为控制（perceived behavioral control），这就形成了计划行为理论。在知觉行为控制下又有两个子概念，即控制信念（control belief）和知觉能力（perceived power），前者是指所考虑到的会对亲环境行为产生影响的因素，后者是指某种因素对亲环境行为产生影响的程度（如图2）。

一项研究对两种理论进行比较，发现加入了知觉行为控制这一变量后，模型的预测效力得到很大提升。① 很多研究证明了计划行为理论能够解释私人领域的特定环保行为，即环境意图可以解释个人环保行为，而环保意图由环保态度决定，至于主观规范对于亲环境意向的影响尚缺乏定论。

① Madden T. J. Ellen & Ajzen, "A Comparision of the Theory of Plannd Behavior and the Theory of Reasoned Action", *European Review of Social Psychology*, 1992, pp. 3－9.

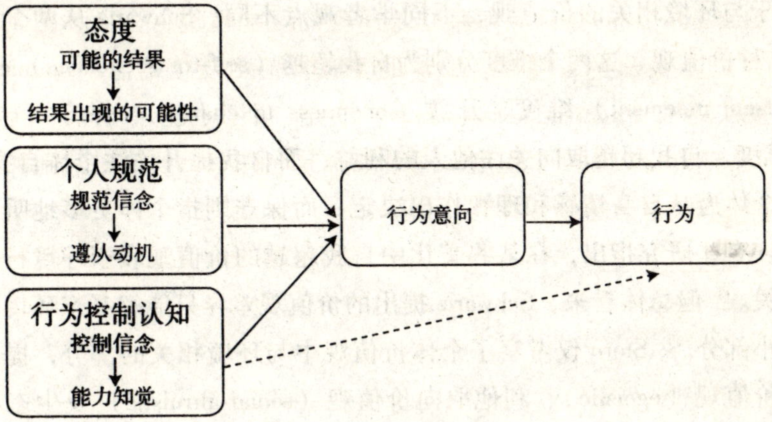

图2　计划行为理论

2.2.2　价值—信念—规范理论

近年来，研究者开始关注Stern提出的价值—信念—规范模型（如图3），该模型是在Schwartz的规范—激活理论（Norm-activation，1977）的基础上建立起来的。该理论认为亲环境行为源于个体与环境相连的某种价值观，当个体知觉到不采取某种行动会威胁这种价值观，且个体认为自己有能力改变现状时，则会感到有义务做出某种亲环境行为，即某种价值观导致个体产生亲环境的信念，进而觉得个人有义务做出某些亲环境的行为并将其付诸实践。价值—信念—规范理论不同于计划行动理论之处在于提出个体的价值观会影响到个体的亲环境信念。①

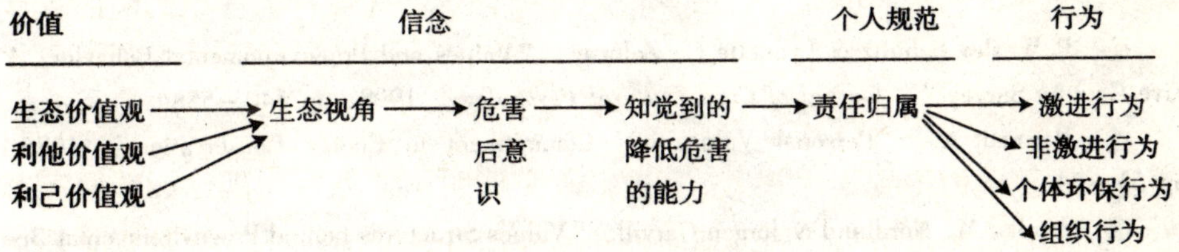

图3　价值信念规范模型

① Shaul Oreg & Tally Katz-Gerro，" Predicting Proenvironmental Behavior Cross-Nationally：Values，the Theory of Planned Behavior，and Value-Belief-Norm Theory"，*Environment and Behavior*，2006，pp. 462－483.

关于与环境相关的价值观，不同学者观点不同。Schwartz 从两个维度区分了 10 种价值观，这两个维度分别为自我超越（self-transcendence）/自我提升（self-enhancement）维度、开放（openness to change）/保守（conservation）维度。自我超越取向关注他人的利益，而自我提升关注个体自身利益；开放指个体遵从自身情感和理智作出决定，而保守则指个体更多地听从权威的意见。有些研究指出，在某些文化中自我超越的价值观和亲环境行为是呈现正相关。[①] 但总体看来，Schwartz 提出的价值观差异只能解释亲环境行为差异的一小部分。[②] Stern 仅考察了个体价值观中与环境相关的部分，提出了利己取向价值观（egoistic）、利他取向价值观（social-altruistic）及生态取向价值观（biospheric）。[③] 利己取向价值观是指个体在知觉到收益将高于支出且如果不做出某种行为会对自己及家庭造成影响的情况下做出亲环境行为。利他主义取向是指个体为了保护他人而做出一定的牺牲进而做出亲环境行为；生态取向的价值观则从环境伦理的角度出发做出亲环境行为。其他研究者也提出了一些和环境相关的价值观，如浅层/深层生态主义[④]，他人中心主义（homocentric）、自我中心主义（egocentric）、生态中心主义（ecocenric）[⑤]等。研究指出，个体的一般价值观会对环境相关价值观产生影响，并以个体规范为中介对亲环境行为产生影响。[⑥]

2.2.3 应激认知理论（cognitive theory of stress）

无论是计划行动理论还是价值—信念—规范理论，其所侧重的角度是探讨个体认知层面的具有普遍性和稳定性的特征，侧重于动机保护，并未将应

---

① P. Wesley Schultz & Lynnette C. Zelezny, "Values and Proenvironmental Behavior: A Five-Country Survey", *Journal of Cross-Cultural Psychology*, 1998, pp. 540 - 558.

② Newman K., "Personal Values and Commitment to Energy Conservation", 1986, pp. 53 - 74.

③ Annika M. Nordlund & Jŏrgen Garvill, "Values Structures behind Proenvironmental Behavior", *Environment and Behavior*, 2002, pp. 740 - 756.

④ Carolyn Merchant, "Radical Ecology: The Search for a Livable World", Routledge NY: Cahapman & Hall Inc., 1992, pp. 104 - 105.

⑤ Naess, A., & Rothenberg, D., *Ecology, Community and Lifestyle: Outline of an Ecosophy*, UK: Cambridge University Press, 1989.

⑥ Annika M. Nordlund & Jŏrgen Garvill, "Values Structures behind Proenvironmental Behavior", *Environment and Behavior*, 2002, pp. 740 - 756.

对方式与一般效能相结合。最近有学者从应激认知的角度提出了预测亲环境行为另外一个模型——应激认知模型。

Andreas Homburg & Andreas Stolberg（2006）认为亲环境行为是对情境应激源作出反应的结果，情境应激源会激发个体认知评价加工，通过问题中心应对方式的调节，对亲环境行为产生影响。该模型认为预测亲环境行的相关因素有 3 个，分别是需求评价（demand appraisal）、资源评价（resource appraisal）和应对方式（coping）。需求评价是指个体对与个人幸福感相关事件进行监测，如评价个人健康是否受到威胁；资源评价与应对方式选择相关，即评估某项行为是否有助于我们免受危害；需求评价和资源评价会诱发个体在认知、情感以及行为上产生以问题为中心的应对方式，不同的应激源引发不同的认知评价（需求评价和资源评价），进而采用不同的应对方式。[①] 该模型的提出丰富了亲环境行为的研究理论和研究视角，但是该模型的稳定性和有效性还需要进一步考虑。

如今，研究者开始关注集体价值观，后物质主义价值观（postmaterialist value）的提出者 Inglehart 认为，发达国家正逐渐表现出一种后物质主义的价值观，即在享有足够物质财富的情况下，个体逐渐开始追求生活的品质，在这种价值观的驱使下，个体会开始关注环境，进而愿意做出亲环境行为。Schwartz 区分除了 6 种主要的文化，即自治、镶嵌、等级、平均主义、自我管理及和谐，每种文化都有一种属于自己的价值观。其中和谐强调“适应世界的样子，努力去理解和欣赏，而不是改变和利用”[②]，其对应的价值观包括“维护世界的和平，天人合一以及保护环境”。有研究指出，这两种集体价值观作用于个体的亲环境态度，并最终对亲环境行为产生影响。[③]

鉴于目前的亲环境行为研究都是从个体认知角度进行，有学者提出了情感因素在预测亲环境行为中的价值。总之，目前来看以价值—信念—规范理

---

① Andreas Homburg & Andreas Stolberg, “Explaining Pro-environmental Behavior with a Cognitive Theory of Stress”, *Journal of Environmental Psychology*, 2006, pp. 1 – 14.

② Madden T. J. Ellen & Ajzen, “ Acomparison of the Theory of Planned Behavior the Theory of Reasoned Action ”, *European Review of Social Psychology*, 1992, pp. 3 – 9.

③ Shaul Oreg & Tally Katz-Gerro, “Predicting Proenvironmental Behavior Cross-Nationally: Values, the Theory of Planned Behavior, and Value-Belief-Norm Theory”, *Environment and Behavior*, 2006, pp. 462 – 483.

论为依据的研究逐渐成为亲环境行为研究的主流。

3 研究方法

亲环境行为研究的最终目的是促进亲环境行为发生。为了能够预测亲环境行为，目前亲环境行为的研究都倾向于建构模型。在模型建构中，自变量多是价值观、个人规范、责任、生态问题意识等（如 Tommy Gărling 和 Satoshi Fujii 2003），① 因变量则为亲环境行为，或以亲环境行为意向（pro-environmental behavior intention）为因变量指标。

3.1 传统研究方法

目前测量亲环境行为的常用方法是问卷法，让参与者评估自身的环保行为，如 David Gutierre Karp（1996）通过自陈式问卷来测量被试亲环境行为（α=.82），并且通过因素分析将测量亲环境行为的 16 个项目合并为三个因子，分别为良好公民、积极分子、健康消费②；Schultz（1998）亦采用自陈式问卷测量被试 5 类环保行为（循环回收、使用公共交通工具、节约能源、节约用水、购买环保产品）的发生频率，信度系数 α 在 .52 至 .63 之间；③ Annika M. Nordlund（2002）以被试日常生活中的环保行为（回收再利用、购买环保产品、节约能源、交通选择）发生的频率来测量亲环境行为（α=.84）；④ Jaime Berenguer（2007）以被试向环保组织捐款的数额作为亲环境行

---

① Tommy Gărling 和 Satoshi Fujii，" Moderating Effects of Social Value Orientation on Determinants of Pro-environmental Behavior Intention"，*Journal of Environmental Psychology*，2003，pp. 1 – 9.

② David Gutierrez Karp，" Values and Their Effect on Pro-Environmental Behavior"，*Environment and Behavior*，1996，pp. 111 – 133.

③ P. Wesley Schultz & Lynnette C. Zelezny，"Values and Proenvironmental Behavior：A Five-Country Survey "，*Journal of Cross-Cultural Psychology*，1998，pp. 540 – 558.

④ Annika M. Nordlund & Jŏrgen Garvill，"Values Structures behind Proenvironmental Behavior "，*Environment and Behavior*，2002，pp. 740 – 756.

为指标。[①] Victor Corral-Verdugo（2002）采用了观察法来测量节约用水这一亲环境行为，观察具体过程：让受过训练的家庭主妇在一周中选择三天观察家庭用水状况（如洗澡、浇灌、清洁道路、刷牙），然后让被试报告家庭用水中采用了哪些节约用水的方法。根据被试的观察结果和被试的报告，对其行为估分（估分标准：被试采用一种节约用水方式则计 1 分，两种方法则计 2 分，依此类推）；再让被试填写测量环保技能的问卷；亦收集被试家中前 3 次的水费单，将每个家庭用水量分为少、中、多三个等级。[②]

总结亲环境行为测量方式发现，亲环境行为是研究者根据研究需要自行编制的，尽管各亲环境行为问卷的信效度系数均较可靠，但测量项目并不统一，没有一个完整的亲环境行为概念，也缺乏相应的测量亲环境行为的理论与量表。缺乏理论性和系统性，标准不统一，亲环境行为测量指标的差异性也增加各研究结果可比性的难度，不同学者在对亲环境行为影响因素进行评估时出现差异的原因可部分归因于亲环境行为测量的不一致性。

3.2 新研究方法——中观系统的研究视角（meso level）

Louise Reid（2010）等人对亲环境行为研究提出了新观点，其将促进亲环境行为对象划分为宏观（macro level）、中观（meso level）、微观（micro level）这三个系统，三者属包含关系，但中观系统的分解并不等同于各微观系统，中观系统的组合也并非等同于宏观系统。宏观系统指各地区、国家这些大机构在促进亲环境行为中的职责，中观系统指社区、家庭等社会单元，而微观系统则是强调研究个体亲环境行为的影响因素。宏观变量通过中观系统的调节可对微观变量产生影响，而微观变量亦可反作用于宏观变量。Louise Reid 提出宏观系统过于笼统，缺乏敏感性，而微观系统仅关注单一的个体行为，忽视人际间交互影响，与之相反，中观系统既考虑到人际互动又能够准确地反映某社会群体的特征，故 Louise Reid 强调应重视中观系统对亲

---

① Jaime Berenguer, "The Effect of Empathy in Proenvironmental Attitudes and Behavior", *Environment and Behavior*, 2007, pp. 269 – 283.

② Victor Corral-Verdugo, "A Structural Model of Proenvironmental Competency", *Environment and Behavior*, 2002, pp. 531 – 549.

环境行为的作用。①

Louise Reid 等人提出的观点，为研究如何促进亲环境行为提出了新的思考。Louise Reid 的观点指出研究亲环境行为的影响因素、注重个体差异固然重要，但群体间相互影响也不可忽视。

4 总 结

目前，在亲环境行为的研究领域，相关理论观点日趋丰富，如计划行为理论、价值—信念—规范理论，以及最近学者提出的应激反应模型。将这三种理论进行比较不难发现，其实应激反应模型与另外两种理论具有很大的关联性。计划行为理论与价值—信念—规范理论是对影响亲环境行为比较稳定、普遍的因素进行探讨，而应激反应模型不仅强调稳定的因素，而且注重情境因素对行为的影响，将情境与个体因素的交互作用纳入到亲环境行为研究的考虑之列，对亲环境行为的研究具有很大的促进作用，但情境因素与亲环境行为一般因素之间的具体关系还有待更进一步的研究。

针对亲环境行为的测量，通常以问卷法，对某个或某些具体亲环境行为或亲环境行为意向进行测量。该测量方法简便、可操作性大，但由于不同群体主要的亲环境行为表现会存在差异，因而问卷法虽然简单、易行，但随着对亲环境行为的关注增加，这种方法已不能满足研究亲环境行为的研究。正如 Louise Reid 指出，关于亲环境行为的研究应考虑不同群体特征及其相应影响因素的研究，可对亲环境行为的实行者以及亲环境行为种类进行细分，在此细分的基础上再作研究，无论在亲环境行为理论的研究还是运用方面都具有很大的推动作用。

总之，在研究取向上，亲环境行为的研究分为人口学变量和社会心理这两个变量维度，且表现出后者逐步替代前者的趋势，该变化使对亲环境行为预测的准确性得到很大提升。在研究方法上，开始出现一些新的研究范式，

① Louise Reid & Philip Sutton & Colin Hunter, "Theorizing the Meso Level: The Household as a Crucible of Pro-environmental Behavior", *Environment and Behavior*, 2010, pp. 309 - 327.

如从中观水平展开研究和从应激的角度综合考虑人际互动与情境因素对亲环境行为的影响。

5 问题与展望

有关亲环境行为的研究在近几十年取得了长足的进展，但不管从研究的广度和深度上来说都存在很大的可进一步发展的空间。

就广度而言，(1) 亟待解决的是研究方法与范式相对单一的问题。目前关于亲环境行为的研究主要采用问卷法，测量被试的实际亲环境行为的频率等，并利用所得数据验证某个理论模型。本研究认为可以在此基础上采用访谈、实验等多种实验方法相结合的形式，考察亲环境行为及其背后的一系列心理过程，以充实相关研究，实现亲环境行为研究领域的突破与扩展。(2) 要重视对于亲环境行为的跨文化研究。如今，污染和生态破坏问题已经成为人类共同的敌人，关于如何促进亲环境行为已经成为各国研究的热点问题，研究者们都在谋求国际合作，希望能对于亲环境行为形成更全面的认识，例如不同的文化背景、价值观会对亲环境行为产生怎样的影响等，因此关于亲环境行为的跨文化研究是具有非常重大的实际意义的。(3) 对于亲环境行为的研究也应更广泛积极地借鉴其他领域的研究成果。例如考虑到亲环境行为作为行为的一种，必定受到个体认知以及社会背景的影响，因此借鉴认知决策心理学领域的研究，将亲环境行为研究与行为决策学、社会认知相联系，从社会认知、行为决策的角度对群体性与个体性的亲环境行为影响因素进行探究。(4) 注重基础研究和应用研究的齐头并进也是亲环境行为在广度进一步拓宽的着眼点。目前，对于相关领域的应用研究的逐渐增多正反映了这种趋势。

就研究深度而言，(1) 关于亲环境行为的理论大多比较简单，只是对于动机和行为的普适性解释，较少考虑到亲环境行为的特性，如前面所提到的“社会困境”问题，显得针对性不足。因此，对于这种特定行为的研究应注意谋求共性和特性的兼顾，既要考虑到其作为行为的一种类型而具有的共性特征，也要考虑到其特殊之处。(2) 相关领域的研究大多考察实际的亲环境行为，对于内部心理机制的挖掘不够深入。因此，对于亲环境行为的研究应多采用访谈等研究方法，深入探讨行为产生的内在原因，而不能只停留在数据本身，应加大对于相关领域的质性研究的关注，这也为进一步量性研究夯实基础。（3）对于亲环境行为领域中许多有争议的结论，应给予更多的关注，就差异产生的原因进行深入的研究与探讨，进而得出有价值的结论。研究者对于研究结果的发布也应该更谨慎，对于结论的验证性重复研究也应得到更多的关注。

总之，亲环境行为的研究仍处于起步阶段，对于该领域的研究有待于进一步的规范和探索，但经过几十年来无数研究者怀着不变热情的不断努力，该研究领域已经展现出许多傲人的成果，相信该领域的研究会具有更光辉的前景。

环境心理学跨学科研究

校园环境建设与军队院校的健康发展

张银玲[①]　徐莎莎

校园环境分两个层面：一是物质环境，包括生态环境和物理环境；二是精神环境，包括校园文化、环境的教育寓意。[②] 大学校园环境是承载大学文化精神，展现其独特本质内涵的重要载体，大学校园环境的建设与学校的核心价值观、办学精神、办学理念等要素密切相关。[③] 它通过立体、多彩、无声的环境，时时处处对师生的思想、情操、行为和习惯起着熏陶、渗透和潜移默化的影响，对学生的健康成长和教师创造力的开发发挥着不可估量的作用。我校地处古城西安，最近几年在教学、医疗、科研等方面取得了大批喜人的成果，个中原因众多，但作者认为不容忽视的一个重要因素就是校园环境的建设。在此，有必要分析如何在拥有严格纪律的军队院校，通过校园环境建设，营造一种具有军队特色的良好育人环境，促进学员健康快乐地成长，促使教员积极创新与探索。

---

① 张银玲，中国西安第四军医大学护理学院，e-mail：zyl-ylz@163.com。

② 卫珂、杨霖：《环境心理学与校园环境设计浅析》，载《中国园艺文摘》2009 年第 10 期，第 87—88 页。

③ 李世杰：《大学校园环境艺术创设的思考》，载《当代教育论坛》2009 年第 10 期，第 94—95 页。

1　创建和谐的精神文化环境

校园精神文化是校园的核心文化，是学校的灵魂，是学校全体成员共同的愿景、共同价值观和共同的精神追求。[①] 精神文化的熏陶是一种无声而又极具穿透力的教育，师生通过耳濡目染，心灵受到感染、情操得到陶冶并获得哲理启示，精神文化也才能真正起到凝聚人心、振奋精神的教育作用。军校校园文化兼具军营文化和高校文化两种特质，这就决定了军校校园文化必须紧扣军校教育的特点，并与大学精神和时代特色融为一体，使之对师生产生巨大的感召力和影响力，增强师生的责任感和使命感，强化军魂意识的构筑和部队战斗力的保障。

首先，军校精神文化建设必须高扬爱国主义和革命英雄主义的旗帜，将培育当代军人核心价值观贯穿精神文化建设的始终，教育、引导师生确立正确的世界观、人生观和价值观，强化忧患意识、使命意识，打牢献身祖国、献身国防的思想根基。

其次，军校精神文化建设必须与先进的教育理念和大学精神紧密结合，以培养目标为牵引，使每一位教员在思想政治、道德品质和学识学风等方面以身作则、严谨治学、教书育人、为人师表，使每一名学员端正学习态度，掌握履行使命、献身国防的过硬本领。

我校在把握当代革命军人核心价值观的共性与军校核心价值观个性辩证统一的基础上，确立了具有自身特色的核心价值观，即：厚德博学、笃实超越、救死扶伤、报国为民。这对学校凸显军队特色，健康、可持续发展提供了强大的支撑作用。

此外，校园精神要渗入学校的每一位成员的思想里，还需要借助各种教育活动为载体。因此，我们在创建军校校园文化环境过程中，重视发挥各种雕塑的教育功能，如“富于理想、勇于献身的优秀大学生”张华、“华山抢险战斗集体”华岳魂等；重视发挥校史馆、宣传栏、校园网等的教育功能，

① 侯学峰：《以校园环境烘托校园文化》，载《青海教育》2009年第11期，第47页。

展示学校荣誉、弘扬校园精神；同时，通过开展多项精品工程，如精读名品、精彩年华、精英人才等，弘扬齐心合力、奋发向上、拼搏进取、开拓创新的精神。这种校园精神文化的展示，是最优秀的隐性课程，它正以一种巨大而无声的力量，以最深刻、最微妙的方式潜入师生的心灵深处，并将产生深远的影响。

2 构建优美的物质环境

校园的物质环境由学校所处的气候条件、地理位置、自然景观等自然环境和由建筑设计、景观设计、色彩与布局等物质情境构成，包括校舍建筑、道路、绿化、图书资料、教学科研设备、运动设施等一切物质环境。① 一流的校园景观，可与一流的师资队伍、一流的学术水平交相辉映、相得益彰，体现出“桃李不言，下自成蹊”的特点。洁净优雅的校园环境就像一部立体、多彩、富有吸引力的教科书，它不仅是师生工作、学习、活动的空间，更是亲切温和的交往空间，是师生融入自然、享受自然的生态空间；它不仅是辅助教学的必要硬件设施，更能使师生不知不觉、自然而然地受此熏陶、暗示、感染，具有激励学习兴趣、开阔胸襟、孕育豁达人生哲理的“环境教育”功能。

因此，我校在建筑与校园规划时，首先，科学布局学校建筑，如科技楼、学术殿堂、长乐礼堂、航空航天医学系、护理系等建筑，布局合理，外观既现代又朴实，又充分体现特色。

其次，精心营造优美校园。种植的草坪和树木使学校犹如一座清新的花园，如绿地音符、梧桐路、教授林等；设计的喷泉、雕塑、亭阁使学校犹如一座雅致的园林，如“雄风犹在”、“连心锁”、“鉴中绿影”、“医魂”等，充分体现和反映学校发展的历史，展现了“姓军为兵”的特色以及学校的价值目标和精神风貌。

最后，通过建筑布局与道路、树木、草坪各种景观相融合，实现了校内

① 杨晓华：《优化高校校园环境促进大学生健康心理的发展》，载《中国科教创新导刊》2009 年第 23 期，第 247—248 页。

山、水、园、林、路、楼的使用功能、审美功能、教育功能的和谐统一，使校园的物质环境在促进师生交流互动、培养献身国防精神、改变学员行为习惯、完善行为与道德等方面，犹如一位沉默而有风范的老师，发挥无声胜有声的教育作用。

3 优化信息资源环境

大学校园信息环境包括课堂教学、图书情报资料、实验室设备、计算机网络、实习基地、各种社会实践活动、学术交流活动以及大众传播媒介等。在信息时代，信息获取的深度、广度、速度及价值直接影响着成才的质量。信息资源是一种无形的资源，是为国家和社会培育核心竞争力的核心资源之一，良好的信息环境是实现大学跨越式发展的强有力保障，也是现代化教育发展的必然趋势。①

跨入21世纪后，各高校在信息化教学环境建设方面都有了重大进展。但是，由于军事院校敏感信息多，系统安全、信息保密要求高，所以，在利用互联网获取信息方面受到一定的限制，为此，我校依托教育技术中心、图书馆信息检索中心和各学科专业或教研室的网站，充分利用“军网”为教学提供信息服务，方便师生及时了解最先进的教育、科技、军事成果；建立了内容完备的教学资源库；建立了包括专业图书、专业论文、学位论文等内容的学术资源库。

目前，每个教研室或科室都建有自己的网站，且形式上各具特色，内容上丰富多彩。为了调动全校师生对信息化建设的重视和关注，调动建设专业网站、用好网站的积极性，2010年6月，学校开展了学科专业网站建设、维护、使用情况评比活动，全校师生积极参与，取得了良好的推动效果。目前，学校正在积极采用先进的科技手段推动信息环境的优化工作，以促进各项工作的进展和质量。

---

① 鲍芳：《论高等院校信息资源的管理和整合》，载《科技情报开发与经济》2007年第17期，第131—133页。

4 营造良性的竞争环境

竞争是时代的特质，营造竞争环境、树立竞争意识、建立优胜劣汰的竞争机制、制定相应的政策和规章制度、形成良性竞争的氛围，对于提高教育质量、培养师生的竞争意识、养成积极进取的心理品质具有重要的意义。因此，学校的教育管理必须努力营造一种富有建设性的良性竞争环境，让师生在平等、和谐的环境下树立一种与时俱进的时代竞争意识，创造在竞争中求和谐、在竞争中求发展的竞争氛围，为师生终身持续发展奠定基础。

目前，我校瞄准未来的战争特点，大力推行阳光治校，建立了科学的竞争激励机制，党委阳光决策、机关阳光操作、基层阳光运行，努力培养高素质军事医学人才。主要实施了领导、科室主任岗位公开竞聘制度，实行“能者上、平者让、庸者下”的选人用人机制；每年对全校各学科进行综合考核，并对排名在前列或进步快的科室给予奖励；全校教员任职考核实行末位淘汰，不养三种人，即“庸人、懒人、闲人”。上述措施的实施，极大地调动了全校人员工作、学习的积极性，有效推动了学校的快速发展。

我国特殊儿童教育的生态结构现状分析[①]

雷秀雅[②] 杨 振[③] 郭 成 刘 愫

1 问题提出

1976 年 Lawrence 提出了教育生态学（Educational Ecology）这一科学术语。Lawrence 指出，作为跨越教育学和生态学两个领域的一门新兴的交叉边缘学科，教育生态学主要借鉴这两个学科的研究方法，把教育放在自然环境、社会环境、规范环境中，研究这三种生态环境和人的生理、心理环境的各种生态因子与教育的相互关系。

教育的生态结构、教育的生态功能、教育的生态原理、教育生态的规律、教育的行为生态、教育生态的演替、教育生态的检测与评估等，是教育生态学的主要内容。其中，教育生态结构和教育生态功能是目前各研究领域关注的重点。

教育的生态结构包括宏观、微观两个侧面。宏观教育生态系统分析必须

---

① 本文系全国教育科学“十一五”规划 2009 年教育部重点课题“我国特殊儿童教育与心理援助研究”（项目标号：DBA090365）的研究成果。

② 雷秀雅，北京林业大学人文学院心理学系，e-mail：leixiuya2003@yahoo.com.cn。

③ 杨振，北京林业大学人文学院心理学系，e-mail：yangzhenyimu@163.com。

把握好四个环节：一是生态环境，二是输入，三是转换过程，四是输出。教育的微观生态则缩小到学校、教室、设备乃至座位的分布对教学的影响，也包括课程的设置目标、智能、方法、评价等微观系统分析，也缩小到家庭的亲属关系，学校的师生关系、同学关系乃至学生个人的生活空间、心理状态对教育的影响。①

特殊教育是针对特殊人群的教育，具体地讲是针对各种障碍者、问题儿童、超常儿童的教育。② 从建国初期至20世纪80年代中期，特殊教育学校一直是我国实施特殊教育的主要形式。1989年国务院办公厅转发了国家教委等八部委《关于发展特殊教育若干意见》，提出了在普通学校附设特教班和残疾儿童在普通班级随班就读的新形式，拉开了我国融合教育的序幕。融合教育的出现是特殊教育发展到一定阶段的必然产物。根据国外融合教育发展的历史轨迹，教育生态化是特殊儿童融合教育发展的基础。

本研究以特殊儿童教育的生态结构与教育的生态功能为主体研究内容，通过对全国19个地区中的296所小学的相关人员进行访谈式调查，旨在显示教育生态观在特殊儿童教育中的积极作用。

2　研究方法

2.1　研究对象

本研究的特殊儿童限定于身体残疾（如听力、视觉、肢体、脑外伤及其他身体健康问题）以外的其他障碍，如学习障碍、语言障碍、智力障碍、情绪障碍、多重障碍及自闭症等范围的儿童。

调查地：上至北京、上海、天津、西安、太原、南京、贵阳、成都、哈尔滨等大中城市，下至绵阳、长乐、九江、渭南、无锡、银川、海宁、金坛、金华、大同等小城市共计19个地区。调查对象：为上述地区的296所小学

---

① 范国睿：《教育生态学》，人民教育出版社2000年版，第67页。

② ［美］路得·特恩布尔等：《今日学校中的特殊教育》，方明俊、汪海萍等译，华东师范大学出版社2004年版，第1—2页。

（包括私立学校34所）的教师、学生、特殊儿童及其家长和当地教育局官员等共计2358人。详情见表1。

表1 调查对象分布状况

<table>
<tr><td rowspan="2">对象
人数</td><td colspan="2">教师</td><td colspan="2">学生</td><td rowspan="2">特殊儿童家长</td><td rowspan="2">教育官员</td></tr>
<tr><td>学校负责人</td><td>一般教师</td><td>一般学生</td><td>特殊学生</td></tr>
<tr><td>N=2358</td><td>302</td><td>610</td><td>1248</td><td>145</td><td>37</td><td>16</td></tr>
</table>

2.2 调查实施

2009年12月—2010年5月，数十名受过专业培训的心理学专业人员赴上述地区实施调查，调查路线：赴当地教育委员会，了解当地融合教育现状→赴学校（教师与学生），了解融合教育的具体实施→访谈特殊儿童及其家长，了解特殊儿童家庭的就学需求。

3 研究结果

3.1 从特殊儿童就学比率与就学现状看，我国融合教育现状不尽如人意

对296所小学的调查结果显示：（1）学校对特殊儿童的招收人数无明确的规定。（2）有特殊儿童就读的学校173所，占所调查对象的58.4%，各学校特殊儿童就学人数在1—4人不等，包括自闭症、注意力缺陷多动症、智力障碍、选择性缄默症等儿童共计278名。所有小学基本无特教教师，无相关特教设置，无特殊教育计划，对特殊儿童的教育基本由任课老师自行抉择，只有不到15%的学校设置相关的心理辅导。（3）特殊儿童在普通小学的就学呈现出大中城市比率高于小城市，普通小学的比例高于重点小学，大城市特殊儿童就读公立学校高于私立小学，中小城市就读私立学校的比例高于公立小学等趋势。

3.2 从对普通教师和普通学生的调查结果看，融合教育有一定的实施基础

187 名执教过特殊儿童的教师中有 60% 的教师认为，自己对特殊儿童的教育取得了一定的成绩，但同时也提出了普教中实施特教所面临的困难。其中最大困难是缺乏对这类学生的了解和必要的社会支持，如，特殊教育评估的困难，相关专业知识的缺失，来自学校、家庭及社会的支持的不足等。

1248 名调查对象中 80% 以上表示愿意同特殊儿童共同学习，但是，大部分学生表示不知道如何和特殊儿童相处。

3.3 从特殊儿童及其家长的调查结果看，融合教育滞后于需求

对 145 名特殊儿童（其中自闭症 62 名，注意力缺陷多动症 33 名，智障 45 名，其他 5 名）的调查结果显示，（1）能够接受访谈的学生基本上愿意在现在学校上学。（2）145 名学生中，在公立小学就读的占 87%，以北京等大城市居多。而中小城市的特殊儿童有 76% 就读私立小学。

对 37 名学生家长的访谈结果显示，（1）95% 以上的家长在义务教育阶段，首先选择普通小学，认为较特殊学校相比，普通小学更有利于孩子的发展。（2）在孩子就学普通学校过程中，几乎所有的家长都遇到过各种就学阻碍。（3）目前特殊儿童就学时，有专人陪读的家庭 29 个，占调查人数的 78% 左右。

4 结论与分析

4.1 特殊儿童教育的生态形式表现为融合教育形式，其教育结构较一般教育生态结构呈现出更为复杂的特点

依据宏观教育的生态结构，本研究的研究结果显示，特殊儿童教育的生态结构较一般教育生态结构呈现出更为复杂的特点。具体表现为：特殊儿童所处教育生态系统在生态环境上需要较高的社会文明支撑；在教育投入上需要更为强大的人力、物力、财力、信息支持；在转换过程中体现出更为突出

的弹性调控；在教育成果评估上，与出人才、出成果相比更注重于学生的生存质量，即在输入和输出上呈现出自己独特的特点（见图1）。

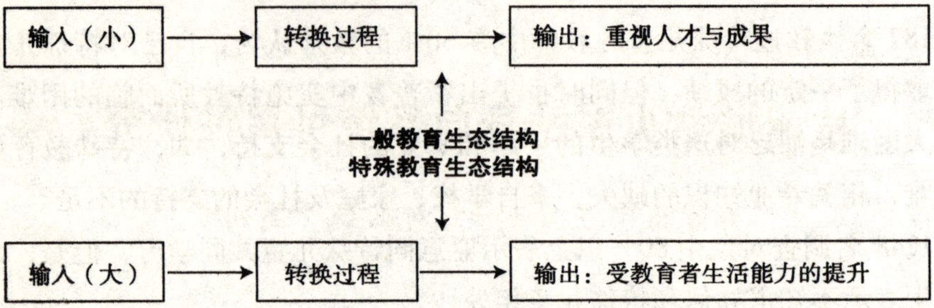

图1　一般教育与特殊教育的生态结构对比

依据微观教育的生态结构，第一，特殊儿童教育在课程的设置上具有其特殊性。具体表现为：由于特殊儿童在智力或其他能力方面滞后于一般儿童，因此在课程设置上，即在普教中融入特教的内容；第二，在教学效果评估上要有其特殊的评估标准；第三，在教学方法上，特殊教育有其独特的特点；第四，在教育人际关系上，特殊教育人际关系表现出较普通教育人际关系更为多层的结构特点，即在平等的基础上构建人类最博大的关怀与和谐；第五，在教育空间上，特殊教育需要标准较高的教育空间与支持。

4.2　特殊儿童教育的生态功能重在彰显社会和谐

特殊儿童教育的生态功能主要表现为：其内在功能是通过实施特殊教育不仅能促进特殊儿童成长，而且还能满足其特殊教育需要；其外在功能主要为教育能体现社会关爱、社会和谐，从而显示社会文明的进步程度。

杭州城站火车站导向系统可用性研究[①]

郑晓岚　王笃明[②]　刘玉勤　葛列众

1 引 言

导向系统是提供空间方位与方向信息引导人们在公共场所活动的信息指向系统。其设置目的是：使外地人乃至外国人初到一个城市，不受语言文化障碍的影响，依照导向系统即可迅速地获得所需信息，顺畅地到达目的地。导向系统已成为人们空间定向时最常借助的工具。

火车站等交通枢纽是外地旅客初到一城市最先接触的公共场所，其导向系统的可用性优劣决定了旅客是否会产生迷路、迷向等问题，直接影响旅客对该城市的第一印象。良好的导向系统则可帮游客在陌生环境中独立穿行到达目的地，使其获得成就感，进而对环境产生亲切感。[③]

围绕地铁站、火车站、公路客运站等交通枢纽的导向标识已有研究提出

① 基金项目：杭州市哲学社会科学规划课题（B09SH07）。

② 王笃明，浙江理工大学理学院心理学系，e-mail：wduming@163.com。

③ Brown，B.，"Working the Problems of Tourism"，*Annals of Tourism Research*，2007，34（2），pp. 364 -383.

了一些交通枢纽导向系统存在的问题。①②③④

然而，目前导向系统研究多集中于艺术设计领域和标准化领域，交通枢纽导向系统的研究亦有交通工程领域研究者的参与，⑤ 但从用户心理学视角出发的导向系统可用性研究则较为少见。而导向系统功能及价值的体现取决于用户使用导向标识过程中的行为及心理体验。

杭州城站火车站是杭州最重要的交通枢纽之一，但其对导向标识的设置重视不够，最初的建筑竣工及装饰设计图显示，各类导向标识总数仅为28块。⑥ 随着杭州外来人口的增多，过站人流量日益增多，为此相关部门又增设了部分导向标识，但新旧导向标识的不一致性及设计设置方面的问题使得旅客在站内极易发生迷失现象，对其出行情绪体验带来消极影响，同时也降低了车站的客流输送效率。

因此，从用户心理角度对杭州火车站的导向系统进行可用性研究，确定其在设置和设计等方面存在的不足，并在此基础上提出改进优化方案具有明显的实际应用价值。

2 研究方法

总体研究方案如下图所示：

① 宁涛、宋旭东：《地下空间导引标识系统的虚拟建模可行性分析》，载《工业控制计算机》2008年第6期，第33—34页。

② 汪涛、张海雷：《交通枢纽的标识系统设计》，载《广告大观》（标识版）2006年第10期，第54—55页。

③ 张建勋、韩宝明、许婷：《地铁车站乘客导向标识设计要点分析》，载《城市轨道交通》2007年12期，第40—43页。

④ 陈永权、白殿一、邹传瑜：《北京市省际客运站旅客导向标识的现状及分析》，载《广告大观》（标识版）2006年第6期，第46—52页。

⑤ 曹冬清：《大型综合交通枢纽站旅客向导标识的布设方案及评价方法研究》，北京交通大学硕士学位论文，2008年第1—6页。

⑥ 杭州建筑设计院：《杭州城站火车站广场指示牌明细表》，第1页，1997年。

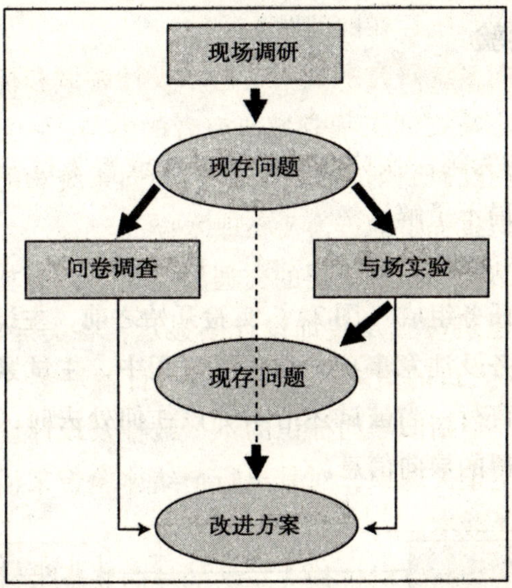

图1 研究方案

2.1 实地调研

参照“公共信息导向系统设置原则与要求”制定条目检查表,① 在实地调研时逐条予以检查核对，确定存在的问题。此外，还从研究者及使用者的角度对现有导向标识的现状进行分析，确定可能存在的潜在问题。

在完成实地调研工作后，为验证并确定发现的问题存在与否及其严重程度，也为更深入探究旅客在使用城站导向系统时的真实感受，更进一步发掘尚未发现的潜在问题，后续研究采用问卷调查和现场试验进行了用户研究，对旅客导向系统的使用及感受进行了研究。

2.2 问卷调查

问卷调查分为站内和站外导向系统两部分。前者针对安检口至候车室及候车室内部导向系统，调查对象为各候车室内旅客40名；后者针对各公交站点至站前广场路段导向系统。调查对象为乘公交车到站前广场的旅客30名。

① 中华人民共和国国家质量监督检验检疫总局、中国国家标准化管理委员会：《GBT 15566.3－2007 公共信息导向系统设置原则与要求》，第1—7页。

2.3 现场实验

2.3.1 被试

被试10名，均为第一次来城站火车站，或曾来过一次，但半年内未来过，对城站空间布局不了解。

2.3.2 任务及流程

共由5个寻路任务组成（图2）。实验开始之前，主试为被试解读实验指导语，使其明晰任务及注意事项。在寻路过程中，主试紧随被试行进，记录其路线选择及相关言行。当被试迷茫不知该往何处去时，主试询问其遇到的困难，及其希望获得的导向信息。

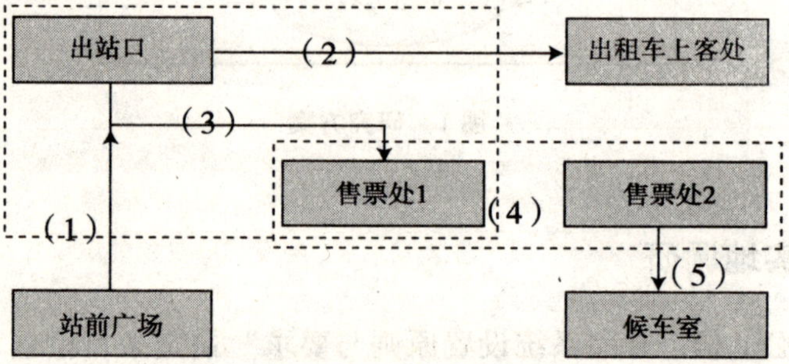

图2 现场实验任务流程图

3 结 果

3.1 实地调研结果

站前广场、进站、出站3类9部分共38条导向设计要点中，杭州火车站符合的只有13条，具体如表1所示。

表1　实地调研结果

总类	子类	序号	内容	是否符合
站前广场导向系统	来站	1	与火车站临近的公共交通站点附近，宜为行人设置火车站导向标志。	×
		2	与火车站临近的主要路口处宜为机动车辆设置火车站导向标志。	×
		3	火车站附近停车场的行人出口处宜设置火车站导向标志。	×
		4	站前广场来站客流较集中的位置，设置进站口、售票厅、行包房和出站口等导向标志；条件允许情况下可设置火车站总平面示意图。	×
		5	进站口、售票厅、行李房、出站口等标志不能满足站前广场上旅客的需要时，应在站前广场增设相应标志。	×
	离站	1	站前广场临近出站口的适当位置应设置停车场、行包房及公共交通站点导向标志。	×
		2	站前广场临近出站口位置，应设置站前广场范围内各路公共汽车运行线路图。	×
		3	站前广场临近候车室、售票厅、行包房等场所出口的适当位置，应设置站前广场范围内的公共交通点、停车场等设施的导向标志。	×
		4	站前广场范围内的公共交通站点、停车场等设施处应设置相应位置标志。	✓
		5	站前广场内旅客较集中的位置宜设置街区导向图。	×
		6	站前广场外离站旅客流线上的适当位置宜设置附近公共交通站点导向标志。	×
	联络导向	1	广厅出口外侧应设置售票厅、行包房等场所的导向标识。	×
		2	售票厅出口的外侧应设置候车室、行包房等场所的导向标志。	×
		3	行包房出口外侧应设置候车室、售票厅等场所的导向标志。	×
		4	站前广场临近出站口适当位置应设置售票厅、中转签证处、行包房的导向标识。	×
进站导向系统	定位	1	旅客站房出口一侧上方应设置出口位置标志。	×
		2	旅客站房内公共设施，如电梯、楼梯等，应设置相应位置标志。	×
	售票厅	1	售票厅的入口上方应设置售票厅位置标志。	✓
		2	售票、退票和中转签证窗口应设相应位置标志。有多个售票窗口时，应编号。	✓
		3	售票厅内宜设置车站平面图。	×
		4	售票厅内应设置售票信息显示牌，显示车次、本站开车时刻、剩余票额等信息。	✓

续表

总类	子类	序号	内容	是否符合
进站导向系统	行包房	1	行包托运处和行包提取处入口上方应设置相应位置标志。	✓
		2	行包托运处和行包提取处内应分别设置行包托运和行包提取流程图。	×
		3	行包房内宜设置车站平面示意图。	×
		4	行包提取处内宜设置行包到达信息显示牌或电脑触摸屏等设施。	×
	广厅	1	广厅入口上方应设置进站口位置标志。	×
		2	广厅内应设置候车室的导向标志，宜设置汇合点位置标志。	✓
		3	广厅内应设置车站平面图。服务设施所在楼层不同时，宜设服务设施信息板。	×
		4	广厅内问讯处或平面示意图所在位置宜摆放供免费取阅的便携印刷品。	×
		5	广厅内应设置候车信息显示牌，显示车次、到站、本站开车时刻、候车地点等。	✓
	候车室	1	候车室、母婴候车室、软席候车室均应使用相应图形标志表示，对多个同类型候车室应编号加以区分。	✓
		2	有多个不同候车室时，宜在连接各候车室的主要通道内设置候车室导向标志。	✓
		3	候车室入口上方应设候车室位置标志和候车车次信息牌，显示候车的车次信息。	✓
		4	检票口处应设置检票口位置标志和检票车次信息显示牌，显示车次、始发站、终到站、开车时刻、停靠站台和状态等信息。	×
出站导向系统	出站口	1	出站口处应设置出站口位置标志。	✓
		2	出站口外侧应设置到达车次信息显示牌，显示到达车次、始发站、终到站、到达时刻、停靠站台、晚点变更等信息。	✓
		3	出站口旁宜设置城区简明地图。	×
		4	出站口旁宜提供住宿服务、旅游咨询、旅游接待等导向信息。	✓

3.2 问卷调查结果

3.2.1 站内导向系统问卷调查结果

本部分最后收回有效问卷共计37份，结果如下：

表2 站内导向系统问卷调查结果

序号	问题内容	选项	人数	比例
1	进入安检口后，寻找自己应去哪一候车室是否顺利？	顺利	33	89%
		不顺利	4	11%
2	获悉应去的候车室后，找到该候车室的位置是否顺利？	顺利	34	92%
		不顺利	3	8%
3	候车室内洗手间的导向标识是否容易被发现？	容易	22	59%
		不容易	15	41%
4	若不容易，则原因是什么？	导向标识不显眼	14	93%
		放置位置不当	0	0%
		无导向标识	1	7%
5	在候车室内，您知道服务台的位置吗？	知道	13	35%
		不知道	24	65%
6	在候车室内，您知道超市、快餐供应点的位置吗？	知道	32	86%
		不知道	5	14%
7	您希望看到关于整个候车大厅的全局图吗？	希望	24	65%
		不希望	13	35%

3.2.2 站外导向系统问卷调查结果

本部分最后收回有效问卷共计30份。调查对象来自于城站火车站附近17条不同的公交线路，9个不同的公交车站点。结果如下：

表 3　站外导向系统问卷调查结果

类别	具体问题	选项内容	人数	比例
用户背景信息	是否第一来城站火车站？	第一次	5	17%
		非第一次	25	83%
	来时所乘坐的公交车线路？			
用户定向现状	下车后是否知道该往哪个方向走？	不知道	17	57%
		知道	13	43%
	公交下车点处有无必要设置标识？	有必要	21	70%
		没必要	9	30%
	从公交车下车点至站前广场，中途是否有过迷失感？	有迷失感	13	43%
		无迷失感	17	57%
	是否有必要设置标识？	有必要	25	83%
		没必要	5	17%
用户导向期望	您觉得导向标识应如何设置？	每隔 20 米	6	20%
		每隔 50 米	15	50%
		每隔 100 米	5	17%
		逢拐弯或者交叉路口	24	80%
	您希望在导向标识上看到什么？	目的地方向	13	43%
		距离	7	23%
		相对位置	7	23%
		全部	14	47%

3.3　现场实验结果

对 10 名被试现场实验中的问题进行整理与统计，确定了杭州火车站导向系统的各类问题及其出现频次，结果如下：

表4　现场实验结果

类型	维度	序号	具体问题	频次	比率
设计	识别性	1	部分导向标识信息滚动呈现，使旅客不能及时获取有效信息。	4	40%
		2	部分导向标识由于本身亮度不够或尺寸太小而被忽视。	2	20%
		3	部分导向标识内容字体太小。	5	50%
	理解性	1	部分导向标识中箭头的表示方式不标准，使人产生误解。	8	80%
		2	部分导向标识内容用词费解。	1	10%
	一致性	1	南北售票处各有多种名称，不统一。	6	60%
		2	候车室入口处的名称有两种，不统一。	6	60%
设置	系统连续性	1	连接南北售票处的外部空间无指向候车室及南北售票处的标识。	8	80%
		2	连接安检入口处和南北售票处的商场通道内缺乏导向标识。	4	40%
		3	缺乏连续的导向标识指引旅客从站前广场到达出站口。	10	100%
		4	北售票处缺乏指向南售票处的导向标识。	3	30%
		5	出站口至出租车上客处的途中缺乏导向标识。	4	40%
		6	地面一层四个楼梯出口处缺乏指向售票处、候车室的导向标识。	3	30%
	功能完备性	1	缺乏关于城站火车站的全局图。	9	90%
		2	缺乏南北售票处服务内容说明。	6	60%
		3	缺乏当前楼层位置标识。	4	40%
	位置识别性	1	部分导向标识放置位置太偏。	3	30%
其他	信息干扰	1	广告牌太过于明显，影响了用户对导向标识的识别。	6	60%
	信息失准	1	出站口处关于出租车上客点和自备车场的标识位置标示错误。	7	70%
		2	北售票处楼梯口，指向北售票处的导向标识方向信息标示错误。	3	30%
	信息冗余	1	局部导向标识过多，如安检入口处关于售票处的标识过于繁杂。	3	30%

4 结 论

通过对上述结果的综合分析，可确定杭州城站火车站导向系统存在以下问题：

4.1 导向标识的设置

4.1.1 功能完备性

（1）缺乏全局图

火车站内外未见一张全局图，而用户调查及现场实验结果均表明旅客希望参考全局图来帮助自己更快更准确地定位和找到目的地。

（2）缺乏公共交通站点导向标识

火车站周边公交站点缺乏导向标识，无法指引乘客从公交站点到达火车站；出站口及站前广场缺乏周边公交站点的导向标识，不利于指引出站乘客通过公共交通疏散。

（3）缺乏服务项目说明

杭州火车站共有南北两个售票处，二者在服务项目及时间上存在差异，但却缺乏标识对此予以说明。现场实验发现旅客需要相应的标识对此予以说明。

（4）位置标识设置不完善

• 当前所在楼层位置标识缺乏

火车站有地下一层，地上两层共三层，站内没有关于当前楼层的位置标识，这导致现场实验中40%的用户无法确定身处何层，也就无法进行下一步的寻路。

• 进出口、公共设施位置标识缺乏

火车站所有电梯、楼梯处均无位置标识，这使得旅客可能无法在远处快速发现进出口、楼梯等关键位置。

4.1.2 系统连续性

导向标识的系统连续性是指导向标识能保障旅客行为流的连续，不存在中途某点因缺乏导向标识而断裂。

（1）进站人群导向系统

• 站前广场至出站口导向

站前广场乃至整个地面一层，无任何有关出站口的导向标识。

• 站前广场至候车厅导向

站前广场缺乏有关候车厅的导向标识。

• 两售票处之间联络导向

南北两售票处之间的导向系统无连续性，在北售票处门口（A 区），商场内通道（B 区）、商场外过道（C 区）等处均缺乏应有的导向标识，如图 3 所示。

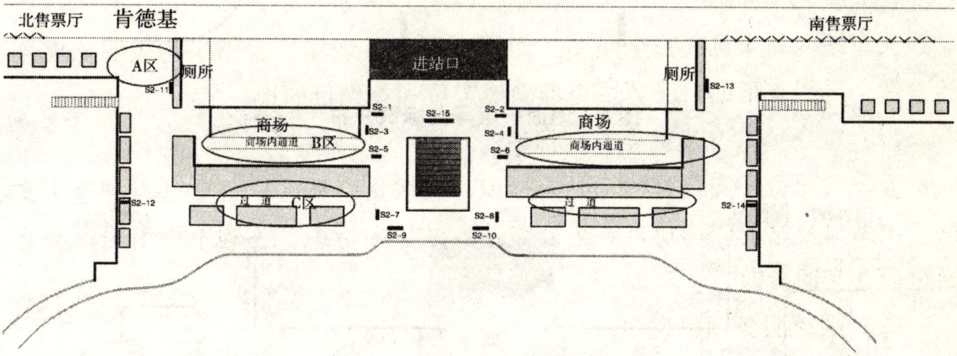

图 3　南北售票处相对关系图

（2）出站人群导向系统

• 中转人群导向

中转人群行为流一般为“出站口——售票处——进站口——候车室”，因而，各相应环节及中途均应设置连续的导向标识。

从出站口（地下一层）至售票处（地面二层）需要经历三个楼层，但沿途相关导向标识在地面一层楼梯口处和地面二层过道处不连续。

在地面一层楼梯口处，售票处导向标识为 S1－5 至 S1－8 四块导向标识，位置距楼梯口较远，不易发现，如下图 4 所示：

当旅客从城站中间主楼梯上到地面二层后，需穿过商场内通道或外过道到达售票处，由于两种途径均缺乏应有的导向标识，致使现场实验中多名旅客在经过时均有不确定感。如图 5 所示：

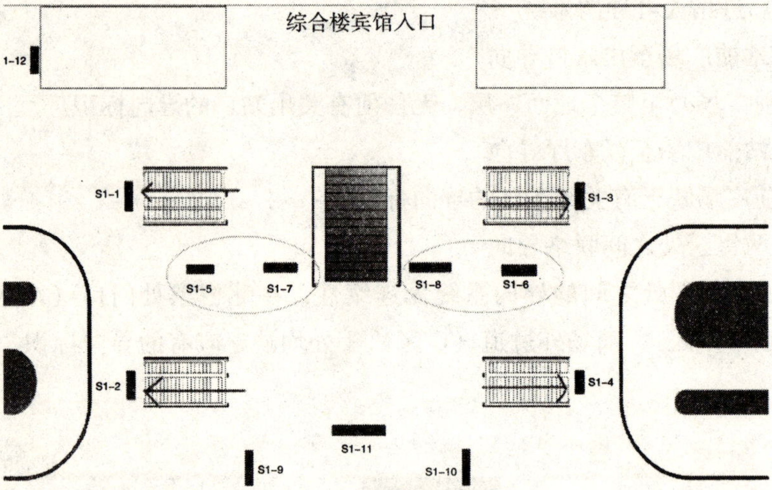

图4　地面一层导向标识分布

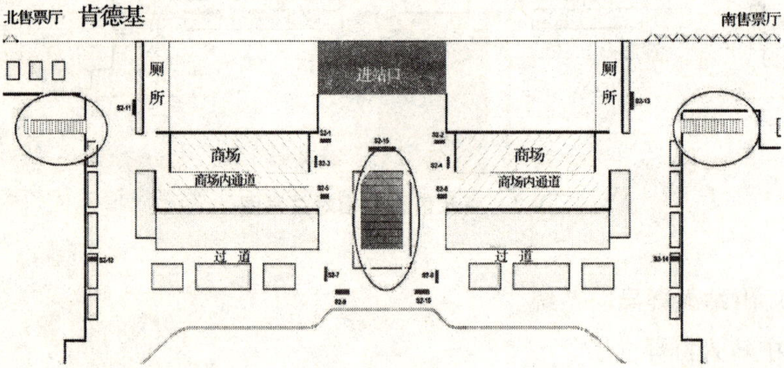

图5　地面二层导向标识分布

- 出站口至公交站台导向

出站口至站前广场的部分导向标识在内容衔接上缺乏连续性。如地下一层出口电梯处导向标识 S0－4 和地面一层导向标识 S1－1 分别位于电梯上下两端，但其信息并不一致，S0－4 中的公交线路部分未出现在 S1－1 中，而出现在 S1－2 中，另有部分线路则完全消失。

从站前广场至周边公交车站无相应导向标识。

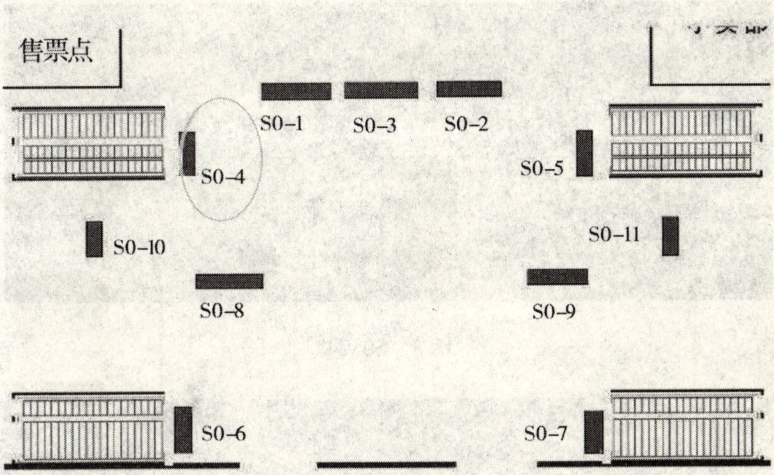

图 6　地下一层导向标识分布

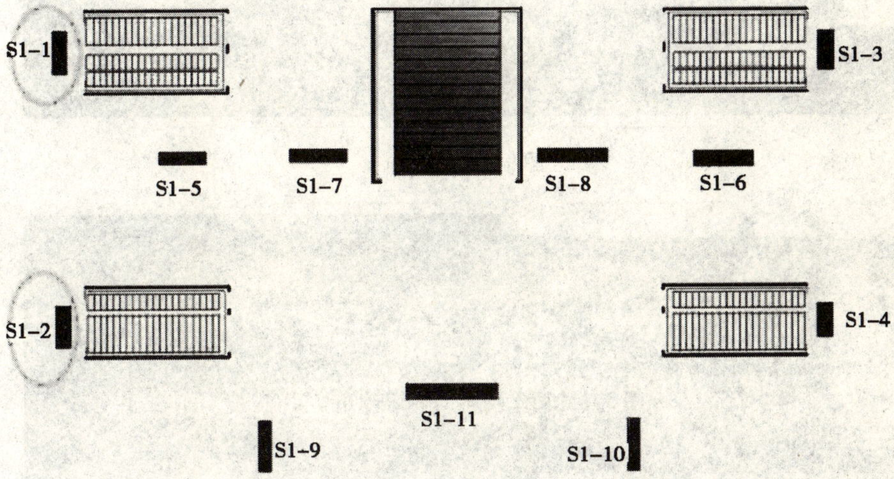

图 7　地面一层导向标识分布

图 8　S0 －4

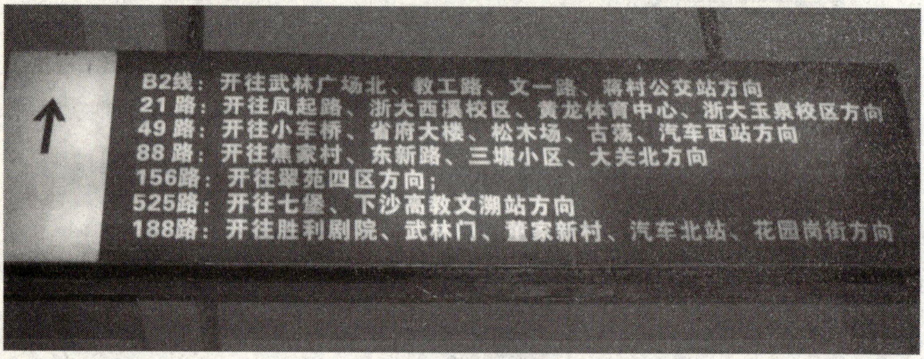

图 9　S1 －1

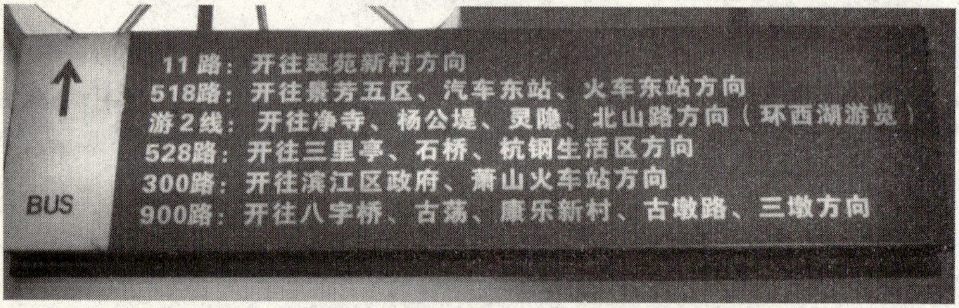

图 10　S1 －2

4.1.3　位置识别性

火车站部分导向标识的设置却过于偏僻，或有各类商业标识的干扰掩蔽，难以被发现。如图 11 所示：

图 11　导向标识位置偏僻

4.2　导向标识的设计

4.2.1　可识别性

（1）部分导向标识亮度不够或尺寸太小

采光条件不佳的情况下，部分非自发光导向标识难以被发现。如图 12 中圈出部分为“出租车上客处”标识，不易发现并看清。

图 12　导向标识亮度不够

（2）部分导向标识版面字体太小

部分导向标识显示信息密度过高，字体过小，导致现场实验中部分用户难以看清，这对老年人及近视等视觉障碍者尤为不利。如图 13 所示：

图 13　版面字体过小

（3）动态显示方式的误用

内容固定的导向信息不宜采用动态显示，滚动显示缩短了信息呈现的有效时间，旅客在一段时间内不能获取其需要的信息。而杭州火车站有多处应静态呈现的导向信息却采用了动态显示方式。如图 14 所示：

图 14　导向信息的动态显示

4.2.2　可理解性

部分导向信息不明确，难以理解，易被误解。如下图所示，导向标识 S2－3中的箭头会令人误以为进入肯德基，而 S2－4 则让人误以为进入名为“李先生”的快餐店。

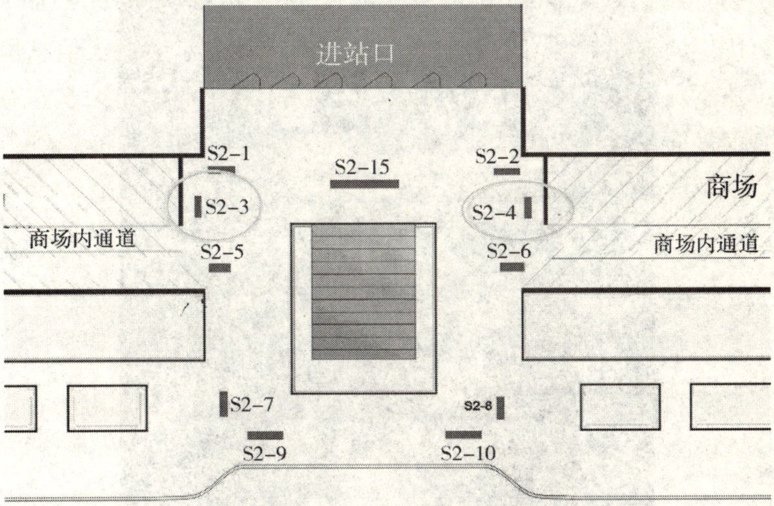

图 15

图 16　导向标识 S2 – 4

图 17　导向标识 S2 – 3

4.2.3 系统一致性

（1）样式不一

杭州火车站导向标识样式共计有三类（静态显示带有灯箱加亮、静态显示不带有灯箱加亮、动态显示）八种。样式的不统一不利于用户快速发现导向标识。

（2）名称不一

导向系统应避免以不同的名称指代同一地点，否则将导致用户疑惑和猜测：如南售票处的名称有售票处、南售票大厅、南售票处，北售票处则有北售票大厅、北售票处等；候车室入口也有“候车室入口”和“进口处”两种表示方式。

4.3 其他

4.3.1 信息干扰

杭州站有广告牌等大量商业标识，其尺寸较大色彩艳丽，对导向标识造成干扰掩蔽，不利于旅客发现导向标识。如图 18 所示：

图 18

4.3.2 信息失准

如图 19 所示，导向标识 S0－3 中显示，向后直行可至出租车站和自备车场，但其实向后直行只能到出租车站，自备车场位于标识牌的左右两侧。

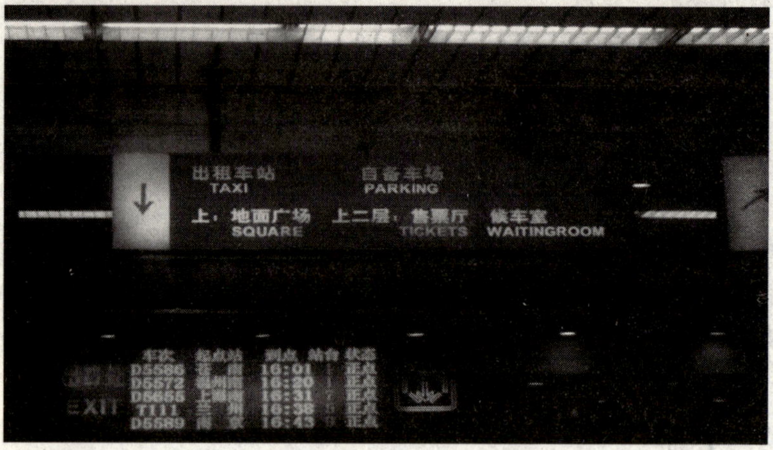

图 19

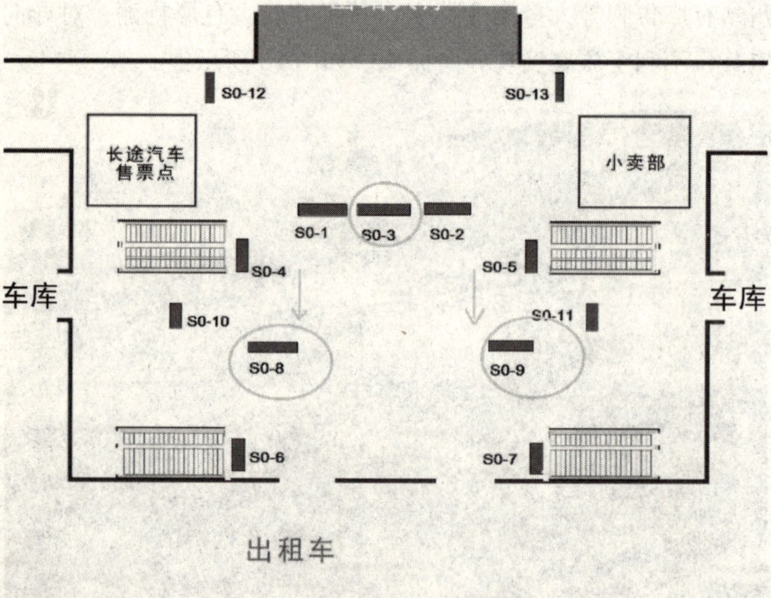

图 20

此外，杭州站导向系统还存在信息更新滞后而导致的信息失准问题。如图 21 所示，导向标识 S1－4 中的 337 路，已更名为 116 路，但并未被及时更新。

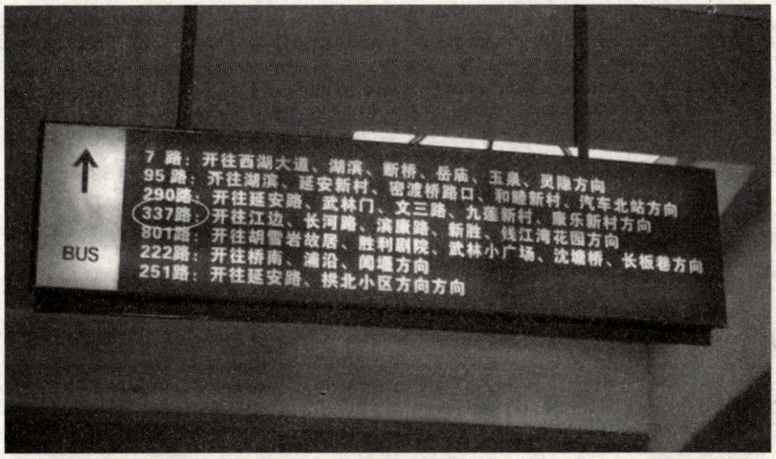

图 21　S1－4

5　优化方案

5.1　增设全局图等以解决功能完备性问题

（1）在城站大楼内设置带有楼层位置标识的全局图。

（2）在候车大厅内设置候车室内部平面全局图。

（3）在站前广场设置城站火车站周边公交车站点平面分布图。

（4）增设当前楼层、电梯、进出口等位置标识。

（5）增设南、北售票处服务项目说明标识。

5.2　增设导向标识以解决系统连续性问题

（1）在地面一层四个楼梯口处，增设关于售票处的信息。

（2）在地面二层商场内过道处和外部过道处，增设候车室和售票处的导向标识。

（3）在站前广场增设出站口和候车室导向标识。

（4）在出站后通往各公交车站的关键决策点设置导向标识。

（5）在公交车站点至站前广场沿途设置火车站的导向标识。

5.3 统一导向标识外观样式以解决可识别性及一致性问题

5.4 调整标识内容以解决可理解性及信息失准问题

(1) 调整图符的画法使其标准化。

(2) 及时更新版面导向信息。

(3) 调整地面一层楼梯口处公交线路导向标识内容，使其在内容上与其他导向标识形成连续。

5.5 统一地点名称以解决理解性及一致性问题

如将所有的有关南、北售票处的名称统一为南售票处和北售票处。

中国省级生态文明评价体系中的相对性指数设计及分析

刘　洋[①]

随着社会的发展和进步，生态文明的建设已经成为我国越来越重要的建设目标，生态文明的理论体系也成为中国特色社会主义理论的重要内容，成为与物质文明、政治文明、精神文明相并列的我国社会主义现代化建设总体布局的组成部分。

在生态文明的建设过程中，明确的目标及客观的评价体系是必不可少的支柱和基石。评价经历了从“测量时代”到“描述时代”再到“判断时代”，最后到今天的“多元时代”的过程。但不管在哪个时代，“合理、公正”始终是讨论的重点。在评价中有许多资料和指标是属于定性方面的，特别是在评价体系众多的数据中，以简单的级别来划分是无法满足进一步的分析需求的。假若仅仅停留在定性描述或等级化，则无法将两个或多个具有若干定性指标基本相同的个体进行比较。即使对有些定量的资料和指标，如果不进行技术处理，也很难将两个或多个具有相同定量指标的个体进行比较。[②]

2008 年，北京林业大学生态文明研究中心承担了国家林业局林业公益性行业科研专项经费资助项目——“生态文明建设的评价体系与信息系统技术

---

① 刘洋，北京林业大学人文学院心理学系，e-mail：tuba2000@ sina. com。

② 王涛：《将正态分布应用到评价中的研究》，载《长沙大学学报》2007 年第 3 期，第 15 页。

研究”，构建中国省级生态文明建设评价指标体系（Eco-Civilization Construction Indices，简称 ECCI），根据 ECCI 及相应的算法，计算得出各省的生态文明指数（Eco-Civilization Index，简称 ECI）。本研究主要针对中国省级生态文明建设评价指标体系（ECCI）统计算法研究中相对性指标的设计和分析。

在不同的指标体系中，指标的设计是很重要的方面，这其中不仅要考虑各指标之间的实际意义与整体结构关系，还要考虑指标的数据收集及后期的分析。很多体系因为指标设计过于复杂，或者是数据结构的复杂性，使其无法进行严谨的统计分析。在 ECCI 的研究过程中，通过大量的数据研究，发现可以通过对数据进行标准化处理，使分布杂乱（极端数值多，分布形态不均衡）的原始数据，整理为平均数 3.5，标准差 1 的标准分数分布。通过此种数据的标准化转换，评价指标也成为相对化存在，即体系所计算的分差为各评价省市的相对分差而非绝对值差，构建了相对性的指标设计。本文即通过这种相对性指标的统计设计与分析，来探讨其在中国省级生态文明评价体系中的作用和意义。

1ECCI 的指标设计及数据类型特点：

由于生态文明建设涉及的领域非常广泛，涉及社会发展的各个层面，ECCI 的评定指标主要通过分析评价生态文明建设中相对客观的器物和行为部分，进而对生态文明建设的总体状况进行评价。[①] ECI 坚持目标导向的基本设计思路：首先，明确生态文明建设四大方面的目标：生态充满活力，环境质量优良，社会事业发达，各个方面高度协调；其次，设立具体指标，以引导四大方面目标的实现。因此，ECI 按照多指标综合评价法的要求，采用层次分析法（AHP），首先将生态文明建设评价总指标分解为四个核心考察领域：生态活力、环境质量、社会发展、协调程度，然后选取设立表现各个考察领域不同侧面的建设水平、具有显示度和数据支撑的若干具体指标，构建一个包括“总指标—考察领域—具体指标”三层的中国省级生态文明建设评价指标体系框架。

在 ECCI 的指标体系设置中，客观科学权威的数据是所有评价指标的基础。因此，在指标体系设计的过程中，就充分考虑了数据收集和后续统计算

① 北京林业大学生态文明研究中心 ECCI 课题组：《中国省级生态文明评价报告》，载《中国行政管理》2009 年第 11 期，第 13 页。

法的特点。如受权威数据缺失或不足的限制，一些重要的指标暂时未能纳入生态文明建设评价指标体系。[①] 因此，主要涉及的指标分为四大类：生态活力、环境质量、社会发展、协调程度。详细指标如表1：[②]

表1　生态文明建设评价指标体系（ECCI）

<table>
<tr><th>一级指标</th><th>二级指标</th><th>三级指标</th><th>权重</th><th>性质</th><th>数据来源</th></tr>
<tr><td rowspan="20">生态文明指数（ECI）</td><td rowspan="3">生态活力</td><td>森林覆盖率</td><td rowspan="3">30%</td><td>正指标</td><td>国家统计局</td></tr>
<tr><td>建成区绿化覆盖率</td><td>正指标</td><td>国家统计局</td></tr>
<tr><td>自然保护区的有效保护</td><td>正指标</td><td>国家统计局</td></tr>
<tr><td rowspan="4">环境质量</td><td>地表水体质量</td><td rowspan="4">20%</td><td>正指标</td><td>水利部</td></tr>
<tr><td>环境空气质量</td><td>正指标</td><td>国家统计局</td></tr>
<tr><td>水土流失率</td><td>逆指标</td><td>国家统计局</td></tr>
<tr><td>农药施用强度</td><td>逆指标</td><td>国家统计局</td></tr>
<tr><td rowspan="6">社会发展</td><td>人均 GDP</td><td rowspan="6">20%</td><td>正指标</td><td>国家统计局</td></tr>
<tr><td>服务业产值占 GDP 比例</td><td>正指标</td><td>国家统计局</td></tr>
<tr><td>城镇化率</td><td>正指标</td><td>国家统计局</td></tr>
<tr><td>人均预期寿命</td><td>正指标</td><td>国家统计局</td></tr>
<tr><td>教育经费占 GDP 比例</td><td>正指标</td><td>国家统计局</td></tr>
<tr><td>农村改水率</td><td>正指标</td><td>卫生部</td></tr>
<tr><td rowspan="3">生态、资源、环境协调度</td><td>工业固体废物综合利用率</td><td rowspan="7">30%</td><td>正指标</td><td>国家统计局</td></tr>
<tr><td>工业污水达标排放率</td><td>正指标</td><td>国家统计局</td></tr>
<tr><td>城市生活垃圾无害化率</td><td>正指标</td><td>国家统计局</td></tr>
<tr><td rowspan="4">生态、环境、资源与经济协调度</td><td>环境污染治理投资占 GDP 比重</td><td>正指标</td><td>环境保护部、住房和城乡建设部</td></tr>
<tr><td>单位 GDP 能耗</td><td>逆指标</td><td>国家统计局</td></tr>
<tr><td>单位 GDP 水耗</td><td>逆指标</td><td>国家统计局、环境保护部</td></tr>
<tr><td>单位 GDP 二氧化硫排放量</td><td>逆指标</td><td>国家统计局</td></tr>
</table>

① 北京林业大学生态文明研究中心 ECCI 课题组：《中国省级生态文明评价报告》，载《中国行政管理》2009 年第 11 期，第 14 页。

② 严耕、林震、杨志华、刘洋等：《中国省域生态文明建设评价报告》，社会科学文献出版社 2010 年版，第 17 页。

在上述选取的数据中，主要有着如下特点：

（1）数据权威性。选择客观权威的数据，是客观评价的基础。在收集的数据中，为了确保数据的权威性，所有数据均来自国家统计局《中国统计年鉴》、环境保护部《中国环境统计年鉴》、水利部《中国水资源质量年报》，卫生部以及住房和城乡建设部公布的国家级官方权威数据。在使用的过程中，根据统计法以及相应统计规则，全部数据没有经任何处理而直接引用。

（2）数据可持续性。为避免缺失数据以及非连续数据对指标的整体影响，所选取的指标数据都是由权威部门定期发布的，具有较好的持续性和发展性。目前评价结果涵盖了近四年的基本情况，但在可以对未来进行相应的预期。如果进行持续的测量和分析，本指标体系所测算出的每年每省每个领域的生态文明状况，将能反映出该省生态文明建设在长时间范畴内的变化趋势，能够更加客观、准确地预测该省未来的生态文明发展状况，在此基础上科学合理地制定生态文明建设对策。

（3）数据可量化性。本指标体系要对各省的生态文明建设状况进行客观评价，所选用的指标必须具有权威数据基础，且数据便于统计计算，最终得出客观的分数，以用于对各省的生态文明建设水平进行考核、排序。因此，在指标体系的基础上，为了进一步进行推断性统计分析，所有的数据全部选取连续性等比数据。称名数据、顺序数据和等距数据不便于计算和后续的统计推断，均没有采用。

2　原始数据分布特点及差异性

在来自于国家统计局的各类生态文明的原始数据中，由于各省市的实际差别巨大，因此，数据本身呈现出较强的分布不统一性，这给后续的统计计算带来了很大的困难。

原始分数的分布差异性主要有以下几个方面：

（1）原始分数存在单位，由于生态文明本身包含的内容就相当广泛，因此，为了综合评定各省的生态文明真实水平，就要尽量全面地从不同的角度收集相应的数据。在此情况下，数据越多，其各自的单位越多。如森林覆盖率、建成区绿化覆盖率等是直接的百分比率指标，地表水体质量的单位是分，农药施用强度的单位是吨/千公顷，人均 GDP 的单位的是元，人均预期寿命的单位是岁，单位 GDP 能耗的单位是吨标准煤/万元，等等，这些数据有着自己的单位，因此在进行分析的时候并不能直接加和，更不能进行复杂的计算。

（2）数据分布中的极端数值，使得原始分数无法通过平均数进行简单分析。同一组数据之间差异巨大，有些分数之间相差数千倍。以 2007 年为例，原始数据中最大值和最小值的倍率，森林覆盖率为 21 倍，农药使用为 30 倍，单位 GDP 水耗为 45 倍，单位 GDP 二氧化硫排放量为 90 倍。在这种情况下，使用平均数进行分析时，会出现很大的偏差。

（3）原始分数本身非正态分布。上述的极端数值的存在，本身就表明此类数据已经不是完全的正态分布。这种统计学称为长尾（long tail）的分布，即一些极端值（从数据整体分布情况观察）使得整体数据呈现正偏态（极小值）或是负偏态（极大值）。这些极大（小）值通常是某些省份的个别现象，代表性并不强，却对整个数据分布产生了相当大的影响，因为一组数据中的某一两个极值，将使得整个数据的离散度加大，并呈现单一偏态，标准差和平均数的位置也将出现相应的偏化。而很多高阶的统计分析（如相关或回归）的基本要求，就是数据分布必须是正态化的。如果无法进行高阶统计分析，对数据的分析就只能停留在简单的描述性分析层面，使整体指数报告的分析水平都偏低。

3 标准分数的含义及其在生态文明指标算法中的意义

对于任何一种指数的统计计算，其原则是为了将其内部所呈现的差异性体现出来，是一种通过量化的方式来体现实质性的差异。针对上述原始数据分布的特点，ECCI 指数没有简单地对原始分数进行分析，而是在整体结果分析中，采用相对性数据进行分析，即对数据整体的标准化，采用完全正态化的标准分数来进行分析，基本上解决了上述的问题。处理后，所有的极端数值都经过修正，采用以各自数据的平均数和标准差为单位的标准分数，呈现出基本正态化的状态。其最终结果显示数据非原始数据，而是转换后的相对标准分数。

标准分数的推导，可以说是一种原始分数与平均数相比，其相对地位的推导。与原始分数相比，通过推导出来的标准分数有三个功能：其一，标准分数可反映原始分数在整体中的相对位置。原始分数（来自不同指标的具体数据）本身是不能体现其在总体中的相对位置的。单独就一个数据而言，其大小是没有意义的。指标数值的高低，需要将数据的值与其他原始分数进行比较。最常见的比较方式就是简单排名（按大小顺序），或是与平均数进行比较。而标准分数，可以将这两种比较的方式有效地结合起来。其二，采用标准分数记分，可以有效地比较不同类型（单位）间数据的关系。不同类型的数据，由于质的不同，若用原始分数，是不能比较的，而采用标准分数，因为已化成同质，因而可以拿不同学科的标准分进行比较，科学地反映出不同学科成绩的优劣。其三，采用标准分数记分，可以进行高阶统计分析。

3.1 标准分数与相对位置描述

一般来说，衡量总体水平的最重要的数值是平均数，但平均数并不能完全反映数据总体状况。当两组数据的平均数相同时，并不能表示这两组数据是完全一样的。可能一组数据分布较均衡，没有过高或者过低的极端数值，而另一组数据则出现较多的极端数值，但这两组数据的平均数是完全相同的。以 2008 年数据为例，其中人均预期寿命的各省数据分布比较平均，其平均数就能够说明其真实情况，而农药施用强度、水土流失率、单位 GDP 水耗等，由于各省实际差异巨大，导致数据分布呈现两极化，仅通过平均数就无法说明其真实情况。因此，在进行离中趋势的测量时，标准差能够反映数据的离散情况。标准差计算公式如下：

$$S=\sqrt{\frac{\Sigma\ (X-\bar{X})^2}{N}}$$

从标准差的计算公式中我们可以看到标准差的数学含义：各原始分数 X 减去平均分，得出一个偏离平均分的偏差值；由于偏差有正数有负数，所以对各偏差值进行平方处理，将它们一律化为正数，这样，累加之后便得到一个各偏差值的平方之和。将这个总和除以原始分数的个数 N，便得出各偏差值平方的平均值，这个值称为“方差”。最后将方差开方，使这个反映偏离平均数的程度的数值单位还原成与原始分数的单位一致（因为在各偏差值被累加之前作了平方处理），这就是标准差，也有些书称为均方差。显然，对于某一分数集合来说，若其各分数偏离平均分的程度越大，或者说两极分化的程度越大，那么其标准差就越大。①

而标准分数，又称Z分数，是一种由原始分数推导出来的相对地位量数，用以刻画原始分数在所属团体分数中的相对位置。其公式为：

$$Z = \frac{X - \bar{X}}{S}$$

其具体含义：标准分数 =（原始分数 - 原始平均分）/标准差。由此可见，标准分数的含义指原始分数偏离平均分多少个标准差。这就能够体现原始分数与平均数比较后，其更为准确的相对位置。

如果某个省市的原始分数与平均数相等，则按公式计算，他的标准分数是0，这表明标准分数的零表示平均水平，大于零（正数）则高于平均水平，而小于零（负数）则低于平均水平。同时，某省市的分数所得的原始分数比平均分高，并不一定说明该省市的分数比其他省市高出很多。在该指标所处的范围内，若数据分布趋于两极分化，则原始分数的差的意义就不大。但是若按照标准分数来区分，则两极分化的数据，其标准差就会较大，因此该原始分数转化后的标准分数不会特别大。而在原始分数分布相对均衡的情况下，标准差相对较小，即原始分数差别不大，但其实际的相对差异大，其标准分数的差异仍然会比较大。

以2008年数据为例，城镇化率的平均值为48.20%，北京为84.91，上海为88.60，比平均数高了将近一倍，而贵州和西藏分别只有29.11和22.61，差别巨大。但是通过标准分数的比较，全国平均数为48.20%，标准差为14.90，转换为标准分数后，北京为2.46，上海为2.71，贵州为-1.28，西藏为-1.71，体现了更为准确的相对位置。

由此可见，不管总体的数据情况趋向于平衡还是趋向于两极分化，只要某省市的指标数据水平相对于总体水平保持不变，其标准分数便能基本保持不变。这样就可以对多次测量的结果进行相对性的比较。由此，就可将

① 陈思敏：《也谈标准分数的原理及其应用》，载《钦州教院学报》1996年第11卷第1期，第32—35页。

2005—1008年的数据直接进行比较，如表2所示：① 在此表中所出现的分数，均为整理后的相对分数，各省ECI排名仅说明该省份当年的生态文明建设水平在全国的相对位置，并非表示该省的生态文明建设水平的绝对高低。各省每年得分排名的变化，可能是因为该省在过去一年中生态文明建设力度、整体水平的变化，也可能是因为其他省份整体水平的相对变化。

表2 2005年—2008年各省生态文明建设整体评价结果排名

排名	省份	2008年 ECI	省份	2007年 ECI	省份	2006年 ECI	省份	2005年 ECI
1	北京	85.24	北京	86.79	北京	91.31	北京	85.14
2	浙江	82.05	海南	83.07	上海	80.36	天津	83.52
3	海南	81.10	浙江	78.77	天津	80.27	海南	81.45
4	广东	78.29	天津	78.42	广东	79.96	福建	81.37
5	福建	78.11	上海	77.31	福建	78.93	广东	80.54
6	四川	76.83	福建	77.21	海南	78.59	浙江	79.60
7	上海	76.75	四川	76.79	江苏	77.73	上海	77.61
8	天津	75.36	广东	76.70	重庆	76.94	江苏	77.46
9	吉林	75.05	江西	74.40	浙江	76.70	吉林	75.89
10	重庆	74.88	广西	74.33	四川	74.79	辽宁	75.83
11	江苏	74.20	江苏	74.20	辽宁	74.58	西藏	73.34
12	江西	73.50	吉林	73.87	吉林	71.89	四川	70.69
13	广西	73.38	重庆	72.36	江西	71.07	云南	70.07
14	辽宁	72.43	西藏	71.49	山东	70.87	广西	69.99
15	黑龙江	72.31	湖南	71.41	广西	70.30	重庆	69.88
16	湖南	70.47	云南	70.57	陕西	70.16	湖北	69.47
17	云南	70.45	辽宁	70.56	湖南	70.04	江西	68.53
18	西藏	70.24	安徽	70.52	西藏	68.02	山东	68.31

① 严耕、林震、杨志华、刘洋等：《中国省域生态文明建设评价报告》，社会科学文献出版社2010年版，第13页。

续表

排名	省份	2008 年 ECI	省份	2007 年 ECI	省份	2006 年 ECI	省份	2005 年 ECI
19	山东	69.71	山东	70.51	黑龙江	67.42	黑龙江	67.46
20	陕西	69.06	黑龙江	70.19	湖北	67.05	湖南	66.89
21	安徽	68.59	湖北	67.30	河北	65.49	河南	64.74
22	湖北	67.50	陕西	66.98	云南	65.20	青海	64.26
23	河南	65.71	河南	65.95	安徽	64.14	安徽	64.17
24	内蒙古	65.47	青海	64.39	青海	62.51	陕西	63.72
25	青海	65.13	贵州	63.52	新疆	62.40	新疆	62.38
26	河北	63.51	河北	63.37	河南	61.99	河北	62.19
27	贵州	62.85	新疆	60.82	宁夏	61.14	内蒙古	60.14
28	新疆	62.67	内蒙古	60.33	甘肃	60.43	贵州	59.18
29	山西	62.06	山西	59.68	贵州	60.12	甘肃	58.64

3.2 通过标准分数对不同质数据进行加和

从数据的来源情况分析，由于生态文明的数据类型各有所不同，原始分数是无法进行加和的，而标准分数在处理的过程中消除了所有数据的相应单位，可以对不同质的分数进行加和——在已知各不同质的数据的次数分布基本为正态时，通过标准分数来表示观测值的总和与平均值，这样的方式标示了每一个数据在总体数据中的相对位置。

从统计原则角度出发，平均数的运算前提就是数据必须同质，不同单位的数据不能直接比较，否则会使平均数没有意义。在这种情况下，只有通过标准分数，才可以进行进一步的加合运算。同时，由于标准分数的换算，使得所有的原始分数标准化，其原始单位已经完全统一，在这种整合后数据的基础上，相应的高级统计运算（如相关，回归等）可以直接运行。

以生态文明评价指数中的协调程度为例，表 3 显示的是 2005 年至 2008 年的协调程度的综合评价分数，评价结果及各省排名情况见下表：

表3　2005年—2008年各省协调程度评价结果排名

排名	省份	2008年协调程度指数	省份	2007年协调程度指数	省份	2006年协调程度指数	省份	2005年协调程度指数
1	浙江	27.81	北京	30.09	北京	30.63	天津	29.06
2	北京	27.73	天津	26.16	江苏	28.75	北京	28.28
3	江苏	25.45	江苏	25.45	天津	27.65	江苏	27.81
4	上海	25.25	山东	24.55	重庆	27.29	浙江	26.63
5	天津	24.98	上海	24.07	山东	27.21	福建	24.91
6	山东	24.55	海南	23.87	上海	25.25	山东	24.55
7	重庆	23.97	浙江	23.73	浙江	23.73	上海	24.34
8	福建	23.73	重庆	23.29	河北	23.49	广东	23.09
9	安徽	22.86	福建	22.82	福建	23.37	海南	23.06
10	海南	22.70	安徽	22.39	陕西	23.30	辽宁	22.55
11	四川	22.28	广西	21.65	广东	23.22	重庆	22.12
12	陕西	21.97	广东	21.37	辽宁	23.14	河南	21.88
13	广东	21.91	四川	21.34	湖南	21.21	湖北	20.40
14	辽宁	21.37	湖南	21.21	四川	21.19	安徽	20.30
15	河北	21.37	湖北	21.01	河南	20.97	云南	20.21
16	湖南	21.21	河南	20.97	安徽	20.27	河北	20.19
17	湖北	21.21	河北	20.43	江西	19.41	吉林	19.65
18	河南	20.74	陕西	20.12	海南	19.29	江西	19.41
19	广西	20.56	辽宁	19.88	黑龙江	19.05	黑龙江	19.33
20	吉林	20.46	江西	19.38	广西	18.98	湖南	18.86
21	云南	19.69	吉林	19.28	湖北	18.78	四川	18.71
22	内蒙古	19.41	黑龙江	19.05	宁夏	17.58	广西	18.44
23	黑龙江	19.32	云南	17.73	吉林	17.49	陕西	17.76
24	山西	19.21	山西	17.64	山西	17.18	西藏	17.71
25	江西	19.14	内蒙古	17.29	内蒙古	16.67	青海	16.03

续表

排名	省份	2008年协调程度指数	省份	2007年协调程度指数	省份	2006年协调程度指数	省份	2005年协调程度指数
26	新疆	17.22	西藏	16.80	云南	15.57	新疆	15.50
27	青海	17.04	甘肃	15.37	新疆	15.53	宁夏	14.79
28	宁夏	16.43	青海	15.36	甘肃	15.06	山西	14.74
29	西藏	16.34	宁夏	15.34	青海	14.42	内蒙古	14.32
30	贵州	15.30	新疆	15.13	贵州	13.04	贵州	13.04
S31	甘肃	14.59	贵州	14.13	西藏	12.39	甘肃	12.47

在此表中所显示的分数均为标准分相加后的结果，评价结果中的各项分数只是相对得分。[①] 每一项指标及总指标的最高分和最低分，分别是由当年各省每项三级指标的原始数据中的最高值（被赋予最高等级分6分）和最低值（被赋予最低等级分1分）确定的。根据这种相对评价算法，如果一个地区协调程度全部7项三级指标均名列全国第一，按协调程度占生态文明指数（ECI）30%的权重计算，协调程度指数得分上限为36分。如果一个地区协调程度全部7项三级指标均名列全国倒数第一，按协调程度占生态文明指数（ECI）30%的权重计算，协调程度指数得分下限为6分。

协调程度的总分包括工业固体废物综合利用率、工业污水达标排放率、城市生活垃圾无害化率、环境污染治理投资占GDP比重、单位GDP能耗、单位GDP水耗以及单位GDP二氧化硫排放量。这些指标本身都有着自己的单位，原始分数无法相加。而通过标准分数的统计换算，抵消了不同单位对数据整合的影响，这些指标构成了生态文明评价指标中的协调程度部分。

3.3 标准分数与正态化数据的高阶统计分析

将原始分数转化为以平均数和标准差为基础的标准分数后，更重要的意义是可以将离散的数据分数整理成为正态化的数据分布，为后一步的高阶统

① 严耕、林震、杨志华、刘洋等：《中国省域生态文明建设评价报告》，社会科学文献出版社2010年版，第16页。

计运算提供重要的分析基础。

标准分数的运用是基于这样一个假设前提的：凡是人工进行的或与人工有关的各种测量，其结果都是呈正态分布。这个假设已为许多大规模的统计结果所证实。在标准分数的运用中，只要是存在足够多的数据，其结果基本上呈正态分布是不成问题的。

标准分数本身即为正态分布——高阶统计运算对于数据的要求也是相对较高的。不仅是数据类型需要等距或者等比的连续性随机数据，而且在数据形态分布上，也需要数据的类型基本符合正态化。非正态分布的数据在继续运算的过程中会受到很多的限制。正态分布函数是：

$$y = \frac{1}{\sqrt{2\pi 6}} e^{-\frac{(x-\mu)}{26^2}}$$

这个函数值正是曲线下 x 轴上从 $-\infty$ 到 X 的面积。这个值恒大于 0 小于 1（即 0 <（x） <1），它反映了从 $-\infty$ 到 X 的面积覆盖了总面积的百分比。由此可见，对于标准分数 X，总有一个反映其在正态分布中所处的百分位的函数值与之对应。在进行了正态化整理后，才可以进行相关等高阶统计分析。相关关系是一种变量间非确定性的相互关联关系，表现为延着一条曲线两侧的一排点。相关系数（coefficient of correlation）即为表现相关关系的数值。

一般而言，相关用于两个测量的样本间相关程度的测定。将两个样本按观察数据的顺序进行配对，分别计算每个数据的秩，将两组样本的秩分别记录为 U 和 V。如果两个测度完全一致，则 U 与 V 的差异应当为 0。计算 D = U - V 的平方和，该值越大，表明相关性越差。

不同的数据类型有着不同的相关计算。常见的相关有皮尔逊积差相关（Pearson coefficient of correlation、斯皮尔曼等级相关（Spearman coefficient of correlation）、肯德尔 W 相关（Kendall W coefficient of correlation）、质与量相关等。在不同的相关算法中，皮尔逊积差相关系数是误差最小、精确度最高的，同时，也是对数据类型要求最严格的。只有符合正态分布的连续性数据，在大样本的情况下才能使用。指标体系中的原始数据很难符合其运算特点。而整理后的标准分数，就可以通过其来进行分析。

在指数的后期分析中，将各年度相应二级指标以及总指标分数和原始数据中的各指标分作线性相关分析。由于各指标数据个数（原始数据）大于30，同时整合的二级指标以及总指标数据个数大于30，且本指标所有标准分均满足正态的概率分布，满足相关计算的最严格要求。因此，选用皮尔逊（Pearson）积差相关，并采用更为严格的双尾（又称为双侧检验：Two-tailed）检验。双尾检验虽然有可能使得相关系数的敏感性（显著性）程度降低，但其结果更为严格，可信度也比单尾检验（又称为单侧检验：One-tailed）高。

以整体情况为例，见表4。通过分析2008年二级指标与总指标之间的关联度，发现协调程度、社会发展、生态活力这三个二级指标都与生态文明指数（ECI）有很高的关联度，而且4年的相关情况基本稳定，表现出这三个方面与生态文明建设之间的线性关系。①

表4　2008年二级指标的相关性

2008年二级指标相关性					
	生态活力	环境质量	社会发展	协调程度	综合评价指标
生态活力	1	.142	.067	.282	.672**
环境质量	.142	1	-.054	-.275·	.215
社会发展	.067	-.054	1	.625**	.674**
协调程度	.282	-.275	.625**	1	.771**
ECI	.672**	.215	.674**	.771**	1
** p<0. 01					

而环境质量与ECI的关联度表面上不高，显得相对独立。但经过分析可见，环境质量目前与生态活力有一定正相关，而与社会发展和协调程度都有一定负相关，它作为关系变量，通过影响其他三个二级指标来对总指标产生影响。因此，环境质量并非无关联变量，只不过它与ECI之间不是直接线性关系。

各个二级指标之间，除了社会发展与协调程度之间有比较高的正相关外，其他二级指标之间的相关度均不显著，而且4年的相关性状态基本稳定，这显示出二级指标一定程度的相对独立性。

---

① 严耕、林震、杨志华、刘洋等：《中国省域生态文明建设评价报告》，社会科学文献出版社2010年版，第149页。

关于社会发展与协调程度之间的高度正相关关系，需要说明的是，由于二者都受到经济发展水平（人均 GDP）的重要影响，因此是难以避免的。但从生态文明建设的内涵来看，这两个方面又都是不可或缺的，也不可能相互替换，因此二者虽然关联度高，但都是相对独立的。总之，各二级指标均与 ECI 关联紧密，且相互之间相对独立，这说明指标体系的结构框架和权重分配是合理的，能够确保测评结果的客观性和准确性。

相关系数不仅能对整体指标进行分析，还能够对具体的指数进行细致的分析。以社会发展与 ECI 的关系来分析，2008 年的数据分析中，社会发展与 ECI 总得分之间存在较高的正相关，社会发展与 ECI 总分之间的相关度高达 .674，这突显了社会发展对生态文明建设的重要意义。[①] 特别是北京、上海、天津等直辖市，其较高的社会发展水平奠定了生态文明建设的坚实基础，而甘肃、山西、新疆、贵州等省份，生态文明建设明显受到社会发展程度的限制（图1）。

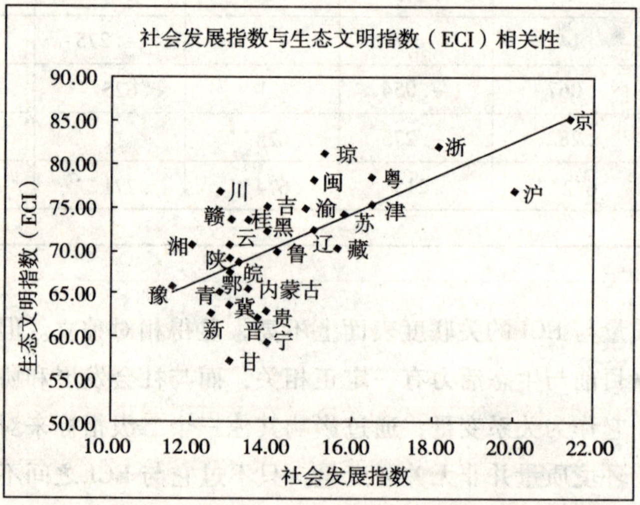

图 1　2008 年社会发展指数与生态文明指数的关系

在采用了标准分数后，其相关分析不仅能进行系统内的分析，还可以和系统外的连续性随机数据进行分析，大大拓展了数据的联系性。

---

① 严耕、林震、杨志华、刘洋等：《中国省域生态文明建设评价报告》，社会科学文献出版社 2010 年版，第 155 页。

以人均 GDP 为例，这一指标是衡量国家和地区的经济水平和社会发展程度的核心指标，也是生态文明建设必须重点关注的指标。其数据本身也是符合皮尔逊相关条件的连续型正态分布。因此，在实际分析中，可将 ECI 总分以及各部分得分与人均 GDP 进行研究。

4 年相关性统计数据显示，人均 GDP 与 ECI 有显著正相关，且四年间基本稳定。① 上海、北京、天津、浙江等人均 GDP 排名全国前列的省份，其 ECI 得分也普遍排名前列。而甘肃、宁夏、贵州等省份，人均 GDP 位居全国下游，ECI 得分也位居下游（图 2）。

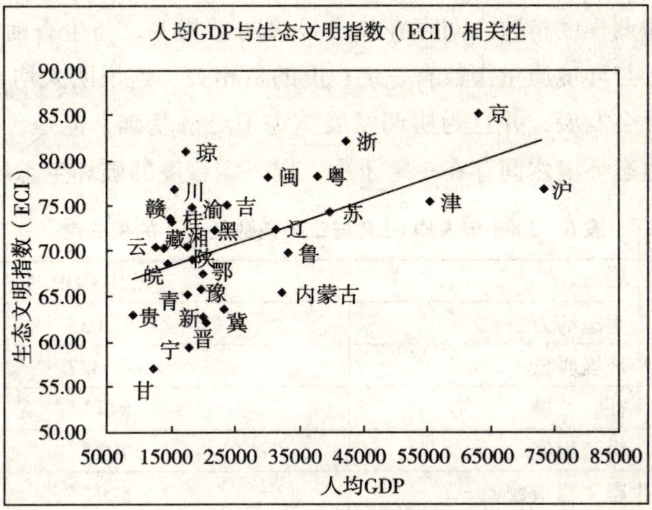

图 2　2008 年人均 GDP 与 ECI 的相关性

从人均 GDP 与 ECI4 年间的相关度排名也可以看出来，人均 GDP 并不是影响生态文明建设最重要的因素。因为在 20 个指标中，尽管人均 GDP 与 ECI 的相关度能稳居前十名，但并不是排名第一位②（表 5）。

---

① 严耕、林震、杨志华、刘洋等：《中国省域生态文明建设评价报告》，社会科学文献出版社 2010 年版，第 165 页。

② 同上书，第 185 页。

表5　2005年—2008年人均GDP与ECI相关度及排名统计表

	2005年与ECI相关度	2005年相关度排名	2006年与ECI相关度	2006年相关度排名	2007年与ECI相关度	2007年相关度排名	2008年与ECI相关度	2008年相关度排名
人均GDP	0.645	5	0.686	3	0.522	8	0.529	9

通过相关系数，还可以从另一个角度进行分析，如表6所示，① 显示出人均GDP与4个二级指数之间存在不同性质和强度的相关性。人均GDP与社会发展和协调程度指数之间存在非常显著的正相关，与生态活力指数的相关性不显著，与环境质量指数有一定程度的负相关。这说明人均GDP的增长确实推动了社会发展，并且为协调发展奠定了经济基础，但是，我国目前的经济增长与生态环境之间存在一定矛盾，以一定程度的破坏生态环境为代价。

表6　2008年人均GDP与二级指数及ECI的相关度

	人均GDP
生态活力	-.035
环境质量	-.327
社会发展	.844**
协调程度	.701**
生态文明指数	.529**
** $p<0.01$（双尾检验）	
* $p<0.05$（双尾检验）	

3.4　标准分数构建的类型分析

通过标准分数的转化，还可以进一步对三级指标进行等级划分，在此基础上，构建生态文明指数的类型分析。

在第三部分中国省级生态文明建设类型分析中，为了对三级指标进行细

① 严耕、林震、杨志华、刘洋等：《中国省域生态文明建设评价报告》，社会科学文献出版社2010年版，第190页。

化的分析，对三级指标的分数进行了等级划分。[①]

其划分的依据还是根据前面的临界值和等级分的划分标准。将原来的最高两级和最低两级合并，即第一等级为原标准分数6和5；在统计分析中，包括所有大于一个标准差的数据，出现的概率值约为16%。第二等级为原标准分数4，在统计分析中，包括所有大于平均数一个标准差之内的数据，出现的概率值约为34%。第三等级为原标准分数3，在统计分析中，包括所有小于平均数一个标准差之内的数据，出现的概率值约为34%。第四等级为原标准分数2和1，在统计分析中，包括所有大于一个标准差的数据，出现的概率值约为16%。

以此为依据，对整体性的分数进行了整体类型的划分。

ECCI这种采取多指标综合评价法的评价指标体系，20个指标都会对综合得分造成影响。一般来看，得分高的省份与得分低的省份，可能代表不同的生态文明建设类型。[②] 而ECI得分大致相当的省份，可能代表相同的生态文明建设类型，也可能代表不同的生态文明建设类型和具体内涵。

通过标准等级分数，以2008年数据为基础，参考前3年数据，根据4个二级指标的不同得分所属的标准差等级，以及4个指标之间不同的相互关系，采用聚类分析的方法，得出了我国目前生态文明建设的6种类型，这6种类型分别是社会发达型、均衡发展型、生态优势型、相对均衡型、环境优势型、低度均衡型（表7）。

表7　2008年ECCI不同类型省份的具体情况对比

生态文明建设类型	社会发达型	均衡发展型	生态优势型	相对均衡型	环境优势型	低度均衡型
省（市、区）	北京、浙江、上海、天津、江苏	海南、广东、福建、重庆	四川、吉林、江西	辽宁、黑龙江、湖南、云南、山东、陕西、安徽、湖北、河南	广西、西藏、青海	内蒙古、河北、宁夏、贵州、新疆、山西、甘肃

① 严耕、林震、杨志华、刘洋等：《中国省域生态文明建设评价报告》，社会科学文献出版社2010年版，第33页。

② 同上书，第34页。

续表

生态文明建设类型		社会发达型	均衡发展型	生态优势型	相对均衡型	环境优势型	低度均衡型
省份数目		5	4	3	9	3	7
ECCI 综合得分（平均值）		78.48	78.10	75.13	69.58	69.58	62.42
ECCI 核心考察领域平均得分	生态活力	21.32	24.81	26.92	22.62	20.62	18.66
	环境质量	12.56	14.80	14.40	12.36	17.07	12.80
	社会发展	18.35	15.41	13.18	13.18	13.92	13.31
	协调程度	26.25	23.08	20.63	21.43	17.98	17.65
其他重要指标平均值	人均 GDP（元）	54692.40	25728.00	17891.00	20929.00	15405.33	19224.29
	人口（万）	3511.35	4210.25	5090.67	5946.37	1885.77	3140.36
	面积（平方公里）	48531.60	104611.25	280605.00	227593.78	718292.33	537185.00
	人口密度（人/平方公里）	723.52	402.47	181.42	261.27	26.25	58.46
	综合现代化水平指数	56.20	36.00	34.67	34.11	29.00	30.71
	可持续发展指数	114.88	109.70	108.70	108.29	103.23	104.81
	环境资源绩效指数	442.14	264.95	141.93	169.47	99.95	115.63

同时，由图 3 到图 8，[①] 我们还可以进一步通过等级分的标准化来看到不同类型的生态文明差异。

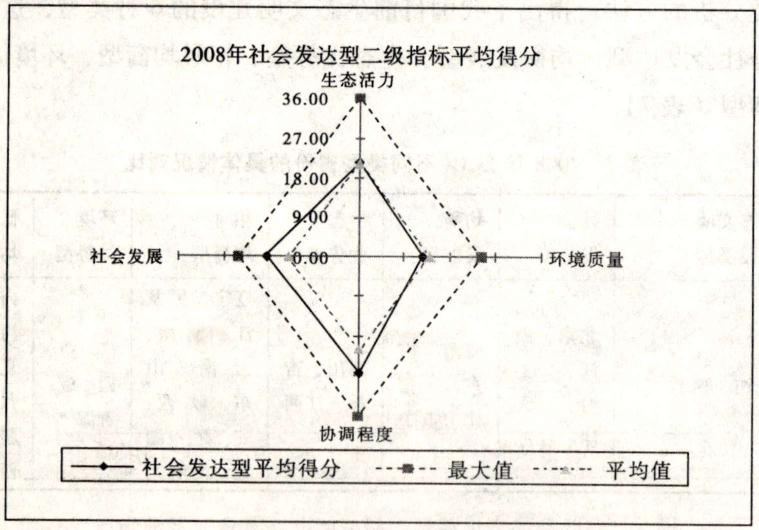

图 3　2008 年社会发达型二级指标平均得分（标准分）

① 严耕、林震、杨志华、刘洋等：《中国省域生态文明建设评价报告》，社会科学文献出版社 2010 年版，第 205 页。

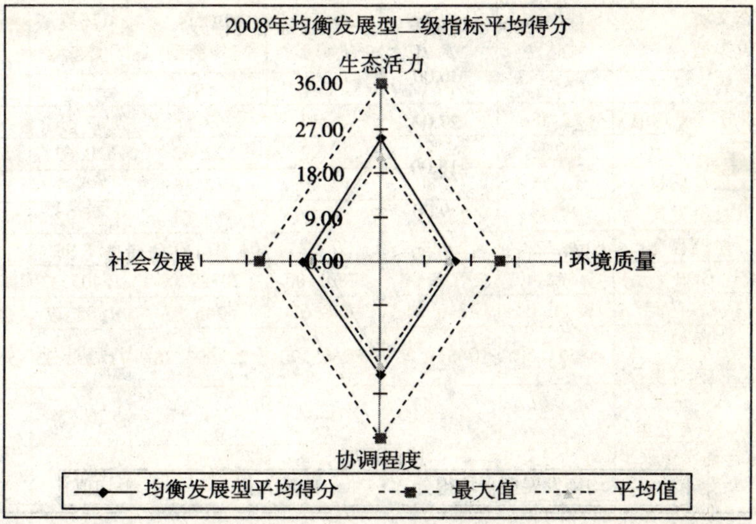

图4　2008 年均衡发展型二级指标平均得分（标准分）

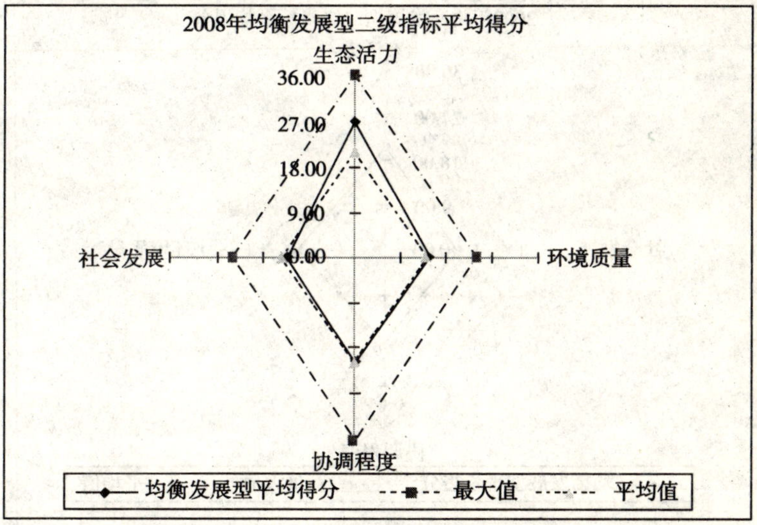

图5　2008 年生态优势型二级指标平均得分（标准分）

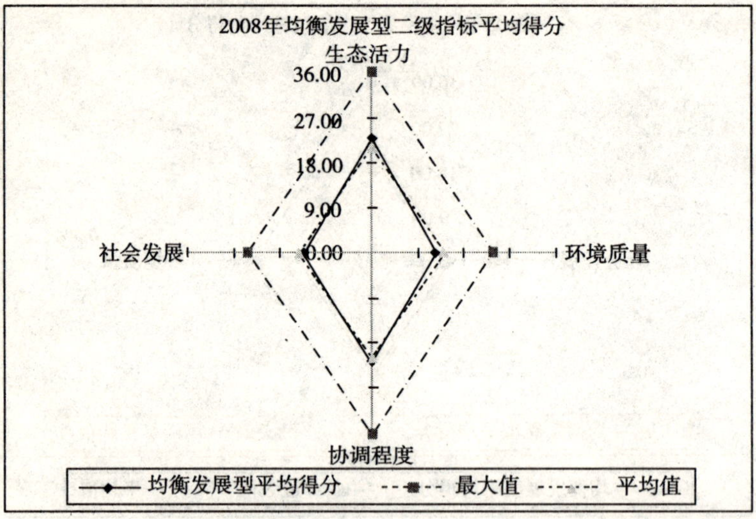

图 6　2008 年相对均衡型二级指标平均得分（标准分）

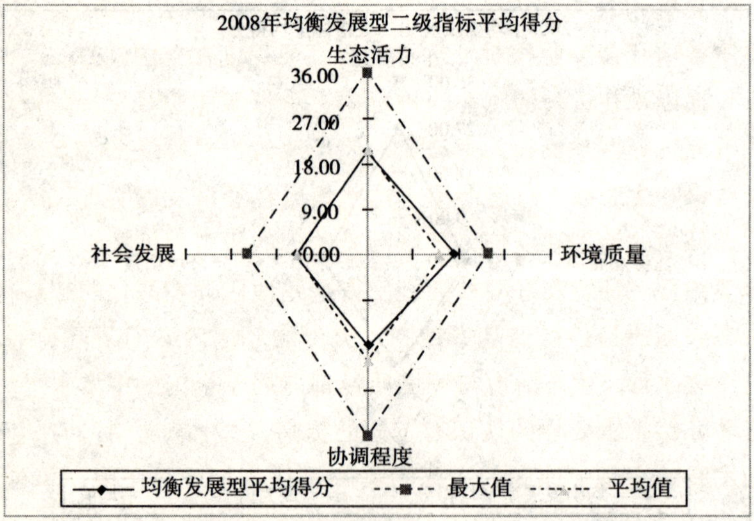

图 7　2008 年环境优势型二级指标平均得分（标准分）

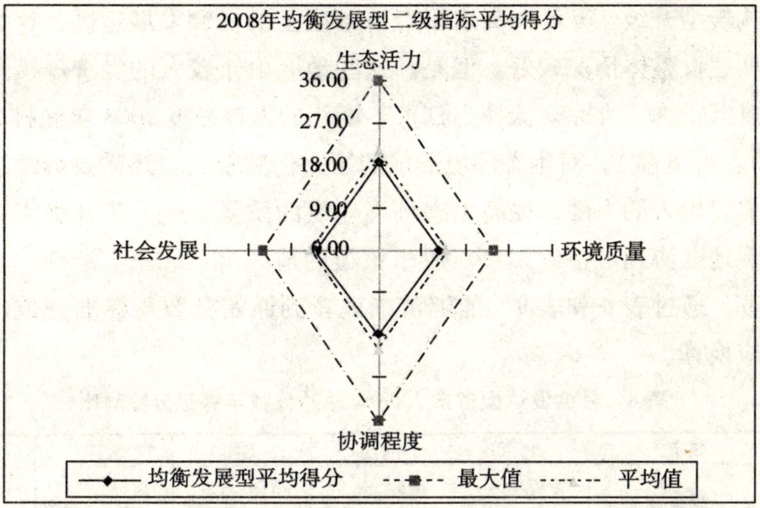

图8　2008 年低度均衡型二级指标平均得分（标准分）

以社会发达型为例，这些地区主要包含了我国经济最发达的地区。① 毗邻东南沿海或长江三角洲，具有对外贸易、发展经济的有利地理条件，所以，它们的经济总量和人均国内生产总值均居于全国前列，城镇化、教育发展、农村改水等各项社会事业相对发达，社会发展程度在全国领先。同时，上述地区由于长期以来在过去的工业化进程中，重资源能源开发，轻资源生态保护造成的资源掠夺性开发和人为破坏，使当地的自然环境面临十分严峻的形势，环境污染和生态破坏日趋严重。这些地区在经济发展实现飞跃后也高度重视对生态环境的治理和反哺，环境污染治理的投资力度较大，努力在当地建设资源节约型、环境友好型社会，使得这些地区环境恶化的趋势得到有效遏制，生态破坏的趋势得到基本控制，突出的环境污染问题得到基本解决，环境质量持续改善，生态活力与环境质量都能居于全国的中游水平。这些地区对生态环境保护重要性的认识有了质的提高，"生态文明"、"生态经济"成为它们发展的主题，地区的主要污染物排放指标明显下降，单位 GDP 能耗、单位 GDP 水耗较我国其他省份更低，服务业产值占 GDP 比例也在全国居于领先位置，它们基本超越了工业化阶段，行业结构得到调整，率先实现

① 严耕、林震、杨志华、刘洋等：《中国省域生态文明建设评价报告》，社会科学文献出版社 2010 年版，第 207 页。

产业结构转型升级，开始向高水平经济基础上的协调发展迈进，这类地区的生态文明建设整体情况较好。但是，这些地区由于较大的经济规模和较高的人口密度（上海、北京、天津、江苏、浙江的人口密度2008年底排名全国第1、2、3、4、8位），对生态环境形成的压力仍然较大，还需要继续加大对生态环境建设投入的力度，提高生态环境建设的质量，进一步升级完善产业结构，实现地区协调可持续发展。属于该类的地区有：北京、浙江、上海、天津、江苏。通过表8和表9，能够清晰地看到原始分数与标准分数以及等级分的相应换算。

表8　社会发达型省市2008年原始分数与等级分数对比

	城市	北京		浙江		上海		天津		江苏	
	三级指标	指标数据	等级	指标数据	等级	指标数据	等级	指标数据	等级	指标数据	等级
生态文明指数（ECI）	森林覆盖率	21.26%	3	54.41%	1	3.17%	4	8.14%	4	7.54%	4
	建成区绿化覆盖率	37.15%	2	37.74%	2	%		%		42.55%	1
	自然保护区的有效保护	7.96%	3	2.52%	4	14.79%	2	13.60%	2	5.51%	3
	地表水体质量（分）	9	1	5.50	3	1.5	4	1	4	3.5	3
	环境空气质量	75%	4	82.47%	3	89.86%	2	88.22%	2	88.22%	2
	水土流失率	24.99%	3	16.10%	2	0.00%	1	3.52%	1	4.19%	1
	农药施用强度（吨/千公顷）	16.7	3	34.25	4	33.19	4	8.63	2	19.7	3
	人均GDP（元）	63029	1	42214	1	73124	1	55473	1	39622	2
	服务业产值占GDP比例	73.2%	1	41.00%	2	53.70%	1	37.90%	3	38.10%	3
	城镇化率	84.9%	1	57.60%	2	88.60%	1	77.23%	1	54.30%	2
	人均预期寿命（岁）	76.1	1	74.70	1	78.14	1	74.91	1	73.91	2
	教育经费占GDP比例	3.89%	3	3.29%	3	3.15%	3	2.61%	3	2.81%	3
	农村改水率	99.4%	1	90.70%	1	100.00%	1	92.70%	1	97.90%	1
	工业固体废物综合利用率	72.17%	2	92.42%	1	95.53%	1	99.46%	1	98.72%	1
	工业污水达标排放率	98.26%	1	90.83%	2	98.79%	1	99.90%	1	97.67%	2
	城市生活垃圾无害化率	97.71%	1	89.57%	1	74.38%	2	93.52%	1	90.84%	1
	环境污染治理投资占GDP比重	1.46%	2	2.42%	1	1.12%	3	1.07%	3	1.31%	2
	单位GDP能耗（吨标准煤/万元）	0.662	1	0.78	2	0.80	2	0.95	2	0.80	2
	单位GDP水耗（立方米/万元）	19.5	1	54.53	2	18.09	1	24.17	1	92.49	2
	单位GDP能耗so2排放量（吨/万元）	0.0012	1	0.0034	2	0.0033	2	0.0038	2	0.0037	2

表 9　社会发达型省市 2008 年排名与等级分数对比

	城市	北京		浙江		上海		天津		江苏	
	三级指标	排名	等级	排名	等级	排名	等级	排名	等级	排名	等级
生态文明指数(ECI)	森林覆盖率	18	3	1	1	4	4	4	4	4	4
	建成区绿化覆盖率	18	2	2	2					1	1
	自然保护区的有效保护	14	3	4	4	2	2	2	2	3	3
	地表水体质量（分）	5	1	3	3	4	4	4	4	3	3
	环境空气质量	28	4	3	3	2	2	2	2	2	2
	水土流失率	17	3	2	2	1	1	1	1	1	1
	农药施用强度（吨/千公顷）	20	3	4	4	4	4	2	2	3	3
	人均 GDP（元）	2	1	1	1	1	1	1	1	2	2
	服务业产值占 GDP 比例	1	1	2	2	1	1	3	3	3	3
	城镇化率	2	1	2	2	1	1	1	1	2	2
	人均预期寿命（岁）	2	1	1	1	1	1	1	1	2	2
	教育经费占 GDP 比例	14	3	3	3	3	3	3	3	3	3
	农村改水率	2	1	1	1	1	1	1	1	1	1
	工业固体废物综合利用率	15	2	1	1	1	1	1	1	1	1
	工业污水达标排放率	5	1	2	2	1	1	1	1	2	2
	城市生活垃圾无害化率	1	1	1	1	2	2	1	1	1	1
	环境污染治理投资占 GDP 比重	7	2	1	1	3	3	3	3	2	2
	单位 GDP 能耗（吨标准煤/万元）	1	1	2	2	2	2	2	2	2	2
	单位 GDP 水耗（立方米/万元）	2	1	2	2	1	1	1	1	2	2
	单位 GDP 能耗 SO2 排放量（吨/万元）	2	1	2	2	2	2	2	2	2	2

4　相对性指数设计在生态文明评价体系中的意义

用各种指标体系对生态文明进行评价，其最终目的都是为了提供科学客观简明的体系以及相应的研究分析方式。

一个指标体系能否成为长期持久性的评估方式其中一个重要方面是，要看其评价指标的确定、量化特别是后期的统计算法。不同的评价体系所运用的指数及统计方式有着很大的差别。以城市可持续发展指标为例，其科学性主要包括三个方面的内容:[①]（1）指标的选取和设计必须以相应理论以及经济理论、环境生态理论等为依据，能够证实反映城市经济、社会、资源、环境发展的协调状况，反映其发展水平、趋势以及可持续发展目标的实现程度；（2）指标的选择、指标权重和量度的确定、数据的收集和计算方法的确定均应以相关的统计报告、学术理论、管理科学等科学理论为依据；（3）指标的选取还要符合国家制定的有关标准，这样才能保证评价方法的科学性、评估结果的真实性和客观性。

而实际指标的呈现，不仅在于指标的选取，还在于选择的整体统计逻辑及相应的统计方法。以标准分数为代表的相对性指数统计方法，可以从不同的角度来进一步解决相应的问题。相对性指数评价方式的统计逻辑以及数据分析方法有着相对独立的意义，并且可以为进一步的数据推断统计分析提供有力的支持。

虽然生态文明的指标体系在目前已经引起了众多学者的关注，但仍有许多问题没有进行深层次的研究，也仍有问题没有解决。其涵义及具体表现会随着时间和地域的改变而更新，同样其指标体系也会更新，这就需要研究者不断探寻最合适的指标，也需要统计工作者提供数据的来源，这也是一项非常困难的工作。类似的问题还有很多，迫切需要更多的学者进行更深入的研究。

① 阮平南、张彤军:《城市可持续发展指标体系的构建》，载《中国社会经济发展战略》2008年第3期，第30页。

大学宿舍环境心理品质与硬件满意度的相关研究

庄春萍[①]　吴建平　张建新[②]

1　问题提出

20世纪60年代，随着西方城市化进程加快，人们逐渐开始关注人与环境之间的关系，环境心理学逐渐兴起，其研究者关注人的行为、心理感受与周围环境的关系，尤其是人对于环境的心理感受。毕恒达（2003）认为，环境心理学是“了解社会、实质环境与人类行为与经验之间交互关系的学科”。Gifford（2002）提出：环境心理学研究人与其周围物理环境（physical settings）的交互作用。在这些交互作用中，人改变着环境，同时他们的行为也被环境改变着。对于日常生活而言，环境心理学致力于使建筑（buildings）更人性化，同时改善人与自然环境的关系。[③]

大学生宿舍作为大学生日常居住环境的主体，其结构、功能与居住者对居住环境的心理感受具有密切的关系。同时，宿舍作为大学生居住、人际交

① 庄春萍：北京林业大学人文学院心理学系，中国科学院心理研究所，e-mail：zhuangchunping100@163.com

② 张建新：中国科学院心理研究所，e-mail：zhangjx@psych.ac.cn。

③ 车文博：《西方心理学史》，浙江教育出版社2004年版，第435—436页。

流的物理载体，其物理结构将对其功能产生一定的影响。

大学心理咨询工作者发现，由于宿舍内部人际关系引发居住者之间产生人际冲突、逃避居住环境等问题在来访者的咨询内容中占有一定的比例。这种现象的产生应归因于宿舍环境，还是归因于居住者个人的人格特点，抑或两种原因都占一定程度的比例，值得进一步的研究探索。

国外关于大学生宿舍的研究已经有很多，这些研究均在描述及评估宿舍居住环境的维度上起到了很大的作用。

Kaya 和 Erkip（2001）的研究结果显示：在宿舍楼中，比起最底层的居住者，最高层的居住者知觉到的房间更大，拥挤感更低。总体来说，当知觉到的房间更大时，房间私密性也随之增加，宿舍满意度也增加。

Amole（2005）研究了住在高密度环境中学生的应对策略，主要的策略为："离开宿舍学习"和"装饰个人空间"。女性更多地使用"领地策略"（territorial strategies），而男性更多地使用"撤退策略"（withdrawal strategies）。除了与学习和娱乐朋友有关之外，居住时间的长短并不重要。"确认领地的界限策略"（territorial defining strategies）在减轻高密度压力的环境中是关键性的策略。无论高层或是低层宿舍，在同一层的女性比男性感受的拥挤程度更高。①

Cotterell（1984）在一项研究中，根据学生刚进入高中时的日记事件，从学生的人格的差异（概念水平）和学校设计（自由式平面布置设计 open plan/传统封闭式设计 conventional）确定了三种类型的焦虑。研究发现，比起封闭式学校的学生，自由式平面布置设计学校的学生行为具有相对较高的规范性，然而同时课业焦虑水平也较高。低概念化水平的学生比高概念化水平的学生感受到了更高的焦虑水平。自由式平面布置设计比封闭式设计学校的教师感受到了更高的紧张和焦虑水平。同时，自由式平面布置设计学校的教室中，经常需要变换活动，而且经常拖延，学生逃课行为更严重。John L. Cotterell 认为，环境负担会对信息加工造成影响。②

---

① Dolapo Amole, "Coping Strategies for Living in Student Residential Facilities in Nigeria" [J], *Environment and Behavior*, 2005 (37): 201.

② John L., Cotterell, "Effects of School Architectural Design on Student and Teacher Anxiety" [J], *Environment and Behavior*, 1984 (4): 455 – 479.

Hourihan（1984）关于居住环境满意度的研究表明：居住者个人性格通过个人对邻里关系的知觉和评价对居住满意度产生影响，但这种情况发生的原因还未能解释。研究者进行了一项路径分析，其中将个人变量作为前因。这显示了邻里关系满意度是四种知觉到的环境特点和两种人格特征的直接结果，这总共能解释满意度方面38%的变异。另外的个人变量通过这些直接的原因被调和，并且间接地影响到满意度水平。①

在研究方法上，早期的环境心理学研究着重分析、研究实质环境。现在看来，这种形式不足以预测人在环境中可能发生的行为与心理感受，因此，以使用者为取向的观点在环境行为研究中受到更进一步的重视。②

建筑学中的"使用后评估方法"（post occupancy evaluation，即：POE），从空间性能出发，关注使用者在发觉、感觉空间与活动行为之间所发生的矛盾现象，了解使用者对设计方案的反应，并用系统的方法来评价建筑是否满足使用者的需求，或者满足了多少。通过调查使用者及其对建筑使用情况的满意度来进行系统的分析，并总结出对该建筑类型发展有利的信息，最终达到促进该类型建筑不断发展的目的。③ 本研究将在方法上借鉴使用后评估方法对建筑使用满意度的评估。

国内环境心理学学者吴建平提出环境"心理品质"，指人和环境交互作用中人对于环境场所知觉到的心理感受。将这些心理感受分属于不同的维度，每一个维度均描述场所环境心理品质的一方面。根据宿舍的结构及功能，本研究关注宿舍的"拥挤感"、"私密性"、"安全感"等。

鉴于目前国内还没有从心理学角度全面评估宿舍"心理品质"的量表，国外关于此方面的研究或采用实验法，或采用问卷法，但还未出现具有较高的跨文化的一致性、良好信效度的宿舍环境心理品质评估量表。

因此，本研究将参考以往研究提出的维度，通过访谈法、文献回顾、问

---

① Hourihan K.，"Residential Satisfaction，Neighbourhood Attributes，and Personal Characteristics：An Exploratory Path Analysis in Cork，Ireland" ［J］，*Environment and Planning*，1984，A 16（4）：425 - 436.

② 侯良宪：《自行车通学之环境行为研究——以花莲女中为例》，台湾国立东华大学环境政策研究所硕士论文，2005 年。

③ 朱轶蕾：《高校学生宿舍使用后评估及研究》，天津大学硕士生学位论文，2006年。

卷法编制出覆盖面更广的“心理品质评估量表”，也将就量表评估结果与相应的已成熟的人格量表作相关研究。

本文包括两个研究：

研究一：宿舍环境心理品质量表及宿舍硬件满意度量表编制；

研究二：宿舍环境心理品质量表与宿舍硬件满意度量表施测数据分析。

2 宿舍环境心理品质量表及宿舍硬件满意度量表编制

2.1 对象与方法

2.1.1 题目资料收集

题目资料的收集有三种途径：（1）环境心理学研究小组以组内讨论的方式归纳出相关项目；（2）对12名大学生进行个体访谈，对20名大学生进行团体访谈；（3）收集了包括北京、云南、山东、上海、香港、台湾等地区的大学宿舍资料。

归纳其中的项目包括：宿舍人均面积、楼层高度、床的形式、卫浴设计、受噪声影响情况、视野、周围自然环境、社会服务设施等项目，对这些项目进行详细记录。

2.1.2 初步编制问卷项目

根据已有的文献以及访谈、资料收集结果，初步编制了13个项目的宿舍环境心理品质评估问卷及24个项目的硬件满意度评估问卷。其中宿舍环境心理品质包括“舒适度”、“和舍友的关系”等项目，宿舍硬件满意度问卷包括“对楼层高度的满意度”、“对宿舍公共区域的满意度”等，计分方式采用Likert5点计分。

2.1.3 宿舍环境心理品质功能量表的小范围测试及修改

问卷初步编制后，分别对四个年级的70名大学生进行现场测试，解释了一些语句表述的问题。另外，请指导老师和心理测量学老师对问卷的项目编制、语句表述、效度等方面提出修改意见。从小范围测试结果看被试的趋中反映明显，因此将问卷的计分方式改为Likert 6点计分；根据老师的意见对部分题目的措辞进行修正，对选项表述方式进行修改。另外，在宿舍硬件满意度量表中，有些项目不具有普遍性，得出的结果效度不高，因此对此类题目予以删除，完毕后此部分问卷剩余16道题目。

2.1.4　问卷大范围施测

在北京某高校随机发放问卷250份，回收有效问卷204份，回收率81.6%。被试包括男性87份，占有效数据的42.6%；女性117份，占有效数据的57.4%。最小年龄17岁，最大24岁，平均年龄20.18岁。大一学生76人，占37.3%；大二学生50人，占24.5%；大三学生63人，占30.9%；大四学生14人，占6.9%。理科学生95人，占46.6%；文科学生71人，占34.8%；工科学生38人，占18.6%。施测结果使用SPSS 13.0软件进行处理。

2.1.5　问卷的效度检验

目前没有出现对评估宿舍整体心理品质的信效度较好的问卷，因此，本研究中自编问卷的效度检验采用专家检验法及各题目与总分的相关性表示。宿舍环境心理品质评估量表内部一致性信度（Cronbach’s alpha）为0.771，分半信度（Guttman split-half coefficient）为0.755。宿舍硬件满意度量表，内部一致性信度（Cronbach’salpha）为0.824，分半信度（Guttman split-half coefficient）为0.790。

2.2　结果

2.2.1　题目与总分之间的相关

计算各个项目与总分之间的相关，得到各个项目的区分度。采用0.01水平的双侧检验，结果显示13道题目均与总分的相关达到显著水平。因此，在这一步未删除题目。表1显示的是宿舍环境心理品质13道题目与宿舍环境心理品质总分的相关系数。

表1　宿舍环境心理品质13个题目与总分的相关

题目—总分	r
舒适　1	0.676**
拥挤　2	0.560**
安全　3	0.459**
喜欢　4	0.514**

续表

题目—总分	r
人际关系 5	0.412**
私密 6	0.377**
美感 7	0.612**
房间 8	0.646**
装饰 9	0.598**
家具 10	0.576**
内私密 11	0.346**
外私密 12	0.335**
支配 13	0.530**

** $p < 0.01$

2.2.2 各量表探索性因素分析结果

对宿舍环境心理品质量表和剩余题目分别进行因素分析，均采用主成分分析法。

其中，宿舍环境心理品质量表的数据结果分析：KMO值为0.748，巴特利特球体检验，结果显著（Approx Chi-Square = 494.459，df = 78，p = 0.000），可以作因素分析。理论上各维度之间具有相关关系，因此采用斜交旋转法（Delta = 0，Kappa = 4），产生的特征值大于1的因素4个，累计解释方差的57.918%。根据碎石图，确定抽取3个因子，累计解释方差的49.214%。

强制抽取3个因子，再次进行探索性因素分析。删除因素载荷小于0.3的项目和在多个项目上具有相近负荷的项目3个，最后剩余10个项目。对剩余的10个项目再次作因素分析，KMO值为0.798，巴特利特球体检验，结果显著。因素分析结果集中在3个因子上，这3个因子累计可以解释总方差的55.934%。分析结果见表2。

表 2　宿舍环境心理品质评估量表探索性因素分析结果（N = 204）

题目	成分		
	因素 1	因素 2	因素 3
家具　10	.902		
房间　8	.762		
装饰　9	.652		
美感　7	.529		
私密　6		.757	
安全　3		.733	
拥挤　2		.608	
舒适　1		.482	
喜欢　4			.836
人际关系　5			.831

因素 1 中包含“宿舍的美观程度（R）”，“自由选择住进哪个宿舍”，“按个人兴趣装饰宿舍”，“自由移动宿舍家具”。这四个题目与美感、控制性（Dominance）有关，但因控制性题目贡献率较高，且有三个题目直接与“控制性”有关，因此命名为“控制感”。

因素 2 中包含“舒适”，“拥挤（R）”，“安全”，“保护隐私”，这四个题目在内容上与“舒适感”、“安全感”、“私密性”有关，因此命名为“安全舒适私密感”。

因素 3 中包含“喜欢呆在宿舍（R）”，“和舍友的关系融洽”，这两个题目与宿舍内人际关系和对宿舍环境的归属感有关，因此命名为“归属感”。

对宿舍硬件进行满意度分析：其中各题目内容均针对某种明确的硬件方面进行满意度测量。对这一部分进行探索性因素分析。KMO 值为 0.837，巴特利特球体检验，结果显著（Approx Chi-Square = 698.079，df = 120，p = 0.000），可以作因素分析。采用方差最大旋转法，产生的特征值大于 1 的因素 5 个，累计解释方差的 59.469%。根据碎石图，确定抽取 1 个因子，累计解释方差的 29.752%。

强制抽取 1 个因子，再次进行探索性因素分析，所有题目负载均高于

0.3，分析结果见表3。

表3　硬件满意度探索性因素分析结果（N=204）

题目	因素　1
便捷性	.703
公共区域	.655
通风	.630
周边服务	.605
光线	.591
面积	.572
视野	.552
自然	.548
噪音	.539
楼层	.532
公共照明	.518
宿舍人数	.491
墙壁颜色	.490
室温	.460
整洁	.386
卫生间	.329

因素中包含“对宿舍生活设施的便捷程度的满意度”，“对宿舍周围服务设施完善程度的满意度”，“对宿舍的通风状况的满意度”，“对宿舍的采光状况的满意度”，“对宿舍的公共区域的满意度”，“对宿舍的视野的满意度”，“对宿舍周围自然环境的满意度（R）”，“对宿舍的温度调节能力的满意度”，“对宿舍的人均面积的满意度”，“对宿舍公共区域的满意度”，“对宿舍受噪音影响的情况的满意度（R）”，“对宿舍人数的满意度”，“对宿舍公共区域的夜间照明情况的满意度”，“对宿舍墙壁的颜色的满意度”，“对宿舍的卫生状况的满意度（R）”，“对宿舍卫生间的满意度”等16个题目。

2.3 问卷的心理测量学指标检验

2.3.1 各项目区分度检验

宿舍环境心理品质评估量表各因素与总分作相关（N=186），检验“宿舍环境心理品质评估量表”项目区分度，各因素与各自的分量表的相关系数均达到了0.01的显著性水平，所以各因素具有良好的区分度。

宿舍硬件满意度与总分作相关（N=181），各项目与量表总分相关系数均达到了0.01的显著性水平，所以，宿舍硬件满意度各题目具有良好的区分度。

2.3.2 信度检验

宿舍环境心理品质评估量表信度检验，结果如表4所示：

表4 问卷各维度的同质性信度（N=191）

问卷维度	Alpha
控制感	0.682
安全舒适私密性	0.638
归属感	0.566

对宿舍硬件满意度量表信度检验：宿舍硬件满意度量表抽取出一个因素，16道题目之间的同质性信度为0.824（N=181）。

2.3.3 效度检验

根据宿舍环境心理品质量表探索性因素分析的结果，此量表中各个题目的因子载荷都在0.30以上，而且只对一个因素有较高载荷。三个因子可以累计解释总方差的55.934%，因此，该问卷具有较好的结构效度。在内容效度方面，经过专家审定，各个题目本身即具有效标特性，由各题目与各因子具有的高相关水平，以及与总分之间的高相关水平，可以得知宿舍环境心理品质量表具有较好的效标效度。

从宿舍硬件满意度量表探索性因素分析结果得知，该部分各题目的因子载荷均在0.40以上，所有题目可以累计解释总方差的29.752%。根据心理测量学的有关理论，如果第一个公因子解释总变异的百分比超过20%，则可以认为该量表具有单维性，因此宿舍硬件满意度量表具有良好的结构效度。

3 宿舍环境心理品质评估量表与宿舍硬件满意度的相关研究及人口学变量差异比较

3.1 宿舍环境心理品质量表各因素之间的相关

3.1.1 宿舍环境心理品质三因素之间及与总分之间的相关

由结果可知，宿舍环境心理品质三因素之间均达到了中等水平的显著相关，且与总分之间达到了高水平的显著相关，“控制感”和“安全舒适私密感”与总分的相关性尤其高，说明居住者对宿舍环境的控制感越强时，知觉到宿舍环境心理品质越正向。同样，当居住者感觉到宿舍越舒适安全具有私密性时，那么其知觉到的宿舍环境心理品质越正向。

3.1.2 “安全舒适私密感”总分与其题目的相关

人感受到宿舍的“舒适”、“拥挤”、“安全”、“私密”之间均具有不同程度显著相关，其中“拥挤”和“舒适感”之间的相关系数达到0.436，与“私密”之间的相关系数为0.320，与“安全”之间的相关系数为0.267，均为中等程度的相关水平。“舒适”与“安全”之间的相关系数为0.428，“拥挤”和“私密”之间的相关系数为0.320。四个题目与其总分“安全舒适私密感”的相关均达到了0.01水平上的高相关。

3.1.3 “控制感”总分与其题目的相关

宿舍的“美观感”与“可以自由选择宿舍房间”有中等程度的显著相关，其他各题目之间的相关程度也均在0.01水平上，达到了显著相关，各题目与总分之间的相关也达到了显著高相关。这一部分的题目当中，从内容上说，自由选择居住房间、自由装饰宿舍、自由移动宿舍家具都与“控制感”直接有关，题目7内容上是“宿舍的美感”，从统计结果上归为这一组，可能说明宿舍“控制感”与“美感”有一定的关系。

3.1.4 “归属感”总分与其题目的相关

“喜欢呆在宿舍”与“和舍友关系融洽”具有中等程度的显著相关。两个题目与总分的相关也达到了显著的高相关水平。

3.2 宿舍环境心理品质各因素与宿舍硬件满意度总分的回归分析

表5 宿舍环境心理品质各因素与硬件满意度相关

心理品质各维度—硬件满意度总分	R
控制感	.637**
安全舒适私密感	.590**
归属感	.279**

** $p < 0.01$

表6 宿舍环境心理品质与硬件满意度相关

心理品质总分—硬件满意度总分	R
	.681**

** $p < 0.01$

表7 宿舍环境心理品质各因素与硬件满意度的回归分析

	β	t	p
控制感	0.460	7.081	0.000
舒适安全私密感	0.366	5.624	0.000

注：对模型的方差分析为：$F = 83.879$；$p < 0.001$；R Square = 0.504。

由表5、表6可以看出，宿舍环境心理品质的“控制感”与硬件满意度的相关水平最高，达到了0.637，“安全舒适私密性”和“归属感”与“硬件满意度”的相关性水平也分别达到了0.01水平的显著相关。由此可知，宿舍居住者对宿舍硬件满意度的高低与其知觉到的对宿舍的心理品质具有相关关系，其中控制感与宿舍硬件满意度的相关性最高，当被试对宿舍的控制感较高时，其知觉到的宿舍硬件满意度也较高。

将宿舍硬件满意度（Y）作为因变量，将宿舍环境心理品质的“控制感”（X1）、“舒适安全私密感”（X2）、“归属感”（X3）作为自变量，进行回归分析，采用“向后逐步回归”，结果见表7。从回归分析结果可以看出，控制感（X1）、舒适安全私密感（X2）对宿舍硬件满意度有预测作用。归属感（X3）的预测作用不显著，被剔除。回归方程表示如下：

$Y = 18.053 + 0.460X1$（控制感）$+ 0.366X2$（舒适安全私密感）

3.3 宿舍面积、私密性与宿舍硬件满意度之间的相关

表8 宿舍面积、私密性和宿舍硬件满意度的相关

	面积	私密性	满意度总分
面积	1	0.224**	0.567**
私密性	0.224**	1	0.393**

** $p < 0.01$

此部分的结果说明，被试感知的宿舍面积与其感受到的私密性有显著的弱正相关，与宿舍的满意度总分也存在中等水平的显著正相关，即当被试感知到的宿舍面积越大时，其感受到的宿舍私密性也越高，对宿舍的满意度水平也更高。此结果验证 Kaya 和 Erkip（2001）的研究结果。

3.4 宿舍环境心理品质各维度与宿舍硬件满意度的人口学差异

3.4.1 宿舍环境心理品质各维度的性别、年级、学科类型差异

T 检验结果显示不同性别被试在“控制感”上存在显著差异（$t = -2.522$，$p < 0.05$），男性的控制感得分（$M = 13.95$，$SD = 4.1$）低于女性控制感得分（$M = 15.45$，$SD = 4.0$）。性别差异在其他各维度均不显著。

3.4.2 宿舍环境心理品质各维度的年级差异

一维方差分析结果（ANOVA）显示，大四学生在“宿舍环境心理品质”总分上，与大一、大二、大三学生存在显著差异（$df = 3$，$F = 3.328$，$p < 0.05$），大四学生的“宿舍环境心理品质”总分（$M = 44.17$，$SD = 7.0$）显著高于大一（$M = 39.0$，$SD = 7.8$）、大二（$M = 36.76$，$SD = 7.5$）、大三（$M = 37.97$，$SD = 7.1$）。大一、大二、大三被试之间无显著差异，从结果可以看出，大二学生对于宿舍心理特质的评分最低。在硬件满意度方面，四个年级的被试均未达到显著差异。

3.4.3 宿舍环境心理品质各维度的学科类型差异

方差分析结果显示，不同学科之间的被试在“宿舍环境心理品质”、“心

理品质各维度”、“硬件满意度”上均未达到显著差异。

4 讨 论

4.1 问卷编制方面

问卷编制前期，通过访谈、查资料等途径获得了大量的题目，尤其在访谈中被试提到的某些题目很有代表性，这类题目大部分都包含在预测问卷中。但也有的被试提到了一些题目，这些题目本身对其生活影响很大，然而题目内容的特异性太高，不具有普遍性，如“晚上休息时周围灯光过亮，导致无法安寝”，因此在问卷中没有出现这类题目，但这并不代表这些题目涉及的内容不重要，进一步的研究可以采取实验方法了解这类因素的效应。

问卷维度设计方面，没有完全采用国外的结果，如“私密性”，Westin（1970）认为环境“私密性”有四种类型。然而，问卷设计时，在访谈过程中，发现中国人易将其中的某些特点归结为“人际关系”，因此，如果直接采用国外的维度，那么由于文化差异造成的题目理解偏差将降低问卷的效度。

被试取样方面，仅取了北京高校的被试，虽然信效度符合统计测量学标准，但问卷进一步的信效度验证则需要来源更广泛、样本量更大的被试量。

在访谈中，被试还提到了针对具体宿舍的影响因素，这些因素虽然不具有普遍性，不便于用普遍的问卷施测，但其影响作用也不可忽视。如果采用实验法进行对照组实验，可以得出进一步的结果，也利于澄清独立因素的作用。

在应用方面，国外的研究或采取实验研究，或采取准实验研究，有研究者采用问卷法，但未报告问卷的心理测量学指标，因此本研究中问卷的编制可供进一步推广研究之用。

4.2 问卷分析结果

从问卷结果的统计分析数据中可以看到，在“宿舍环境心理品质”的几个因素之间，包括项目之间都存在着显著的相关性，这符合 Cassidy（1997）提出的环境心理学的基本原则之“系统观点”（system）。强调每个部分之间都是动态互动过程，一个部分的改变会影响过程中的其他部分。“宿舍环境心理品质”的评估结果既不能完全归因于宿舍，也不能完全归因于被试个人，所得出的测评结果是基于居住者（人）和宿舍（环境）的交互作用而产生，居住环境与居住者对居住环境的知觉、满意度之间的关系，除了受居住环境本身的硬件特点及其附带的社会性因素的影响之外，还受居住者个人的人格影响。

本研究中同时涉及居住者对“宿舍硬件”的满意度评估，以及被试的人格评估。环境心理学研究人（individuals）与环境（physical settings）的交互作用。因此，同时测评三方面的结果有利于澄清研究中变量之间的关系。

在结果方面，发现“控制感”与“宿舍环境心理品质”的相关性极高，这可能说明，对大学生而言，在日常生活居住方面，他们需要更多的自主权，“控制感”高，那么知觉到的“宿舍环境心理品质”也更正向。在宿舍功能方面，除了宿舍本身硬件设计的功能之外，宿舍管理制度以及管理者在执行管理的过程中能否充分发挥宿舍的硬件功能也会影响到宿舍硬件满意度。

5 结 论

编制了“宿舍环境心理品质量表”和“宿舍硬件满意度量表”，各量表皆具有较好的信效度，符合心理测量学指标。

量表施测结果：宿舍环境心理品质与宿舍硬件满意度相关系数达到0.681；大四学生在宿舍环境心理品质的得分显著高于大一、大二、大三学生；女生在宿舍环境心理品质的“控制感”得分显著高于男性；性别、年级、学科性质不同，在宿舍硬件满意度上均未达到显著性差异，其中不同的学科性质在宿舍环境心理品质上的得分也无差异。

回归分析结果显示：宿舍心理品质中，“控制感”与“舒适安全私密感”对宿舍硬件满意度的预测力较大。

附：宿舍环境心理品质量表与宿舍硬件满意度量表

亲爱的同学，您好！我们正在进行一项研究，旨在了解您对宿舍居住环境的评价和心理感受。这些评价和感受无所谓对错，请根据您自己的感受和想法回答即可。本研究不涉及个人信息，请放心作答，非常感谢您的协助：

本问卷分为两部分，共2页。

1. 在性别：①男　　②女
2. 年龄：
3. 学校所在城市：
4. 年级：①大一　　②大二　　③大三　　④大四　　⑤研究生
5. 我所居住的宿舍楼共________层，我住在第________层
6. 我宿舍的床是：①上下床　　②独立床

第一部分：请阅读下面各语句，并进行评价，将符合您情况的分数改红色。

评价标准：1 = 完全不符；2 = 不太符合；3 = 说不清楚；4 = 比较符合；5 = 完全符合

	完全不符　不太符合　说不清楚 比较符合　完全符合
1. 我的宿舍很舒适	1　2　3　4　5
2. 我的宿舍很拥挤*	1　2　3　4　5
3. 我的宿舍是安全的	1　2　3　4　5
4. 我不喜欢呆在宿舍*	1　2　3　4　5
5. 我和舍友的关系很融洽	1　2　3　4　5
6. 宿舍内我可以很好地保护个人隐私	1　2　3　4　5
7. 我的宿舍一点也不美观*	1　2　3　4　5
8. 我可以自由选择住进哪个宿舍	1　2　3　4　5
9. 我可以按个人兴趣装饰宿舍	1　2　3　4　5

*反向计分题

续表

	完全不符　不太符合　说不清楚　比较符合　完全符合
10. 我可以自由移动宿舍家具	1　2　3　4　5
11. 我对宿舍的温度调节能力很满意	1　2　3　4　5
12. 我对宿舍公共区域夜间照明情况很满意	1　2　3　4　5
13. 我对支配宿舍内设施程度很满意	1　2　3　4　5
14. 我对宿舍卫生状况很不满意*	1　2　3　4　5
15. 我对宿舍内墙壁的颜色很满意	1　2　3　4　5
16. 我对我所居住的楼层很满意	1　2　3　4　5
17. 若宿舍不是独立卫生间，我将很不满意*	1　2　3　4　5
18. 我对宿舍生活设施的便捷程度很满意	1　2　3　4　5
19. 我对宿舍的人均面积很满意	1　2　3　4　5
20. 我对宿舍的公共区域很满意	1　2　3　4　5
21. 我对宿舍的通风状况很满意	1　2　3　4　5
22. 我对宿舍的采光状况很满意	1　2　3　4　5
23. 我对宿舍周围服务设施完善程度很满意	1　2　3　4　5
24. 我对宿舍的视野很满意	1　2　3　4　5
25. 我对现有的宿舍人数很满意	1　2　3　4　5
26. 我对宿舍受噪音影响的情况很不满意*	1　2　3　4　5
27. 我对宿舍周围自然环境很满意	1　2　3　4　5

杭州西湖景区平面导航图的可用性研究[①]

李宏汀　杨新钰　刘玉勤　王笃明[②]

1 引 言

人们在出行时，常常需要知道自己身处何处，以及如何到达目的地，自己当前所处位置的确定需要将自身所处的物理空间与地图所示的符号空间相匹配，确定当前所处地点在地图上什么位置。YAH（you are here）地图在图中标示了读图者当前所处的位置，减轻了读图者进行个人定位的心理负荷，因而被广泛用做旅游风景区以及交通枢纽等各类公共场所的平面导航图。

平面导航图的设计应考虑如何方便用户正确、快捷地获取需要的导向信息，即具备良好的可用性。但是，现实生活以及部分研究都表明 YAH 地图作为导航工具还存在一系列问题。[③] Nivala 在 2007 年对芬兰制图人员的访谈研究表明，虽然制图中确已开始注意可用性的原则，但是可用性方法的使用还

① 基金项目：杭州市哲学社会科学规划课题（B09SH07）。

② 王笃明，浙江理工大学理学院心理学系，e-mail：wduming@ 163. com。

③ Klippel A. , Freksa C. , Winter S. , "You-Are-Here Maps in Emergencies—The Danger of Getting Lost", *Journal of Spatial Science*, 2006 (1), pp. 117 – 131.

是很少。①

因此，对于我国大力发展的旅游业来说，开展有关景区平面导航图的研究对于增强平面导航图的可用性，完善景区地图导航服务，提升城市形象均有重要意义。鉴于国内相关研究尤其是实证研究还较为少见，本研究对杭州西湖景区平面导航图的现状进行了调研，确定了其存在的可用性问题，并提出了相应的改进方案，之后对改进方案中 YAH 标志的改进进行了实验验证。

2　杭州西湖景区 YAH 导航图可用性问题调研及改进方案

2.1　访谈方法

2.1.1　访谈对象

正在看景区平面导航图的游客 34 名，其中男性 22 名、女性 12 名。

2.1.2　访谈提纲

本研究首先在文献检索的基础上设计了包括四个维度的预调查问题，并通过预访谈（共 19 名游客，其中 14 名男性，5 名女性）结果最终形成了以下结构化访谈提纲（见表 1）。

表 1　结构化访谈提纲

问题维度	访谈问题
使用目的	1. 您现在看图是想要了解什么？
使用效果评价	2. 通过看图是否达到了您的目的？
用户心理期望	3. 您通过看图希望得到哪些信息（呈现要素）？
	4. 您希望地图是以什么方式呈现（前向上或北向上）？

① Nivala A. M., Sarjakoski L. T., Sarjakoski T., "Usability Methods' Familiarity among Map Application Developers", *International Journal of Human-Computer Studies*, 2007 (9), pp. 784 – 795.

续表

问题维度	访谈问题
现存具体问题	5. YAH 标志设计得好吗?
	6. 您要找的一些信息在图上容易找到吗?
	7. 地图放在这个位置您觉得合适吗?
	8. 使用导航图时，您怎样判断方向?
	9. 这张地图还有其他哪些应该改进的地方?

2.1.3 访谈地点

西湖景区曲院风荷、花港观鱼等 9 个景点的导游图设置处。

2.1.4 访谈流程

在被访谈游客知情同意的情况下，开始录音，并依次提出访谈提纲中的问题，被访谈游客自由回答。

2.2 访谈结果

2.2.1 使用目的

在使用目的上，游客使用导航图的主要目的是定位定向（共有 18 人，占总人数的 53%）；其次的目的是了解当前环境的布局（共有 11 人，占总人数的 32%）。另外，还有个别游客提到其主要目的是寻找目的地，如找饭店、找洗手间等。

游客在看导航图时首先就是要定位定向，选择路径，这也是导航图最基本的作用。另外，34 名游客中共有 11 名被访谈游客希望通过看导航图了解当前环境的布局，即希望形成关于环境的认知地图。

2.2.2 使用效果评价

访谈发现 34 名游客中，仅有 9 名游客对使用效果表示满意，但有 13 名游客认为导航图并没有给他们提供帮助或很少帮助，有 12 名游客觉得难以找到自己所需要的信息。这说明这些导航图存在可用性问题，并未有效地帮助游客达到目的。

2.2.3 用户心理期望

（1）期望呈现的元素

34 名游客中，21 名游客明确提出最需要的是景点的信息，其中有 4 名游客指出，需要更大范围的景点布局信息，即西湖的全景图，以了解当前景点与整个西湖景区的关系。其他需要的信息还有指向标与推荐线路（2 名）；交通信息（2 名）；比例尺（2 名）。

（2）期望的呈现方式

支持前向上呈现和北向上呈现的游客各有 17 名，无法确定哪种呈现方式更符合用户心理期望。

2.2.4　现存具体问题

（1）YAH 标志问题

在访谈中共有 11 名游客提到 YAH 标志不清晰，难以发现。

（2）地图设置问题

关于导航图的设置位置，有 15 名游客（44%）提到导航图难以被看到。

（3）方向判断问题

关于方向判断，所有游客都是通过周围环境信息来判断方向，这也从侧面反映了 YAH 标志的不足。YAH 标志不仅应提供当前位置信息，还应提供当前方向信息。

（4）其他问题

• 颜色运用不合理

例如，孤山景区地图的蓝底色过淡，游客会误将绿色当做水体颜色；太子湾公园的地图运用黄色和黑色表示路径，一些游客以为是水体颜色。

• 数字标注使人看图困难

在很多导航图上，地点信息都是用号码标注，然后在图例处给出号码代表的地点，这给部分游客造成了读图困难。

• 翻译语种过多

个别导航图上的翻译语种过多，有 4 国外语的翻译，造成视觉混乱。

2.3　改进建议

（1）呈现要素与呈现方式

为满足游客对更大区域地图呈现的需要，制图时可以考虑两种办法：第一，将图制作得更大，或将图上信息缩小，以呈现更大区域的信息，这受限于图幅尺寸及视觉辨认能力；第二、采用鹰眼视图的呈现方式。另外在制图时，还需考虑呈现指向标与推荐线路，交通信息，附近餐饮、洗手间地点，比例尺等信息。

考虑到北上呈现和前向上呈现各自的优点，本研究建议以北上呈现为基础，结合有方向信息的 YAH 标志为呈现方式会更好。具体见绩效测试部分。

（2）YAH 标志改进

YAH 标志的设计应该呈现朝向方向。标志与地图背景应该有足够的对比度，使其清晰可见，并增加文字标注解释 YAH 标志。

（3）地图设置改进

地图的放置要明显，使人容易发现。可以制作得更大，或与环境有明显区别，来提高其在环境中的易识别性。

建议将地图放置于入口处，或有明显地标处，以帮助游客进行定向。

（4）其他方面的改进

- 颜色运用的改进

地图所用颜色要符合人的心理模型，如蓝色表示水体，绿色表示绿化，以避免游客产生误解。

- 数字标注的改进

可以在呈现地名信息较少的情况下，将尽量多的地名信息直接标注于图上，而不是采用图例注释的方法，这样能增进游客读图的效率。

- 语种数量的限制

翻译的语种不要太多，一般只需要中文和英文两种语言，过多的翻译会造成视觉冗余，影响看图。

3　YAH 标志改进前后平面导航图空间方位判断绩效实验

本阶段对改进方案中 YAH 标志的改进进行实验验证。

3.1　实验设计

本实验为 2×4 的被试内重复测量设计，实验自变量分别是：YAH 标志（有无方向信息）和地图布局的朝向差异（即地图上方与读图者实际朝向间的差异：0°，90°，180°，270°）。实验因变量分别为：反应时间，正确率。

3.2 被试

13 名大学本科生，男 5 名，女 8 名；视力及矫正视力正常。

3.3 实验材料及任务

3.3.1 材料

刺激材料采用 Photoshop5.0 软件绘制的抽象地图示意图（如图 1 所示），YAH 标志设置在十字路口处，一共有 8 个放置点，各有两个位置表示一种朝向，对这两个位置进行平衡。地图布局朝向差异作为自变量（0°，90°，180°，270°）；岔路口的两个五角星代表两个地点，有左右放和前后放两种，进行平衡。有两种 YAH 标志：一种为一红点，无方向性；另一种在原先基础上加一个箭头，指明方向。

图片尺寸为 500×500 像素的位图文件。

材料的呈现使用浙江理工大学心理学实验室电脑，屏幕分辨率为 1024×768 像素，使用 E-prime2.0 程序实现。

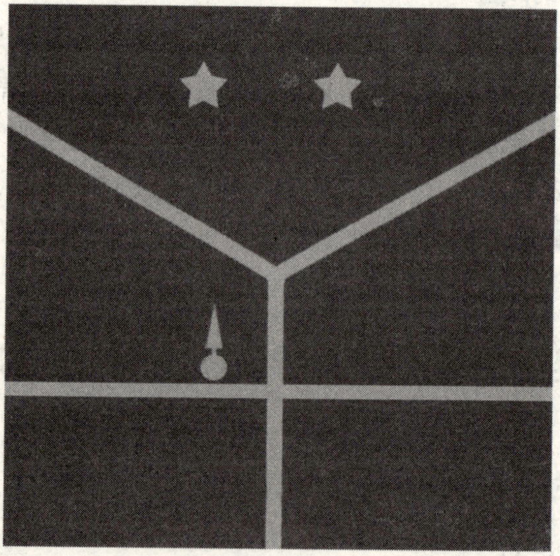

图 1　实验中的地图材料

3.3.2 任务

被试需要确定在实际环境中当自己看到该图时，两个五角星位置相对于自身的位置关系（前后关系，左右关系），并在标准键盘上进行按键反应。

3.4 实验程序

3.4.1 练习阶段

实验共有128张刺激图片，在其中抽取32张随机呈现作为练习。通过练习让被试进一步明确实验任务及熟悉实验操作。

3.4.2 正式实验

正式实验中，随机呈现128张刺激图片，每张图片呈现3次，被试共要对实验材料作384次反应，实验过程中安排两次两分钟的休息时间。

3.5 数据处理

实验结果由SPSS6.0软件包处理。因有一名被试在某一刺激类型的反应正确率在随机水平，数据统计时将该被试数据剔除。其余被试在各处理条件下的反应正确率都在95%以上。本实验只处理正确反应时。

4 实验结果与讨论

不同条件下被试平均反应时和标准差如图2所示，

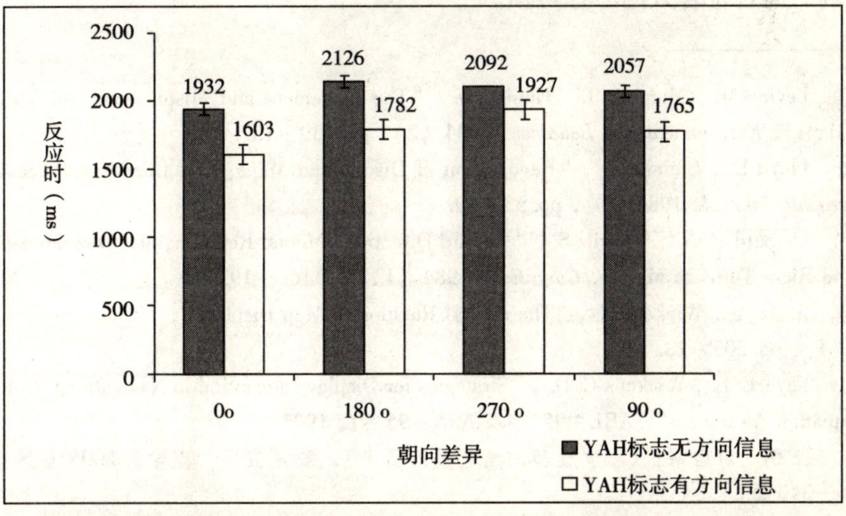

图2 不同条件下被试平均反应时和标准差

重复测量方差结果表明，不同 YAH 标志差异显著（F（1，11）=43.88，p<0.01），有方向信息的 YAH 标志方位判断更快。不同朝向差异及交互作用均不显著（F（3，11）=3.32；F（3，11）=0.5）。

以往研究表明，前向上呈现提供了与读图者即时内在参照系相一致的呈现方式，减少了读图者的心理旋转，有利于读图者方向的判断；北向上呈现的地图在方向判断的绩效上显著差于前向上呈现的地图（Aretz，1992）。①②③④

但在环境整体布局的掌握方面，如在地图重建的任务中，相比前向上呈现的地图，北向上呈现的地图提供了更好的帮助（Faye，1995）。⑤ 此外，王鹏等发现空间参照系对心理旋转产生显著影响，自我中心参照旋转易于客体中心参照旋转（王鹏，2005）⑥，提示按照地图中的方向指示进行自我心理旋转比对实际场景进行心理旋转或旋转地图要容易。有方向信息的 YAH 标志增加了读图者当前朝向信息，即使读图者当前朝向与 YAH 标志方向不同，读图者依照 YAH 标志方向进行心理自我旋转也相对较容易，一定程度上弥补了北向上呈现方式在读图者朝向不是北方向时需对地图或环境进行心理旋转的固有缺点。

本研究的验证实验只考察了定向这一任务上的绩效，并未对认知地图的形成进行测试，但是根据 Faye 等人的研究，提示北向上的显示对地图重构更为有利，而且符合人的心理习惯。⑦

---

① Levine M., Marchon I., Hanley G., "The Placement and Misplacement of You-Are-Here-Maps", *Environment and Behavior*, 1984 (2), pp. 139 – 157.

② Lloyd R., Steinke T., "Recognition of Disoriented Maps: The Cognitive Processes", *Cartographic Journal*, 1984 (1), pp. 55 – 59.

③ Shepard R. N., Hurwitz S., "Upward Direction, Mental Rotation, and Discrimination of Left and Right Turns in Maps", *Cognition*, 1984 (1), pp. 161 – 193.

④ Aretz A., Wickens C., "The Mental Rotation of Map Displays", *Human Performance*, 1992 (4), pp. 303 – 28.

⑤ Faye E. L., Wickens C. D., "Strategies for Display Integration in Navigational Guidance and Situation Awareness", ARL – 95 – 4/NASA – 95 – 1, 1995.

⑥ 王鹏、游坦群：《心理旋转的角色效应研究》，载《应用心理学》2005 年第 4 期，第 336—340 页。

⑦ Faye E. L., Wickens C. D., "Strategies for Display Integration in Navigational Guidance and Situation Awareness", ARL – 95 – 4/NASA – 95 – 1, 1995.

因此，根据本实验结果和前述的以往研究表明，YAH 标志方向信息的增加显著提高了据导航图进行空间方位判断的绩效，标示有读图者当前朝向信息的北向上呈现方式 YAH 地图可能是一种更好的地图呈现方式。

5 结 论

杭州西湖景区现有平面导航图可用性不高，存在呈现要素不全、YAH 标志不清、功能不足、地图放置不易识别等四大类共六种可用性问题，需要予以改进。绩效实验验证了标示有读图者当前朝向信息的北向上呈现方式 YAH 地图的优势。

场所认同的研究述评

李秋玲[1]　吴建平

人们在生活中会逐渐对身边的重要场所形成一定的情感联结，关于这方面的研究越来越受到环境心理学的关注。许多研究者对人与场所的这一情感有着各自的观点，并称之为场所感、场所精神、场所依恋、场所认同、场所同一性等等，它是人与场所互动的产物，人们体验和感受着场所，反过来场所也影响着人的心理和行为。例如，人们会认为某个场所很具有安全性，适宜长期居住，或者强烈地感受到归属感，同时它们让人很放松，能够回到童年里某个记忆的片段，甚至纵情地做自己想做的事情。研究者将人通过与场所的互动，把自己看成是场所一部分的过程称为场所认同，它是个人自我认同的一部分。[2] 本文主要对场所认同的概念作进一步的界定，讨论目前的场所认同实证研究的主要测量方法，对场所认同的研究现状进行系统的阐述，并提出了场所认同领域有待深入探讨的问题和关注热点，为场所认同在今后的环境保护、建筑设计和旅游管理等方面的应用提供了有益的理论基础和研究意义。

---

① 李秋玲，北京林业大学人文学院心理学系，e-mail：liyi－4141@163.com。

② Hernandez，Hidalgo，Salazar-Laplace & Hess，“Place Attachment and Place Identity in Natives and Non-natives”，*Journal of Environmental Psychology*，2007（27）：pp. 310－319.

1　场所认同的概念界定

1.1　场所认同的研究起源

场所（place）是指人们活动所占据的空间，包括“空间”和“人”两个要素。人在场所中活动，空间则是场所存在的物理形式。人的活动使场所产生变化，场所的特性又使人的活动具有不同的意义。两者的互动反映了人与场所之间的关系，可以说，场所是“人类自身定位和对环境加以控制的出发点”①。

Susanne Langer 认为场所由文化所定义。人们常常将场所与地点放在一起加以比较，而他认为地点只是场所的一部分，即场所位置。② 当人们在某处定居下来，就置身于这一环境特质当中，同时产生两种相关的情感联结，一个是“方向感”，另一个则是“认同感”。人们也清楚地认识到自己与场所建立的是怎样的关系。

Relph（1972）将场所视为人类各种经验的现象，③ 同时提出了场所感（sense of place）概念。在此之前，Tuan 就观察到“场所与人之间存在着一种依恋关系”，并提出恋地情结（topophilia）概念。④ Proshansky（1978）认为除了产生情感联结关系以外，自然环境体验也可能产生场所认同，并定义场所认同是与环境相关的自我认同的一部分。⑤ 之后又出现了与场所认同相对比的场所依恋（place attachment）概念，场所依恋是人与具体环境发生的一种积极联系，人们想要与这一环境保持长久且亲密的关系。可以说，自 20 世纪 50 年代 lynch 等对人与环境的关系的相关研究以来，西方环境心理和场所

---

① 李泽厚、汝信：《美学百科全书》，社会科学文献出版社 1990 年版，第 59 页。

② 季铁男：《思考的建筑》，（台湾）时报文化出版企业公司，1993 年版。

③ Relph, E., *Place and Placeless*, London, England: Pion Limited, 1976.

④ Tuan, Y. F. Topophilia, “A Study of Environmental Perception”, Attitudes and Values, 1974.

⑤ Proshansky, H. M., “The City and Self-identity”, *Environment& Behavior*, 1978 (10), pp. 147–169.

感知的研究逐渐发展起来，在论述人与场所联结关系的文献中有着各种不同的说法，对这些概念的界定和关系缺少具体和清晰的阐述，该领域的研究备受关注。

1.2 场所认同的概念界定

定义相关的场所概念以及以往文献中所涉及的场所变量，都能整合到态度结构的一般框架中，包含对空间环境的认知、情感和行动。类似的场所概念如场所认同、场所依恋、场所依靠（place dependence），各属于场所感的一个层面：场所特有的信念对应场所认同，情感对应场所依恋，而行为承诺则是场所依靠。[①] 可以说，根据相关的概念以及场所关系研究的方法论，似乎可以区分出场所认同与场所依恋等其他场所感的许多差别。然而最典型的一个例子是，Hernandez，Hidalgo，Salazar-Laplace 和 Hess 等将场所认同和场所依恋看成是同一个概念，使用同义词或者在认同方面用依恋来操作。黄向和保继刚认为，场所认同和场所依恋是不能完全区分的两种情况，在一定的程度上，场所认同可以等同于场所依恋。[②] Lalli 把场所依恋看成是场所认同的一部分。[③] 其他的研究者还提出场所依恋是一个多维度的结构，其中包括了场所认同、场所依赖和社会关系。[④] 因此，有必要在概念和经验上区分两者存在的关系。为了区分两者，Moore 认为，场所认同更多的是作为个人自我认同一部分的方式，而场所依恋侧重对场所的评价。

Proshansky 等人认为，首先，场所认同是自我认同当中的一部分，它是对人们生活所在物理世界的一个认知，包括记忆、思想、感受、态度、价值观、偏好、意图、行为概念，以及与复杂多样的物理环境相关的体验。物理

---

① Jorgensen B. S. , Stedman R. C. , “A Comparative Analysis of Predictors of Sense of Place Dimensions: Attachment to Dependence on and Identification with Lakeshore Properties”, 2006, p. 79.

② 黄向、保继刚：《场所依赖：一种游憩行为现象的研究框架》，载《旅游学刊》2006 年第 9 期，第 19—21 页。

③ Lalli, M. , “Urban Related Identity: Theory, Measurements, and Empirical Findings”, *Journal of Environmental Psychology*, 1992 (12), pp. 285 – 303.

④ Chow, Healey, “Place Attachment and Place Identity: First-year Undergraduates Making the Transition from Home to University”, *Journal of Environmental Psychology*, 2008 (28), pp. 362 – 372.

环境相关认知的核心在于人们的“环境过去”；过去由场所、空间和他们的财产组成，满足了他们生理、心理、社会和文化需求。① 因此，可以定义场所认同是个人自我认同的一部分，通过与场所的互动，人们认为自己属于这处。

2 场所认同的测量方法

在场所认同研究的发展过程中，研究者使用了多种方法来测量场所认同。这些方法中应用较多的主要有以下三种：

2.1 量表法

使用量表能够直接测量人们对某一个特定、具体场所的认同感，也能够得到对场所认同的一个整体判断。但是，由于场所的多样性和具体性，许多相关研究都是研究者自行编制场所认同量表和题项，参考例如 Lalli（1992）的场所认同量表，它早先是用来评价城市居民的场所认同，不适宜推广到其他场所。② Fleury-Bahi，Marcouyeux（2010，85—93）在研究校园场所评价和场所认同的研究中使用的就是自行编制的包含七个题项的量表，采用 4 点记分法，其中两题来自 Lalli（1992）的场所认同量表。③ Hernandez 等人对本地人和外来人的场所依恋和场所认同比较研究中，编制了两组题来测量与场所的联结，场所认同项目参考了 Valera 和 Pol（1994）的量表，选取了最具代表的题项（场所认同的程度，归属感等等）。④ Hinds，Sparks（2008）在研究

① Chow，Healey，“Place Attachment and Place Identity：First-year Undergraduates Making the Transition from Home to University”，*Journal of Environmental Psychology*，2008（28），pp. 362 – 372.

② Lalli，M.，“Urban Related Identity：Theory，Measurements，and Empirical Findings”，*Journal of Environmental Psychology*，1992（12），pp. 285 – 303.

③ Fleury-Bahi，Marcouyeux，“Place Evaluation and Self-esteem at School：The Mediated Effect of Place Identification”，*Educational Studies*，2010（2），pp. 85 – 93.

④ Hernandez，Hidalgo，Salazar-Laplace & Hess，“Place Attachment and Place Identity in Natives and Non-natives”，*Journal of Environmental Psychology*，2007（27），pp. 310 – 319.

与自然环境的情感联结和认同方面，测量环境认同时也使用了类似的题项："我认同自然环境；对于我，参与到环境中能给予自己更加强烈的自我感"①。尽管各项研究最终的数据分析报告显示场所认同的题项效度很理想，量表施测也是使用较多的一种方法，但仍然存在很多缺点，其效度往往受到一定的影响。

2.2 开放式问卷

也就是开放式测量，要求被试依据指导语自行报告与场所认同有关的开放式问题，或者按照主题词写短文进行有关场所认同的描述。K. M. Korpela在对场所认同与环境自我调节的关系研究中采用了这一方法，要求年轻组的被试（9 岁和 12 岁）对关于场所的十个问答题进行作答，17 岁组被试要求完成一篇关于"喜欢的场所"的文章，最后对问卷进行编码和统计。② 这种方法也存在一定的问题，不直接，而且有些重要信息可能缺失。

2.3 访谈法

Chow，Healey（2008）从场所依恋和场所认同方面考虑，对大一新生从家到学校的转化进行研究时使用了访谈法。③ 这需要制定好访谈提纲，掌握访谈技巧，控制访谈现场，最重要的是对访谈记录的整理。它对访谈者的要求较高，访谈的内容和质量受到的影响比较大，被试很可能因为访谈者的原因难以报告自己所掌握的大多数信息，访谈结果就不甚理想。

总之，以上场所认同的几种测量方法各有一定的优点，同时也具有局限性。因而，在实际研究中具体使用哪一种测量方法应根据研究的具体问题和研究目的而定。

---

① Joe Hinds, Paul Sparks,"Engaging with the Natural Environment: The Role of Affective Connection and Identity", *Journal of Environmental Psychology*, 2008（28）, pp. 109 – 120.

② K. Milevil Korpela, "Place-identity as a Product of Environmental Self-regulation", *Journal of Environmental Psychology*, 1989（9）, pp. 241 – 256.

③ Lalli, M., "Urban Related Identity: Theory, Measurements, and Empirical Findings", *Journal of Environmental Psychology*, 1992（12）, pp. 285 – 303.

3 场所认同的研究现状

3.1 关于场所认同认知功能的研究

大多数研究由于样本的选取条件，得到的场所认同和场所依恋两个概念往往有所交叉和重叠，于是将两者放在一起对场所和环境的认知进行研究探讨。Hernandez，Hidalgo，Salazar-Laplace 和 Hess 设计了两个实验，为了尽可能地避免重叠以便比较两个概念，有计划地选取了本地人和移民两个样本，以及三个不同环境和地理位置的场所进行研究，测量场所认同和场所依恋在不同场所中的程度水平。也定义了场所依恋，是与具体场所环境建立起来的一个情感联结，人们在那里感到舒服和安全，想要停留。而场所认同是通过与场所的互动，觉知自己是场所的一部分。[①] 人们可能对某一个场所有依恋但不一定认同，他可能喜欢住在这个地方，可是却感觉不到这里是自我当中的一部分，这样看来，至少不是主要的场所认同。反之亦然，人们对场所有很高的个人认同，同时场所依恋的水平却低。你可能对家乡有着很强烈的认同感，认为自己就属于那里，却不一定选择定居。研究发现，对本地人群，场所依恋比场所认同先建立起来。而且，场所认同和场所依恋趋于一致。对于移民群体，依恋的水平比认同高。邻里、社区和岛屿地区三地比较，岛屿的认同和依恋比另外两地要强烈。

最近的研究也显示，自愿或者非自愿地改变居住场所，直接影响人们对新住地的情感，以及场所依恋、认同的建立。只有经过一段时间的互动了解之后，新场所才会逐渐融入个人认同之中[②]。场所认同的感知功能说明人们在物理环境当中活动，确实需要花费足够长的形成时间，使自己能够适应这

① Chow，Healey，“Place Attachment and Place Identity: First-year Undergraduates Making the Transition from Home to University”，*Journal of Environmental Psychology*，2008（28），pp. 362 - 372.

② Wester-Herber，M.，“Underlying Concerns in Land-use Conflicts—the Role of Place Identity in Risk Perception”，*Environmental Science & Policy*，2004（7），pp. 109 - 116.

样的场所并从中获得满足感。场所认同和依恋的水平在一定程度上又取决于外在的物理环境质量。相关的对大一新生从家向学校转移、搬迁的研究，探讨了影响场所认同和依恋的影响因素包括场所意义（如家、学校等），错位感、跨越时间和情况的连续性，以及对家的亲密感。从场所方面考虑被访者如何感知社会空间环境的转变，应对随之而来的问题与挑战，这些方法如何影响着自我认知和自我评价。

3.2 关于场所认同对自我心理调节意义的研究

在以往的研究中，构建的认同过程模型有独特性、连续性、自我尊敬和自我效能四个引导人们行为的认同原则。① 其中，自我效能是指对自己环境适应的信任，当环境有利于或至少不妨碍个人的日常生活时，人就有一种自我效能感，在这种环境中易于做自己想做的事。类似于 Proshansky 对“适宜空间”的概念解释，他认为“不管是方法上还是结果，适宜空间中的人类行为本质上是想要建立起归属感，即这个地方是属于我的”，这样就为生活赋予了意义。② Kaplan（1983）的一个重要结论是复愈型环境会让人有一种反思的过程，人们对这类环境有一个直观的感受。复愈型环境也是一种内在享受过程，使人们能够脱离每天的压力约束情境。其中复愈性环境包括个体喜欢的环境和场所。③ 可以说，人们通过适宜的环境和场所调整自己，保持自我同一性，从而达到自我心理恢复的目的，并由此对这一环境和场所产生深厚的情感和认同，还有归属感。这也是 K. M. Korpela（1989）通过开放式问卷得出的结论：场所认同是环境自我调节的产物。复愈性环境或者具有这一功效的场所因人而异，但是，却都具有以下的一个或多个特征：能够自由表达，安全，熟悉，有归属感，唤起对过去的记忆，私密性和领域性，缓解焦虑，放松……正是基于这一点，近年来国外兴起的自然疗法在很大程度上就借鉴了场所认同的这一意义功能。

---

① 唐文跃：《地方感研究进展及研究框架》，载《旅游学刊》2007 年第 11 期，第 72—73 页。

② K. Milevil Korpela，“Place-identity as a Product of Environmental Self-regulation”，*Journal of Environmental Psychology*，1989（9），pp. 241－256.

③ Kaplan，“A Model of Person-environment Compatibility”，*Environment & Behavior*，1983（15），pp. 311－332.

3.3 关于场所认同在景观设计应用中的研究

场所认同研究是国外休闲、游憩地理学和国内旅游管理的热点问题。已有研究显示，人们若对某个出游的场所产生了一定的依恋感，会更有可能重游此地，或者推荐他人前往参观，也更愿意贡献自己的时间和金钱；场所认同的增加一方面能缓和休闲、游憩者对旅游参观需要付费的反感度，另一方面可能还会支持对该场所的管理和完善工作。由于人与场所建立的情感联结程度、时间，游憩者类型等因素的影响，场所依恋在这方面的研究偏多，场所认同与依恋高相关，且更加内化，因此有必要进行更深入的研究探讨。旅游场所如博物馆除了场馆设计、装修等硬件设施上需要考虑场所认同的影响，还要充分利用便利的解说设施和解说内容，引发公众的“移情”作用，更好地建立起旅游者对于博物馆的场所认同，并由此解决博物馆长期以来的冷清现象。[①] 钱树伟等人将场所认同和场所依恋的应用推广到旅游者购物行为上——场所认同和场所依恋对旅游者购物动机、购物偏好、购物满意度及忠诚度均具有不同程度的正向影响，而且场所认同有更加显著的影响效应。[②] 目前在国内，场所认同相关理论的应用主要集中在建筑设计和旅游管理问题上，理论的深入探讨比较缺乏。

3.4 关于场所认同作为中介的研究

场所似乎和人们的某些行为并不相关，如校园环境和学生的学术活动，但是通过场所认同的中介作用就架起了一座桥梁。Fleury-Bahi，Marcouyeux 验证了校园评价和学术自尊的路径模型。除了学校，大量的研究还显示场所认同和自尊之间呈现高相关。[③]

另外，关于人们的亲环境行为，场所认同也起到了一定积极的作用。研究发现，场所认同水平越高，人们对环境的态度就越积极。同样地，自评环

---

① 孔旭红：《场所依赖理论在博物馆旅游解说系统中的应用》，载《软科学》2008年第3期，第89—91页。

② 钱树伟、苏勤：《历史街区旅游者地方依恋对购物行为的影响分析——以屯溪老街为例》，载《资源科学》2010年第1期。

③ Fleury-Bahi，Marcouyeux，“Place Evaluation and Self-esteem at School：The Mediated Effect of Place Identification”，*Educational Studies*，2010（2），pp. 85 – 93.

境行为和场所/环境认同测量呈高相关，相关研究如能源合理利用行为，回收行为。[①] 因此，人与场所/环境的情感联结以及场所认同在探索环境心理学中的解释性概念很有意义。自我暴露于环境中可能有助于人们与环境建立起积极的情感联结和认同，反过来，也促进人们与自然环境建立起更加积极的态度和行为关系。

4 问题与展望

关于场所认同的研究主要集中在概念的界定和测量，场所认同的形成，以及场所认同对人们实际行为的影响等方面。目前该领域还存在很多问题，归纳起来有以下方面：

第一，场所认同的概念需要明确的界定。由于与场所相关的理论特别是概念很丰富，彼此之间又存在着交叉和重叠，使得场所理论容易混淆和误用。研究当中可能选取不同的样本和场所，还有其他各种干扰因素，因此有必要在未来的研究当中对场所认同概念进行更清晰的界定。另外场所认同的维度问题很模糊，是否场所认同正如 Breakwell（1992）所建构的具有四个维度：独特性、连续性、自我尊重、自我效能，有待进一步的验证。[②] 它和其他场所理论如场所感、场所依恋、场所精神等在概念和方法论意义上是否存在等同或者从属关系，需要进一步的区分和比较。

第二，场所认同的测量方法需要更进一步完善。以往的研究测量场所认同的方法虽各有特点，但是随着研究的深入，场所认同的测量方法需要进一步完善。一般用来测量场所认同的量表项目很有限，相对应编制和修订的量表不多，想要测量人们的场所认同更内化的东西难以实现，例如对场所的内隐认知测量以及动机量表等都需要修订。

第三，对场所认同形成的原因和过程的相关研究不够。以往研究大多探

---

① Mannetti, L., Pierro, A., & Livi, S., "Recycling: Planned and Self-expressive Behaviour.", *Journal of Environmental Psychology*, 2004 (24), pp. 227 - 236.

② 唐文跃：《地方感研究进展及研究框架》，载《旅游学刊》2007 年第 11 期，第 72—73 页。

讨了预测场所认同或场所依恋的因素有多方面，但是具体的场所认同如何形成，对产生场所认同的过程模型和机制的研究很少涉及。此外，尽管有研究探讨了场所认同与自我认同的关系，但这方面的研究较单一，场所认同和内在的人格因素，以及外在的社会要素有待进一步研究。

第四，关于场所认同的应用发展。以往对场所认同的应用主要集中于建筑景观设计和旅游管理方面，涉及其他也主要是在理论上的探讨居多。场所有广义和狭义之分，大多数研究都基于狭义的场所概念，因此对场所认同的应用研究可以扩展到更加广义的场所。

《北京社区环境满意度问卷》之初探

司书娟[①]　张　帆[②]　王广新[③]

1 引　言

1.1　研究背景

2010年初，北京市市委书记刘淇在工作报告中提出了“建设世界城市”的城市发展新目标，并特别提到建设世界城市要注重首善之区的和谐建设，加强社区、社会建设。在国外，广义的社区满意度是指个体对于所在社区包括人际互动、价值系统和生活经验等在内的主观认知。在国内有学者认为社区满意度是社区居民对社区生活条件、人际关系等客观方面的评价。[④] 而本文对社区环境满意度的定义是居民对社区室外环境的总体感受及主观评价。

---

① 司书娟，北京林业大学人文学院心理学系，e-mail：sishujuanlaolao@163. com。

② 张帆，北京林业大学人文学院心理学系，e-mail：1270709229@qq. com。

③ 王广新，北京林业大学人文学院心理学系，e-mail：wgx8868@163. com。

④ 李洪涛：《城市居民的社区满意度及其对社区归属感的影响》，华中科技大学硕士学位论文，2005年，第1—10页。

1.2　国内外研究现状

1.2.1　社区环境满意度研究的现状

社区是指居住于一定地域的具有某种互动关系和共同文化维系的人类生活群体及其活动区域。不论是社区归属感、依恋还是满意度都是社区在人们生活中重要角色的体现。国内外学者也从不同角度对社区展开研究。在环境方面，国内外社会学和城市规划对于社区居住的环境满意度研究较为成熟。在 Maria Amerigo 等人的文章中提到：有的研究表明居民对居住环境的满意度在一定程度上决定了居住迁移的频数。文章总结道：国外居民居住环境满意度研究主要涉及三个方面：一是个人—住宅环境的认知层面，即个体是如何评价街坊四邻、周边环境等因素的；二是个人—住宅环境的情感层面，如个人所处的邻里关系如何，其社区旧属感强不强；三是个人—住宅环境的行为层面，即个人参与社会活动状况，与邻里交往频度等等。通过这三个方面的研究系统了解社区居民满意度状况。此外，国外对社会人口学资料、人格特征等因素与社区环境满意度也进行了系统化的解析。①

1.2.1.1　社区环境满意度结构的研究

不同学者对社区环境满意度结构持不同的观点。在 Gabriel Moser 等人的研究中：社区满意度不仅是单纯涉及建筑物的质量和开放空间的特征，而且还应该包含社会关系，如邻里关系、安全和环境破坏等。他们将缺乏环境质量的生活看做是对他们幸福感的一种极大的威胁。② 杜宏武将珠江三角洲地区居住环境质量分成外部景观、社会氛围、服务配套、文教卫生等 12 个方面 32 个因素。③ 单菁菁将 20 项社区环境满意度的具体因素聚合成 5 大类因素：

---

① Maria Ameigo, Juan Ignacio Aragones, "A Theoretical and Methodological Approach to the Study of Residential Satisfaction", *Journal of Environmental Psychology*, 1997 (17), pp. 47－57.

② Gabriel Moser, "Quality of Life and Sustainability: Toward Person—Environment Congruity", *Journal of Environmental Psychology*, 2009 (29), pp. 351－357.

③ 杜宏武：《影响小区居住环境质量居民满意度因素——以珠江三角洲地区若干小区为例》，载《城市规划汇刊》2002 年第 5 期，第 48—54 页。

社区环境、日常生活、文化卫生、基础设施、教育因素。① 李洪涛则归纳为以下 11 个方面：作为一个居家的地方、医疗和健康服务、社区学校、获取足够收入的机会、老年活动、青少年活动、社区商业设施、休闲娱乐设施和休闲娱乐活动、社区环境面貌、人际关系、治安环境。② 冀保程分析了影响大连市居民满意度的社会、经济、历史等方面的因素并提出了环境保护、发展经济和人文建设等几个改善现状的措施。③

1.2.1.2 人口统计学资料与社区环境满意度关系的研究

国外的研究表明，与社区满意度相关的个人特征方面的因子有年龄（Campbell，1976；Goudy，1977；Filkins，Allen，and Cordes 2000），性别（Filkins，2000），教育（Campbell，1976；Filkins，2000），居住时间（Brown，1993），家庭大小（Miller and Crader，1979），收入和职业地位（Bradburn，1969），社会地位（Bardo，1977）等。④

国内的学者李洪涛的研究则显示，虽然男性对社区的总体满意度的评价略高于女性，但差异不显著。此外，18 岁以下的城市居民对休闲娱乐设施和休闲给予的评价最高，而 55 岁以上的则对人际关系的评价最高。王常熙和庞海蓉的研究也支持性别差异不显著的结果，同时前者的研究显示不同年龄、不同职业居民在总体满意度水平上存在显著差异，但不同学历居民在总体满意度水平上没有显著差异。李雪铭、冀保程等的研究则显示，年龄层次对满意度的影响不大；随着文化素质、居民收入与与满意度成正相关。⑤

综上，社区满意度的影响因素综述以往的研究主要从以下六个方面进行了分析：一是对社区公共设施的评价，二是个人特征因素，三是社会维度（社区的人际关系、社区参与、社区自豪感），四是居民在社区内的社会关

① 单菁菁：《城市社区情感研究》，中国社会科学院研究生学院博士学位论文，2003 年，第 24—27 页。

② 李洪涛：《城市居民的社区满意度及其对社区归属感的影响》，华中科技大学硕士学位论文，2005 年，第 1—10 页。

③ 李雪铭、冀保程、杨俊、李瑶瑶：《社区人居环境满意度研究——以大连市为例》，载《城市问题》2008 年第 1 期，第 58—63 页。

④ 庞海蓉：《老人的社区环境满意度与社区归属感的关系研究》，四川师范大学硕士学位论文，2009 年，第 6—10 页。

⑤ 李雪铭、冀保程、杨俊、李瑶瑶：《社区人居环境满意度研究——以大连市为例》，载《城市问题》2008 年第 1 期，第 58—63 页。

系，五是居民的社区参与程度，六是居民的社区满意度。需要指出的是，这些研究无论从问卷的结构和最后给出的措施上都或多或少缺少一些心理学视角，没有从居民心理诉求的角度对社区建设提出合理建议。

1.2.2　北京社区环境满意度的研究现状

针对北京市居民进行的调查研究，如单菁菁[①]选取了北京朝阳区和宣武区的两个社区进行的研究，宋逸等[②]对亚运村社区居民环境与生活满意度的比较，他们取样进行调查的社区数目偏少，不能全面反映北京市社区环境满意度现状和面临的问题。

2　方法和结果

2.1　问卷编制

通过查阅大量的相关文献，我们初步将社区环境划分为3个：自然环境、服务环境和文化环境。其后我们对14位北京市民进行了细致的访谈，进一步发掘对居民环境满意度产生影响的因素。在这些基础上，我们最终确定了问卷结构，由4个维度组成：硬件供给、周边服务、人文气息和自然环境。整个编制过程由一名心理学专业的研究生、十二名心理学本科生和一位专家共同完成，同时问卷还考察性别、年龄、受教育程度、居住性质、居住年限等人口统计学变量。

相比之前学者编制的环境满意度问卷，本问卷的最大特色在于对部分题目的细化：在文教、医疗和餐饮方面，我们将满意度分为便捷性和质量评价；在社区活动这个方面，同时考虑活动的丰富性和居民参与度问题；季节因素也成为问卷的一部分，冬夏季对居民满意度的影响是不同的。

---

① 单菁菁：《城市社区情感研究》，中国社会科学院研究生学院博士学位论文，2003年，第24—27页。

② 宋逸、马军等：《北京市亚运村社区居民环境与生活满意度比较》，载《中国公共卫生》2008年第24卷第8期，第902—904页。

2.2 问卷编制

2.2.1 样本

预测随机选取了北京市海淀区五道口附近的两个社区。这两地居住条件较为大众化，是北京市社区的典型代表之一。我们共发放120份问卷，回收了117份，有效问卷为100份。在问卷发放过程中性别、住房性质、年龄等因素得到有效控制，比例分布均衡。

2.2.2 结果

项目通俗性分析结果较好，没有过难或过易的项目，项目的平均难度在0.5—0.8之间。根据高分组和低分组t检验（two-tails）的结果，删除了鉴别力不高的两道题目：采光和建筑密集度。

此外，经计算，问卷的Cronbach's a系数为0.899，说明其信度较好。用SPSS16.0进行因素分析，结果显示各项目的共同度都在0.3以上，但是有关交通的两道题目（夏季的交通出行状况/冬季的交通出行状况）被单独划分出来，因此去掉了这两道题目。再次因素分析的结果显示KMO值0.0726，在0.001水平上达到显著，适合作因素分析，各题的共同度都在0.35以上。根据碎石图，抽取四个因子后线段变得平坦，因此抽取四因子，采用promax旋转方法（因为各维度之间存在一定的相关，运用斜交旋转较为合适）。这个模型能够解释55.603%的变异，且题目的维度划分与假设的理论模型大致相符。但是可能受到海淀区本身文化特色的影响，问卷中与文化有关的项目如文体设施、文教条件的便捷度、文教质量都被归到人文气息这个维度中。而在原构想中，这几个项目应归到周边服务维度中，因此结构模型与设想会略有出入。

2.2.3 问卷编制

根据预测结果所反映的问题，对问卷进行了修改：虽然建筑密度和采光及交通等因素没有显示良好的鉴别力或是效度，但是它们却是社区环境中不可缺少的部分，因此在第二次测量上保留了这3个项目，以验证在其他社区中它们的作用；考虑到基础设施、交通出行是比较稳定的变量，取消其在冬夏季节的划分。此外，还根据第一次施测过程中被试的反馈，对问卷的表述进行修改。

2.3 正式测验

2.3.1 样本

正式测量随机选取了北京市西城区某社区。这个社区的居住条件同样较为大众化，是北京市社区的典型代表。共发放问卷120份，收回有效问卷87份，有效率为72.5%。被试中男性占总体的44.8%，女性55.2%；在年龄方面，20岁以下被试占8.1%，20—40岁占31.7%，40—50岁被试占10.6.%，50岁以上的被试占20.3%。被试以拥有房屋产权的常住户为主，租房者仅占27.9%。

2.3.2 结果

表1 Promax斜交旋转后因素载荷和共同度矩阵

	自然环境	人文气息	周边服务	硬件供给	共同度
建筑				0.494	0.378
停车				0.416	0.454
基础设施				0.436	0.414
污水				0.825	0.620
卫生-夏				0.613	0.623
卫生-冬				0.565	0.640
购物			0.708		0.555
文体			0.549		0.591
文教—便捷			0.792		0.615
文教—质量			0.807		0.678
医疗—便捷			0.607		0.508
医疗—质量			0.466		0.596
餐饮—便捷			0.484		0.684
餐饮—质量			0.400		0.749
治安		0.496			0.527
邻里		0.549			0.378
归属		0.520			0.450
文化		0.837			0.756
活动—丰富		0.644			0.529
活动—参与		0.679			0.519
空气—夏	0.786				0.732

（续表）

	自然环境	人文气息	周边服务	硬件供给	共同度
空气一冬	0.795				0.760
噪音一夏	0.680				0.549
噪音一冬	0.657				0.549
自然一夏	0.506				0.603
自然一冬	0.434				
特征值	8.815	2.215	1.984	1.910	
解释率	33.902	8.518	7.629	7.348	

注：只标出项目在本维度上的载荷是最高载荷。

表1项目分析的结果显示，各题目的通俗性和鉴别力良好。问卷的信度（Cronbach's a）为0.919，说明其信度较好。将获得的90组有效数据进行因素分析，根据共同度小于0.3的原则删除了“采光”这道题目，又因“交通便捷度”这个题目的维度划分比较奇怪，而且载荷不高，因此删去此题。然后再对数据进行因素分析，采用主成分分析法和Promax斜交旋转，结果为KMO值0.700，在0.001水平上达到显著，适合作因素分析，各题的共同度都在0.35以上。因素分析显示了4因子模型，该模型能够解释57.398%的变异。题目在理论维度上的载荷都达到0.35以上，除了餐饮服务质量在两个维度上载荷比较高外，各题目的维度划分与假设的理论模型相符，说明该问卷具有较好的构想效度。

2.3.3 对满意度产生影响的因素

我们的研究显示在总体满意度上男女性并不存在显著差异，这一点与前人研究一致。方差分析结果显示，不同年龄层的居民对冬季的卫生清洁状况的满意度差异是显著的，根据LSD事后检验的结果可以看出每个年龄层之间的差异也显著。邻里关系是20岁以上的居民的关注点，20—40，40—50及50岁以上的居民对邻里关系的满意度有显著性差异。

受教育程度在自然景观一项上差异显著。这在一定程度上也说明了良好的文化程度对于环保意识能够产生积极影响。居住年限对邻里关系、社区归属感等人文气息因素对社区环境满意度产生巨大的影响。家庭人均月收入则是治安状况、各种硬件因素的主要影响者，尤其是家庭人均月收入在5000元以上的收入者会对安全因素特别给予重视（见表2、表3）。

表2　人口统计学资料在各个项目上的方差分析

	项目	F
年龄	卫生清洁—冬季	3.451*
受教育程度	自然景观—冬季	6.328**
居住年限	邻里关系	2.750*
	社区归属感	2.930*
	硬件供给维度	3.657*
	自然环境维度	4.472**
	总分	2.872*
家庭人均月收入	硬件供给维度	5.319**
	自然环境维度	4.034**
	总分	3.342**

** $p<0.01$，* $p<0.05$

表3　人口统计学资料在4个项目上的平均差（LSD检验）

	项目		平均差
年龄	卫生清洁—冬季	小于20岁和20—40岁	-1.246**
		20—40岁和40—50岁	-0.738*
		40—50岁和50岁以上	3.686*
	邻里关系	20—40岁和40—50岁	-0.659*
		40—50岁和50岁以上	0.068*
受教育程度	自然景观—夏季	小学及以下和中学	0.774*
		小学及以下和大学	0.786*
	自然景观—冬季	小学及以下和中学	1.417**
		小学及以下和大学	1.286**
		小学及以下和硕士及以上	1.472**
	自然环境维度	小学及以下和中学	4.583*
		小学及以下和大学	4.143*
居住年限	邻里关系	1—5年和5—10年	-0.522*
		5—10年和10年以上	0.694*
	社区活动参与度	1—5年和5—10年	-0.657*
		1—5年和10年以上	-0.886*
	文化宣传	1年以下和1—5年	0.714*
		1—5年和5—10年	-0.562*
	社区归属感	1—5年和5—10年	-0.733**
	硬件供给维度	1年以下和1—5年	4.107**

（续表）

	项目		平均差
		1 年以下和 10 年以上	4.314*
	人文气息维度	1 年以下和 1—5 年	3.107*
		1—5 年和 5—10 年	−2.540*
	自然环境维度	1 年以下和 1－5 年	4.750**
		1 年以下和 10 年以上	5.014*
		1—5 年和 10 年以上	−2.879*
家庭人均月收入	建筑密集度	小于 1000 元和 1000—3000 元	1.207*
	污水处理	小于 1000 元和 1000—3000 元	1.128*
	卫生清洁夏季	小于 1000 元和 1000—3000 元	0.854*
	治安状况	3000—5000 元和 5000 元以上	1.034*
	硬件供给维度	小于 1000 元和 1000—3000 元	3.3984*

** $p<0.01$，* $p<0.05$

3 讨 论

3.1 问卷的相关问题

3.1.1 交通因子

交通是社区环境中的一个重要因子，前人的研究中大都包含了交通因素，但是两次测量都在因素分析的过程中删掉了交通的有关项目。究其原因，其一是交通因素不是直接影响满意度的因素，它会通过影响其他因子对满意度产生影响，尤其是前测结果表明交通和餐饮的便捷度和质量间呈现出 0.7—0.85 的高相关；在第二次结果中，交通也和其他题目存在 0.19—0.49 显著性相关。其二是目前调查的 4 个社区的交通条件都比较好，尤其是再测调查的两个社区，它们都位于北京市西城区，属于三环以内，交通便利、四通八达，这个社区的居民普遍在交通便捷度上表示满意，结果显示其标准差 <1.0。因此，在这个社区交通相比于其他因素是较为稳定的，在这个意义上交通便捷度在因素分析时被自动与停车、建筑密度等其他相对稳定变动较少的题目划分为同一维度，而不是假设的周边服务维度。以前的研究者，如李雪

铭、庞海蓉等大多数把交通相关的题目归为社区的社会或者服务环境中，因此该问卷最终保留了交通这个项目，并将其归入周边服务维度。

3.1.2 采光问题

采光在两次因素分析中都遭到剔除。研究过程发现，各学者在采光这个因子上的表述并不一致：李雪铭、冀保程等人将其定义为“采光”[①]；周春喜则将采光、通风合并为一项；庞海蓉的问卷中对采光这样描述：小区内能不能享受到充足的阳光。在施测过程中，被试对采光的理解也不一：有人认为是社区的户外光照条件；有人则考虑其户内的阳光照明。而问卷中采光的初衷是指社区的户外阳光条件，但鉴于被试的理解偏差和两次施测结果，最终问卷中不保留采光这一项目。

3.2 社区环境满意度的心理影响因素

3.2.1 不同年龄的心理需求

人类从儿童至老年，随着生理变化与心理的成熟，再加上社会及家庭对本身的影响，使得人在整个生命周期各阶段对于居住环境品质产生不同要求。例如本研究中显示的，20 岁以上各年龄段的居民，由于不同背景和期望，以及在社区中活动的时间长短上的差异导致了他们对邻里关系产生了不同的看法和要求。正如埃里克森所说：在人生第六个阶段以前（20 岁以前），个体的关系网主要是以玩伴、同龄人为中心的，他们的关注点不会投注于现实周边的家庭和邻里关系中。[②]

3.2.2 场所认同心理

相较于西方文化，在非西方文化的国家中，如中国、日本与韩国等地，是强调相互依存（Interdependent）的价值，注重与他人的联系，会突显他人以完成及维持和谐的关系，因此，社区邻里关系的紧密程度亦是使居民能愿意居住下去的主要原因之一。[③] 邻里关系和社区归属感的投注度和满意度不

---

① 李雪铭、冀保程、杨俊、李瑶瑶：《社区人居环境满意度研究——以大连市为例》，载《城市问题》2008 年第 1 期，第 58—63 页。

② 林崇德：《发展心理学》，人民教育出版社 1995 年版，第 35—58 页。

③ 庄琮博、李威仪、江式鸿：《武汉里分住宅社区居住环境品质评价之初探》，载《建筑》2007 年第 25 期，第 198—201 页。

仅受各个年龄阶段的心理需求的影响，而且也受居住年限的影响。

场所认同的影响因素有三个方面：一是与情感或情绪的联系（这种联系也许可藉由社会性连结来促成）、记忆；二是赋予在经验意义的其他认知解释；三是与潜在搬离相关联的不安感。那么，换句话说，对场所依附感越大，其与场所的情感也越密切，意义越特殊，被迫搬离时所产生的痛苦也越大。而这些产生地方依附感的要素，可从居民居住时间的长短、社区邻里关系、邻里性设施及环境中获取。居民对于地方依附感越重，其对于某些居住环境项目满意度也越高。本研究也证实了这一点：不同的居住年限使居民在各种硬件条件、人文气息、自然环境上都表现出显著性差异，尤其是在人文气息这个维度上，不同居住年限的居民在邻里关系、归属感、文化宣传及社区活动等项目上存在着一定差异。这说明居住年限可以通过情感纽带对居民的满意度产生影响。

3.2.3 居民自身偏好

被试本身的属性（如年龄、职业、居住年限等）会影响其对于社区环境品质的评价。以本研究而言，随年龄的上升或下降，对邻里关系等社区人文气息的关注度是不同的；教育程度不同，环境意识不同，对自然环境的满意度也是不同的；家庭月收入越高其居住环境安全性关注度也就越高；居住时间越短其情感因素也就越少，居住时间较长的老年人与其社区的情感纽带很深。总之，显示居住地区居民的类型与属性将影响其评价社区环境满意度的偏好。社区的居委会或者物业人员可以根据本社区居民的特点进行有针对性的社区改造，以提高社区居民的整体满意度水平。

4 总 结

本研究从全新的角度将居住环境理论体系化，明确北京社区居住环境的组成要素。编制的《北京社区环境满意度问卷》有较高的信效度，可以作为成熟的量表进行大规模的施测。研究者通过施测，可以对居民满意度进行量化，对不适合定量的重要居住环境要素加以说明。这种以社区为出发点、将社区居民作为一个群体的研究以自下而上的研究范式与自上而下的国家社区环境政策不谋而合。

后　记

首届全国环境与生态心理学大会于2010年10月在北京林业大学举行。会议主办方为北京林业大学暨国家林业局生态文明研究中心、北京林业大学人文社会科学学院；承办方为北京林业大学人文社会科学学院心理学系。北京大学心理学系苏彦捷教授担任会议主席，来自全国各地的环境与生态心理学领域的专家、学者参加了此次大会。中国社会心理学会会长、中国社会科学院社会学所杨宜音教授，北京林业大学副校长陈天全教授，北京林业大学人文社会科学学院院长严耕教授以及国内著名的心理学家朱建军教授出席了本次大会并为大会致辞。本次大会是我国首次召开的环境与生态心理学大会，它在我国环境与生态心理学发展方面具有里程碑意义。

《环境与人类心理》一书是这次大会的论文集，收录了提交大会的优秀论文31篇。该书围绕环境与人类心理的主题思想，分四大版块展示了当代环境与生态心理学的研究成果：一是生态心理学的理论前沿；二是环境知觉与环境认知研究；三是环境保护与生态问题研究；四是环境心理学跨学科研究。吴建平、訾非、李明担任该书主编，负责全书的统稿工作；北京林业大学应用心理学科姜金花、司书娟两位研究生协助主编做了论文的整理工作。

特别感谢北京林业大学人文社会科学学院心理系全体教师与研究生为大会的顺利召开付出的努力和辛勤工作。

环境与生态心理学研究在国内尚处于起步阶段，尽管我们做了充分的准备，但仍有许多问题需进一步深入探讨，书中的错误和疏漏之处敬请专家和广大读者予以批评指正。

《环境与人类心理》编委会

2011 年 3 月 30 日

图书在版编目(CIP)数据

环境与人类心理:首届中国环境与生态心理学大会论文集/吴建平,訾非,李明主编.
—北京:中央编译出版社,2011.7
ISBN 978-7-5117-0939-4

Ⅰ.①环…
Ⅱ.①吴… ②訾… ③李…
Ⅲ.①环境心理学-学术会议-文集
Ⅳ.①B845.6-53

中国版本图书馆 CIP 数据核字(2011)第 137116 号

环境与人类心理

出 版 人	和 龑
责任编辑	文 莲
责任印制	尹 珺
出版发行	中央编译出版社
地 址	北京西城区车公庄大街乙5号鸿儒大厦B座(100044)
电 话	(010)52612345(总编室) (010)52612352(编辑室) (010)66161011(团购部) (010)52612332(网络销售) (010)66130345(发行部) (010)66509618(读者服务部)
网 址	www.cctphome.com
经 销	全国新华书店
印 刷	河北下花园光华印刷有限责任公司
开 本	787毫米×960毫米 1/16
字 数	240千字
印 张	22.25
版 次	2011年8月第1版第1次印刷
定 价	69.00元

本社常年法律顾问:北京大成律师事务所首席顾问律师 鲁哈达
凡有印装质量问题,本社负责调换,电话:(010)66509618